Die letzten Wildnisse der Erde

Die schönsten
Nationalparks, Naturreservate
und Naturmonumente

Da Koalas in ihrem Leben die meiste Zeit mit Fressen verbringen, um auf einen angemessenen Nährwert der Eukalyptusblätter zu kommen, halten sie sich auch überwiegend auf den Bäumen auf.

ZU DIESEM BUCH

Das fragile Zusammenspiel von Flora und Fauna macht die Natur weltweit zu einem einzigartigen, kostbaren Schatz, den es unbedingt zu erhalten gilt. Kaum eine Tierart kann unabhängig von klimatischen oder nahrungsbedingten Voraussetzungen existieren, die meisten brauchen ihren speziellen Lebensraum, der damit zum Überlebensraum wird. Allen voran steht heute der Orang-Utan, dessen Habitat sich unterdessen auf Teilgebiete Indone-

siens beschränkt, da die Regenwälder aus industriellen Profitgründen gerodet wurden. Doch der Mensch reagiert auch auf die Gefährdung und ruft in solchen drastischen Fällen Aufzuchtstationen ins Leben. Und dann gibt es auch die Gegenbewegung, die früh erkannt hat, wie wichtig Schutzgebiete sind. Bereits 1872 wurde der Yellowstone-Nationalpark in den Vereinigten Staaten zum ersten Nationalpark der Erde ernannt. Seitdem haben sich auf der ganzen Welt zahlreiche weitere geschützte Refugien etabliert, auch als Naturreservat oder Biosphärenreservat. Die folgenden Seiten sollen staunen lassen und zugleich sensibilisieren, für die letzten Wildnisse der Erde.

INHALT

Was dem australischen Koalabär der Eukalyptus, ist dem Großen Panda der Bambus. Die chinesische Provinz Sichuan beherbergt ein wichtiges Schutzgebiet für die Tiere.

INHALT

Die letzten verbliebenen Exemplare des so sympathisch dreinblickenden, flugunfähigen Papageis Kakapo werden unter anderem im Fiordland-Nationalpark in Neuseeland geschützt.

ABKÜRZUNGEN

NP	National Park
NF	National Forest
NWR	National Wildlife Refuge
NR	Nature Reserve
NM	National Monument
PP	Provincial Park
SP	State Park
BR	Biosphären Reservat

EUROPA

Von Spitzbergen bis Sizilien, vom Atlantik bis zum Ural erstreckt sich der europäische Kontinent mit seinen gemäßigten Klimabereichen. Während in Amerika und Afrika die ersten Schutzgebiete schon im 19. Jahrhundert eingerichtet wurden, entstanden die ersten europäischen Nationalparks erst ab 1909 in Schweden (Abisko, Sarek), in der Schweiz (Schweizerischer Nationalpark), in Polen (Białowieża), Italien (Gran Sasso) und im heutigen Slowenien (Triglav). In Deutschland wurden 1970 (Bayerischer Wald) und 1978 (Berchtesgaden) die ersten Nationalparks ausgewiesen. Heute zählt man in Europa über 300 Nationalparks.

VATNAJÖKULL NP

Ein seltsames Gefühl von Macht und Ohnmacht überkommt jeden Besucher des Vatnajökull: So klein und unwichtig der Mensch angesichts des größten Gletschers nicht nur Islands, sondern ganz Europas auch wirken mag, so stark kann er doch die Schöpfung beeinflussen und verändern. 3000 Kubikkilometer Volumen, 8000 Quadratkilometer Fläche, bis zu 1000 Meter dicke Eisschichten – das sind die nackten Zahlen dieser gewaltigen Welt aus Eis, die seit Jahrhunderten beständig gewachsen ist. In jüngster Zeit aber verliert sie an Größe, sehr wahrscheinlich wegen des Klimawandels und der Erderwärmung. Ihr Verschwinden aber wird noch nicht in naher Zukunft stattfinden. Der Nationalpark Vatnajökull besteht seit 2008 und umfasst seit seiner Erweiterung um Lakagígar, Langisjór und Krepputunga 14 200 Quadratkilometer.

Selbst aus der Vogelperspektive beeindruckt der Vatnajökull-Gletscher in Island. Obwohl er wie die meisten Gletscher zurückgeht, scheint es, als ob der »Wassergletscher« sich ins Land dränge.

Einen zarten Zierrat bilden arktische Pflanzen im Herbst im Skaftafell-Nationalpark (ganz links), während Lupinen die Endmoräne des Svinafell-Gletschers in kräftiges Lila tauchen.

SPITZBERGEN NPS

»Kühle Küste« – Svalbard – nennen die Norweger ihren nördlichsten Außenposten, die Inselgruppe Spitzbergen. In der rauen Umwelt der Arktis sind Tiere und Pflanzen besonders störanfällig und schutzbedürftig. Rund drei Viertel der Fläche sind als Nationalparks oder Naturreservate ausgewiesen. Die Nationalparks Nordvest-Spitsbergen und Sør-Spitsbergen nehmen jeweils die nördlichsten und südlichsten Regionen der Haupt-

Spitzbergen mit dem gigantischen Monaco-Gletscher ist voller Leben: Eisbären, Papageitaucher, Thorshühnchen, Schmarotzerraubmöwe und Alpenstrandläufer leben hier.

insel Spitzbergen ein. In den Parks liegen mehrere Vogelschutzgebiete, etwa mit Kolonien der drolligen Papageientaucher. Kreuzfahrtreisende können auch Eisbären, Polarfüchse, Rentiere sowie in den Fjorden Weißwale beobachten. Walrosse sind auf der abgelegenen, wie ein Atoll geformten, Insel Moffen zu Hause. Knapp südlich der Insel überquert man den 80. Breitengrad – nur noch 1000 Kilometer bis zum Nordpol!

DOVREFJELL-SUNNDALSFJELLA NP

Die urgewaltigen Moschusochsen können bis zu 400 Kilogramm schwer werden. Wegen ihres Fleisches und Fells wurden sie viel gejagt, seit 1947 sind sie hier wieder erfolgreich angesiedelt.

»Einigkeit und Treue, bis das Dovre fällt.« Das schworen die Gründerväter des freien Norwegen, als sie 1814 in Eidsvoll zusammenkamen, um ihrem Vaterland eine Verfassung zu geben. Spätestens seither ist das Dovrefjell im Herzen des Landes sprichwörtlich für seine Beständigkeit. Sie ist eine der unberührtesten und unveränderlichsten Landschaften Norwegens. Die Zivilisation hat keine Chance im Dovrefjell-Sunndalsfjella-Park, dieser wilden, fast völlig schwarz-weißen, nur vom schüchternen Grün karger Wiesen kolorierten Gegend. Die Natur ist der unumstrittene Hauptdarsteller mit ihrer reichen Flora und Fauna. Steinadler, Moorhühner und Gerfalken leben hier, Fjordpferde, Marder und Nerze, auch Luchse, Bären und die letzten wilden Rentiere in Europa. Vor allem aber ist der Nationalpark die Heimat mächtiger Moschusochsen.

Bedeckt von Nebel, stürzt der Vøringsfossen-Wasserfall in Norwegen 183 Meter in die Tiefe. Die größte Freifallstrecke des Wassers beträgt 145 Meter.

»Vidda« bedeutet im Norwegischen nicht nur Hochebene, sondern auch Weite. Wer jemals im Hardangervidda-Nationalpark in Zentralnorwegen, dem größen des Landes, unterwegs gewesen ist, wird die Bedeutung des Wortes nie wieder vergessen. Achttausend Quadratkilometer Fläche misst diese größte Hochebene Europas, die Höhen bis zu 1400 Metern erreicht und während der Eiszeiten von Gletschern glattgeschliffen

wurde – Eine unendliche Weite, überspannt von einem Himmel ohne Anfang und Ende. Von den meisten Gipfeln sind nur Kuppen geblieben, zwischen denen sich Seen und Weiden erstrecken. Dieser Weidegrund zog schon vor sechstausend Jahren die ersten Siedler an. Und heute frisst sich an ihm die größte wilde Rentierherde Norwegens satt, etwa fünfzehntausend Tiere – die hier nur wie eine versprengte Herde wirken.

SAREK NP

Im Sarek-Nationalpark in Schweden bestimmen Berge, Fjorde und Geröllfelder das Landschaftsbild. Der Rapa (großes Bild, unten, oben rechts) ist sein längster Fluss.

Der schwedische Geograf Axel Hamberg war ein Mann mit Prinzipien. Nachdem er zum ersten Mal die Wildnis des Sarek in Schwedisch-Lappland besucht und sich Hals über Kopf in sie verliebt hatte, blieb er ihr die restlichen siebenunddreißig Jahre seines Lebens treu. Jeden Sommer sollte er fortan im Sarek verbringen, um das Klima und die Geografie, die Flora und Fauna zu erforschen. In der restlichen Zeit des Jahres kämpfte er wie ein Löwe dafür, den Sarek unter Naturschutz zu stellen. Er bot den mächtigen Elektrizitätsgesellschaften die Stirn, die Wasserkraftwerke errichten wollten – und er gewann den Kampf des Davids gegen den Goliath: 1909 wurde die Landschaft mit all ihren Hochebenen,Tälern und Gletschern zum Nationalpark erklärt – zusammen mit acht anderen Nationalparks in Schweden, das damit Vorreiter in Europa war.

Der Abiskojåkka rauscht durch sein zerklüftetes Bett im Abisko-Nationalpark. Der Fluss fließt kurz vor seiner Mündung durch eine Schlucht von etwa 20 Metern Tiefe.

Nördlich des Polarkreises gehorcht die Natur ganz eigenen Gesetzen. Sie ist immer gierig danach, jede Sekunde des Lichts auszukosten, solange es geht und solange die ewige Nacht des Nordwinters noch nicht das Land in einen traumlosen Dornröschenschlaf versetzt. Dieses Aufbegehren gegen die Mächte der Dunkelheit kann man nirgendwo eindrucksvoller erleben als im Abisko-Nationalpark in Nordschweden. Hier tobt sich die Natur in den kurzen Sommern aus wie ein übermütiges Kind, um dann die Landschaft im Herbst in ein überschäumendes Farbenmeer zu tauchen, als sei ein Maler im Genierausch am Werk – auch wenn dieses Werk keinen Bestand haben wird. Dieses Schauspiel und den Park kann man ab dem Bahnhof Abisko Touriststation auf dem Kungsleden, einen der bedeutendsten schwedischen Fernwanderwege, erkunden.

OULANKA NP

Wenn die Sonne über dem Waldhorizont aufgeht, erwacht das dunkle Reich des Oulanka-Nationalparks zum Leben, das hier dennoch geruhsam bleibt: ein behütetes Refugium für Braunbären.

Das Sprichwort sagt, dass man manchmal vor lauter Bäumen den Wald nicht mehr sieht. Im Oulanka-Nationalpark im südlichen finnischen Lappland sieht man vor lauter Bäumen nichts als Wald. Unvorstellbare zwei Drittel der Landesfläche Finnlands werden von Wäldern bedeckt, und nirgendwo wird dieses Übermaß eindrücklicher als in Oulanka, einer rauen, menschenleeren Welt aus Tälern, Canyons und unzugänglichen Mooren, in denen Luchse, Wölfe, Vielfraße und Bären hausen. Die Stille, die über diesem Land liegt, ist manchmal beängstigend. Man hat den Eindruck, als habe es diesen Wald schon immer gegeben, doch um die Wende zum 20. Jahrhundert legte ein fürchterlicher Flächenbrand die gesamte Region in Asche. Der Wald ist also vergleichsweise jung und angesichts der grausamen Winter zudem extrem widerstandsfähig.

Buntspecht (links), Eichhörnchen (Mitte) und Dompfaff (rechts) tummeln sich in Karelien im urwüchsigen Kalevala-Nationalpark.

Dass der Wald das Bewusstsein verändern kann, ist in der Abgeschiedenheit des russischen Kareliens noch am ehesten zu erfahren. Irgendwann stellt sich beim Besucher, der es beim Outdoor-Aktivismus nicht übertreibt, ein leicht dösiger, tranceartiger Zustand ein, und wer spätromantische Musik mag, hört dann vielleicht in seinem inneren Ohr die Musik des finnischen Komponisten Jean Sibelius. Von ihm leitet eine direkte kulturelle Verbindung zum finnischen Nationalepos Kalevala mit seinen Helden, die lieber singen als kämpfen. All das mag andernorts weit hergeholt erscheinen, hier jedoch gehört es zum Konzept des Nationalparks Kalevalsky, das sich auf das Verhältnis der einheimischen Bevölkerung, der Karelier, zur Natur konzentriert. Natur – das ist hier die endlose Taiga mit Kiefern und Fichten, mit Sümpfen und Seen.

ENDLA NR

Am zweiten Schöpfungstag schied Gott laut Genesis das Wasser vom Land. In Estland aber hat er seine Arbeit nicht so gründlich erledigt wie in anderen Weltgegenden. Hier scheinen sich Wasser und Land niemals trennen zu wollen. Rund 7000 Moore gibt es in Estland, mehr als 150 000 Schwemmgebiete und unzählige Seen. Besonders eindrücklich ist die Symbiose aus Wasser und Erde im Naturschutzgebiet Endla im Herzen Estlands. Hier sieht das Land aus wie ein triefender Schwamm, der mit Sümpfen, Flüssen, Bächen und Tausende Jahre alten Mooren gespickt ist. In dieser feuchten Welt gibt es für Menschen kaum ein Überleben. Für Hunderte von Tier- und Pflanzenarten aber ist sie ein Paradies auf Erden. Goldregenpfeifer und Stockenten, Blässgänse und Singschwäne leben in Endla, und die Zahl der Pilzarten geht sogar in die Tausende – was wiederum doch Menschen in das Feuchtgebiet zieht.

ĶEMERI NP

Nicht nur empfindliche Vögel wie der Schwarzstorch oder der Wachtelkönig schätzen die Feuchtgebiete des Baltikums. Auch empfindsame Menschen mit der einen oder anderen Malaise suchen in den Sümpfen Balsam für ihre Körper und Seelen. Und so entstand schon im 18. Jahrhundert in der lettischen Sumpflandschaft Ķemeri ein florierender Kurbetrieb. Die heilsamen Schlammbäder und das schwefelhaltige Wasser lockten die Aristokratie und das Großbürgertum des halben Baltikums an die Bucht von Riga. Muße für die Schönheiten der Natur werden die wenigsten Kurgäste gehabt haben – was ein Jammer ist, denn der 1997 gegründete Ķemeri Nationalpark zählt dank seiner Lagunen, Moore, Seen und Kiefernwälder zu den großartigsten Feuchtgebieten der Ostsee. Seit zehn Jahren werden Flussbegradigungen und Moorentwässerungen wieder rückgängig gemacht.

Goldenes Abendlicht streicht über einen Fluss in Estland (links), und leuchtend blau reflektiert das Sumpfgebiet Männikjärve (unten) im Endla Nature Reserve den Himmel.

Früher wurden viele der Sümpfe in Ķemeri trockengelegt, um den wertvollen Torf abbauen zu können. Heute renaturiert man weite Landstriche mit großem Aufwand wieder.

GLEN COE

Gleich einer Pyramide thront der Buachaille Etive Mòr über dem Tal von Glen Coe, in dem der Blick weit schweift (großes Bild). Loch Leven ist der größte See der Central Lowlands (unten).

Wenn der landestypische Nebel aufzieht und das Tal des Glen Coe (genau genommen ist Glen das schottische Wort für Tal) in eine mystische Landschaft verzaubert, dann mögen die Gedanken zurückschweifen zum düster-berüchtigten »Massaker von Glencoe«, bei dem in einer Winternacht des Jahres 1692 Dutzende Männer, Frauen und Kinder ermordet wurden. Heute ist das Tal friedlich und bei Wanderern sehr beliebt, die

hier südlich des Ben Nevis, des höchsten Berges der britischen Inseln – eine traumhafte Berglandschaft mit schroffen, schneebedeckten Hängen, von Gletschern erodierten Tälern, Wasserfällen, Seen, Mooren und tundrenartiger Vegetation vorfinden. Das alles schaut nach Naturidylle aus, jedoch sollten die für Schottland typischen raschen und unvermittelten Witterungswechsel nicht unterschätzt werden.

Der Gletschermoränensee Llyn Padarn schmiegt sich an den Fuß des Mount Snowdon und zieht sich malerisch durch den ganzen Nationalpark. Er ist einer der größten natürlichen Seen in Wales.

Es war einmal ein Riese, der hieß Rhudda und hauste auf dem Gipfel eines Berges und kleidete sich mit einem Mantel aus den Barthaaren der Könige, die er erschlagen hatte. Der Mantel wurde immer dichter, bis König Artus kam und den bösen Riesen tötete, weil er sein Barthaar nicht hergeben wollte. Seither, so sagt es die Legende, ruht Rhudda auf seinem Berg, den die Waliser deswegen Grabmal nennen – »Yr Wyddfa«. Auf Englisch heißt er Snowdon und ist nicht nur der Namensgeber, sondern auch der Höhepunkt des Snowdonia-Nationalparks im Norden von Wales. Unergründlich blau sind seine Gebirgsseen, geistergrün seine Berghänge. Doch oft werden alle Farben vom Nebel und den Wolken geschluckt, die sich wie eine stumme Flut anschleichen und die Landschaft verschleiern. Mehr als fünf Meter Niederschlag fällt hier jedes Jahr, brüllend heiß sind die Sommer, bitterkalt die Winter, und vor den beißenden Winden gibt es keine Rettung. In Snowdonia muss der Mensch immer auf der Hut sein, besonders vor den Bergen wie dem Cadair. Denn wer auf ihm übernachtet, so heißt die Sage, wird entweder blind oder verrückt. Der Snowdonia-Nationalpark wurde im Jahr 1951 unter Schutz gestellt und ist der Inbegriff einer wilden walisischen Landschaft.

CONNEMARA NP

Connemara im Westen der Grafschaft Galway ist eine Landschaft von fast mythisch anmutender Schönheit. Zwischen zwei Bergketten, den Twelve Bens und den Maumturk Mountains, breiten sich Torfmoore aus, die an drei Seiten von einer filigran eingebuchteten Küste mit ungezählten Inselchen eingerahmt werden. Um diese für den Westen Irlands typische Heide- und Moorlandschaft in ihrem naturbelassenen Zustand erhalten zu können, wurde im Jahr 1980 ein rund 20 Quadratkilometer großer Landstreifen an den nordwestlichen Hängen der Twelve Bens zum Connemara-Nationalpark erklärt. Der höchste dieser zwölf Kegel ist mit 718 Metern der Benbaun, die anderen sind etwas niedriger. Früher waren die unteren Partien besiedelt, wovon noch einige verfallene Ruinen zeugen. Connemara gilt als Hochburg des Gälischen: Von hier aus senden irischsprachige Radio- und Fernsehsender.

Das Gold-Grün der sonnenbeschienenen Landschaft strahlt mit dem Blau des westlichen Endes des Ballynahinch Sees in Connemara an der R341 um die Wette.

Der Gebirgszug der Twelve Bens – auch Twelve Pins genannt – trennt Himmel und Erde, in dem Fall Wasser, in einem überfluteten Sumpfgebiet in Connemara.

ÉCRINS NP

Viele Naturschützer mögen darüber klagen, dass die Alpen restlos den Fängen der Freizeitindustrie ausgeliefert worden sind und darüber all ihre Ursprünglichkeit verloren haben. Doch es gibt auch noch den Gegenbeweis: wilde, unbezähmbare Landschaften wie den Écrins-Nationalpark in den Dauphiné-Alpen, der eine Fläche von fast tausend Quadratkilometern bedeckt. Der südlichste Viertausender der Alpen liegt mit dem 4102 Meter hohen Barre des Écrins in diesem Schutzgebiet, durch das man tagelang wandern kann, ohne auf Liftstationen und Skihütten zu stoßen. So wie hier haben die Alpen einst überall ausgesehen, als sich die Menschen noch vor ihnen fürchteten. Das Zentrum des 1973 gegründeten Nationalparks ist das Pelvoux-Massiv, das mit der Barre des Écrins den südlichsten Viertausender der Alpen aufweist. Diese Kernzone von 918 Quadratkilometern ist besonders geschützt.

VANOISE NP

Was für ein Anblick muss das gewesen sein! Als seien sie eine Geistererscheinung, tauchten 218 vor Christus 50 000 Fußsoldaten, 9000 Reiter und 37 Kriegselefanten am Fuß der Vanoise auf, um eine der gewagtesten Militäroperationen der Antike zu wagen: die Überquerung der Alpen mit einem kompletten Heer. Der karthagische Feldherr Hannibal schaffte das Unmögliche, meisterte das Gebirge, stieg in die Po-Ebene hinab und versetzte die Römer in Angst und Schrecken. Dass er letztlich geschlagen wurde, tut seiner Tollkühnheit keinen Abbruch. Und dass Hannibal die Alpen am Col de Clapier im Süden der Vanoise überschritt, gilt heute unter Historikern als so gut wie gesichert.

Das Schutzgebiet des Vanoise dient seit 1963, als erster französischer Nationalpark, zum Schutz der unberührten Hochgebirgswelt und der Erhaltung des vom Aussterben bedrohten Alpensteinbocks.

Ein wahres Farbenmeer bilden rote Mohnblumen und blauvioletten Kornblumen auf einem Feld am Rande des Écrins-Nationalparks.

Beinahe wie eine Spielzeugfigur erscheint dieser Wanderer am Bergsee Le Blanc vor dem Dent Parrachée, der Dôme de l'Arpont und den Vanoise-Gletschern im Vanoise-Nationalpark.

Der deutsche Teil des Wattenmeers wird gebildet vom Nationalpark Schleswig-Holsteinisches Wattenmeer zusammen mit dem Nationalpark Niedersächsisches Wattenmeer, dem Nationalpark Hamburgisches Wattenmeer und nicht dem Naturschutz unterliegenden Teilen der Elbmündung. Neu hinzu kamen neben dem dänischen Wattenmeer-Schutzgebiet deutsche Offshoregebiete in Niedersachsen vor den Ostfriesischen Inseln Norderney, Langeoog, Spiekeroog und Wangerooge sowie nordwestlich von Neuwerk. Das gesamte Welterbegebiet umfasst seit einer Bewerbung im Jahr 2009 eine Fläche von 11 500 Quadratkilometern und erstreckt sich auf einer Länge von mehr als 500 Küstenkilometern vom dänischen Esbjerg im Nordosten über die deutschen Küstenschutzgebiete bis zum niederländischen Den Helder im Südwesten.

Schafe tummeln sich im Wattenmeer auf der dänischen Insel Mandø (links); menschenleer scheinen dagegen der holländische Nationalpark Schiermonnikoog (links unten) und Amrum (unten).

Deutlich mehr Aktivität verbreiten eine aufsteigende Schar Watvögel und die verspielten Kegelrobben auf dem Japsand in Schleswig-Holstein.

BAYERISCHER WALD NP

Oberirdisches Wurzelwerk, Braunbären, Habichtskäuze und Wildkatzen gibt es unter anderem im Bayerischen Wald. Der Nationalpark ist ein wichtiges Refugium für scheue Waldbewohner.

Auf den ersten Blick ist man entsetzt: tote Bäume, fahle Gerippe, umgestürzte Stämme, auf Hunderten von Hektaren nichts als das Zerstörungswerk des Borkenkäfers, der im Bayerischen Wald ungehindert wüten und eine Fichte nach der anderen massakrieren darf. Doch das ist gewollt, denn der zerstörerische Käfer schafft Platz für eine neue Flora, für Bergahorn und Vogelbeere, Himbeeren und Heidelbeeren, und schafft letztlich genau das, was man im Nationalpark Bayerischer Wald erreichen will: einen wilden, von Menschenhand völlig unberührten, sich selbst überlassenen Urwald. Und tatsächlich entwickelt sich das Mittelgebirge allmählich wieder zu einem Dschungel. Der Nationalpark liegt im Hinteren Bayerischen Wald direkt an der Grenze zu Tschechien und dem Böhmerwald, und wurde 1970 als erster deutscher Nationalpark gegründet.

Großer und Kleiner Barmstein grenzen Salzburger und Berchtesgadener Land ab. Durch den Naturschutz haben sich in dem Gebiet auch wieder Steinböcke (unten) angesiedelt.

Schon früh erkannten Naturschützer das Geschenk, das eine gütige Schöpfung den Berchtesgadenern vor der Haustür hinterlassen hatte: Bereits im Jahr 1910 erreichten sie, dass das Gebiet um den Königssee als »Pflanzenschongebiet« ausgewiesen wurde, zwölf Jahre später als Naturschutzgebiet. Immer wieder verhinderten sie erfolgreich Eingriffe in dieses zauberhafte Naturparadies – zuletzt 1978, als die Marktgemeinde Berchtesgaden eine Seilbahn zum Gipfel des Watzmanns bauen wollte. Seither gehört der 210 Quadratkilometer große Süden des Berchtesgadener Landes zum ersten und bislang einzigen Nationalpark in den deutschen Alpen – und seit 1990 zum von der UNESCO ausgewiesenen Biosphärenreservat Berchtesgaden. Hier leben auch Steinadler, Gämsen, Murmeltiere oder gefährdete Arten wie die Ringelnatter und der Feuersalamander

SCHWEIZERISCHER NP

Dass es in einem Land mit derart vielen Naturschönheiten wie der Schweiz nur einen einzigen Nationalpark gibt, mag auf den ersten Blick überraschen. Nicht aber auf den zweiten, denn die Eidgenossen haben eine radikale Vorstellung von Naturschutz: Sie überlassen ihren Nationalpark völlig sich selbst, damit er eines Tages so aussieht wie die Alpen vor der Besiedelung durch den Menschen. Deswegen darf man dort die markierten Wege nicht verlassen, nicht im Park übernachten und ihn in keiner Weise bewirtschaften. Wie lange es dauern wird, bis der Park wieder so aussieht wie einst die unberührten Alpen, weiß niemand. Aber der Weg dahin allein zählt.

Der 1914 gegründete, älteste Nationalpark der Alpen umfast 170 Quadratkilometer und liegt im Kanton Graubünden in der östlichsten Ecke der Schweiz.

Tausende von Tier- und Pflanzenarten leben im Schweizerischen Nationalpark, darunter Gämsen (links) sowie Iltisse, Steinböcke, Murmeltiere, Äskulapnattern, Eichhörnchen und Eulen (im UZS).

Einen tiefen Einschnitt markiert das Ftur-Tal vor Piz Laschadurella, Piz Ftur und Piz Sampuoir im Schweizerischen Nationalpark.

HOHE TAUERN NP

Der Großglockner, ein 3798 Meter hoher Koloss und Österreichs höchster Berg, ist nicht nur die markanteste Spitze der Hohen Tauern, sondern auch so etwas wie der österreichische Mythenberg, seit er im Jahr 1800 erstmals bestiegen wurde. Tragödien haben sich hier abgespielt, Triumphe wurden gefeiert, und bis heute kann sich kein Besucher der Hohen Tauern dem lockenden Reiz dieses Berges entziehen. Fünftausend Menschen stehen in guten Jahren auf seinem Gipfel. Die meisten Besucher begnügen sich damit, ihn nur zu betrachten und sich ansonsten dem Abwechslungsreichtum des Nationalparks Hohe Tauern anzuvertrauen. Kaum irgendwo sonst sind die Alpen vielgestaltiger als in diesem geologisch hochkomplexen Gebiet, das von Graten über Gletscher bis zu Graskuppen das Füllhorn hochalpiner Schönheit ausschüttet.

Kleine Schätze in Österreichs größtem Nationalpark: Kaisermantel, verschiedene Hochmoorbläulinge, Roter Apollo, Alpenmatten-Perlmutterfalter und Hauhechel-Bläuling (im UZS).

An die schottischen Highlands erinnert dieser Bergbach, der nahe der Großglockner Hochalpenstraße munter von Stein zu Stein hüpft (großes Bild). Der Bach, der im Nationalpark Hohe Tauern durch eine Schlucht murmelt, lässt dagegen eher an schottische Sagen denken.

BIAŁOWIEŻA NP

Es gibt in Europa noch einen einzigen Tieflandurwald, und wer jemals seine urwüchsige Schönheit, seine ungezähmte Wildheit, seine überwältigende Formenvielfalt gesehen hat, wird nur noch seufzend durch einen forstwirtschaftlich genutzten, wie manikürt wirkenden Wald gehen. Dieser Dschungel liegt im äußersten Osten Polens und in Weißrussland in der Białowieżer Heide, ist in seiner Kernzone strengstens gegen alle Eingriffe geschützt und hat deswegen eine phänomenale Artenvielfalt bewahrt. Alle in Europa lebenden Spechtarten sind hier ebenso zu Hause wie allein 3500 unterschiedliche Pilzarten und dazu einige der mächtigsten Eichen des Kontinents. Die Stars des Urwalds aber sind ohne Zweifel die Wisente. Der Nationalpark beiderseits der Grenze und das Weltnaturerbe umfassen zusammen 876,1 Quadratkilometer.

Schon 1923 wurde der Urwald von Białowieża zum ersten Nationalpark erklärt, um gefährdete Tiere wie Bisons, Störche und Kraniche (von links) zu schützen.

Der Wald bleibt vollkommen sich selbst überlassen. Umstürzende Bäume verrotten und bilden so den Lebensraum für viele Tiere und Pflanzen; in den Lichtungen wachsen Farne und Wilder Knoblauch.

ORDESA Y MONTE PERDIDO NP

Der Monte Perdido ist ein Geisterberg, der zaubern und sich unsichtbar machen kann. Der 3355 Meter hohe Koloss in den Zentralpyrenäen ist in Nordspanien und Südwestfrankreich noch aus Hunderten von Kilometern zu sehen. Doch wenn man sich ihm nähert, verschwindet er urplötzlich, und taucht erst in letzter Sekunde wieder auf. »Der verlorene Berg« – einen passenderen Namen konnte man dem Berg nicht geben, der seinerseits dem ältesten Nationalpark der spanischen Pyrenäen seinen Namen gibt. In dieser wilden Gegend findet man nicht nur die tiefsten Schluchten Europas, sondern auch noch viele Pflanzen- und Tierarten, die woanders ausgestorben sind, zum Beispiel den Schmutzgeier. Ein anderes Tier ist allerdings auch hier schon ausgerottet: Der letzte Pyrenäen-Steinbock wurde 1999 im Ordesa-Tal von einer Tanne erschlagen.

Schluchten und Felsabstürze, so tief wie Höllenschlunde, sind typisch für den Nationalpark in der Provinz Huesca, dessen Kulisse oft mehr an eine Kunstschöpfung als an raue Wildnis erinnert.

Passend zum Geisterberg Monte Perdido scheint das Aussehen eines seiner Bewohner, des Schmutzgeiers (Neophron percnopterus).

PICOS DE EUROPA

Die Picos de Europa sind viel mehr als nur ein mächtiges Gebirge mit zweihundert Gipfeln, die höher als zweitausend Meter hoch aufragen. Für die Spanier sind sie ein Schicksalsort, an dem ihre Geschichte – zumindest in der nationalen Verklärung – eine dramatische Wende nahm: Im Jahr 722 gelang es dem asturischen König Pelayo, in der Schlacht von Covadonga die maurischen Invasoren zurückzuschlagen. Sie waren 711 auf der Iberischen Halbinsel einmarschiert und hatten sie fast vollständig erobert. Covadonga gilt als Beginn der Reconquista, die 1492 mit der Vertreibung der letzten Mauren aus Granada endete. Daran erinnern die Picos de Europa bis heute jeden Spanier. Nur 20 Kilometer liegen die Picos de Europa von der Küste entfernt. Sie waren das Erste, was die heimkehrenden Seefahrer von Spanien sahen – lange, bevor sie die ersehnte Küste erreichten.

SIERRA DE GREDOS

Jahrhundertelang waren die Kastilier nicht nur Weltenherrscher, sondern auch Schafhirten. Doch immer im Winter mussten sie die Meseta, das Hochland im Herzen ihrer Heimat, verlassen, weil es kahlgefressen und zudem bitterkalt war. Tausende Hirten zogen mit Hunderttausenden Schafen über die Sierra de Gredos in den Süden und sangen dabei Lieder von herzzerreißender Traurigkeit über die Trennung von ihrer Liebsten. Auf den Pässen blickten sie noch einmal zurück, bevor sie die Einsamkeit des Winters gefangen nahm. Die Sierra de Gredos war aber auch ihr Trost. Denn im Frühjahr wurde sie zum Tor der glücklichen Rückkehr – wenn sie ihre Liebste wieder umarmen konnten. Zweieinhalbtausend Meter hohe Zackengipfel und tiefe, dunkle Schluchten wie die Garganta de los Infiernos, der Höllenschlund, prägen das Bild der Sierra de Gredos im Herzen der Iberischen Halbinsel (rechts).

»Europas Gipfel« lautet die Übersetzung von Picos de Europa, die sich in Kantabrien und Asturien bis zu 2648 Meter hoch auftürmen. Der Lago de La Ercina (unten) spiegelt deren Silhouette.

Die Sierra de Gredos hat den Menschen seit jeher Ehrfurcht eingeflößt. Tiere wie diese schmuckvoll gezeichnete Mauereidechse und Steinböcke finden hier ideale Lebensbedingungen (links).

DOÑANA NP

Eine grandiose Ödnis, die jede Sehnsucht nach Einsamkeit stillt: Im Doñana-Nationalpark an der andalusischen Atlantikküste muss man sie sich allerdings mit Millionen von Tieren teilen. Denn die Fernreise ist keine Erfindung des Menschen, der erst seit Jahrzehnten massenhaft Kontinente wechselt. In der Natur macht man das schon seit Jahrtausenden, und bis heute ist der Vogelflug eines der erstaunlichsten Phänomene

Das alles findet man im Doñana-Park: Bienenfresser (großes Foto), Braunsichler, Säbelschnäbler, wilde Olivenbäume, Rohrdommel, Seidenreiher, Purpurhuhn, Luchs und Hirsch (im UZS).

der Tierwelt – eine Meisterleistung an Organisation, Orientierung und Krafteinteilung, die Millionen Zugvögel Jahr für Jahr vollbringen. Ihr wichtigster Großflughafen im westlichen Europa und einer der wichtigsten Brutplätze weltweit ist der Doñana-Nationalpark im Mündungsdelta des Guadalquivir, des größten Flusses in Andalusien, in diesem riesigen Feuchtgebiet voller Dünen und Strandhafer, Schirmkiefern und Wacholder.

DOLOMITEN NPS

Die Dolomiten erstrecken sich über eine Fläche von knapp 142 000 Hektar. Mit 3343 Metern ist die Marmolata ihr höchster Gipfel. Für schroffen Charme sind aber auch die Drei Zinnen (2999 Meter) oder die Rosengartengruppe mit ihrem 3004 Meter hohen Kesselkogel bekannt. Die Dolomiten sind eine Region der Gegensätze: Satte Almwiesen wechseln sich mit zerklüfteten Felsspitzen und Flächen voller Erosionsschutt ab.

Prachtvolle Gipfel strahlen in der Abendsonne: Seekofel (unten), Becco di Mezzodi (ganz unten), die Drei Zinnen (großes Bild), die Zoufplan-Seen, Murmeltier, Goldadler und Federa-See (von oben).

Verantwortlich dafür sind die unterschiedlichen Entstehungsgeschichten der Teillandschaften. Damit sind die Dolomiten das herausragende Beispiel einer Landschaft, an der – auch anhand von Fossilien – wesentliche Stufen der Erdgeschichte abgelesen werden können. Diese Geschichte ist jedoch nicht stehen geblieben. Ihre Dynamik zeigt sich an Hochwassern, Erdrutschenund Lawinen, die die Oberfläche immer wieder neu gestalten.

GRAN SASSO NP

Der Corno Grande (unten) ist mit seinen 2912 Metern die größte Erhebung des Nationalparks Gran Sasso und Monti della Laga (ganz unten) und des ganzen Apennins.

Eis in Italien? Das Klischee verweist reflexartig aufs Kulinarische und ignoriert die Gletscher der italienischen Alpen. Doch wer weiß schon, dass selbst auf der geografischen Breite Roms noch ein Gletscher im Lande existiert? Calderone genannt, klebt er in der nördlichen Gipfelwand des Corno Grande, des höchsten Berges des Apennin, inmitten des Nationalparks Gran Sasso gelegen. Geologen fasziniert an dem Kalkgebirge die Überlagerung von glazialen Landschaftsformen und Karsterscheinungen, Tierfreunde halten nach Wölfen, Wildkatzen, Stachelschweinen und Schmutzgeiern Ausschau, während Wanderer und Bergsteiger eine mediterrane Version der Alpen mit Buchenwäldern, alpinen Matten und Kalkschutthängen entdecken. Sogar Edelweiß gibt es hier, etwas kleiner und pelziger als der bekannte Verwandte im Norden.

Meister Petz, andernorts oftmals ein Problem-Bär, kann in den Abruzzen ungestört leben. Etwa 100 seiner Artgenossen sind im Nationalpark zu finden.

Dass Bären ein Problem sind, ist eine sehr moderne Vorstellung. Jahrtausendelang, sogar von Anbeginn aller Zivilisation, wurden sie verehrt und bewundert. Schon in den Höhlenmalereien des Paläolithikums sind Bären dargestellt. In der griechischen Mythologie spielen sie eine ebenso große Rolle wie in der nordischen und der angelsächsischen. Selbst in Vornamen wie Bernhard, Björn oder Ursula haben sie ihre Spuren hinterlassen. Heute finden Bären in Südeuropa kaum noch Regionen, in denen sie ungestört leben können. Eine große Ausnahme ist der Abruzzen-Nationalpark, in dem hundert Exemplare eine gute Heimat gefunden haben. Der Braunbär ist das Symboltier des 1923 gegründeten Nationalparks in Mittelitalien. Er ist das älteste Naturschutzgebiet des Apennin und ging aus einem königlichen Jagdrevier hervor.

TRIGLAV NP

Drei Köpfe, so sagt es die alte slawische Legende, besitzt der Gott Triglav, der auf dem höchsten Gipfel der Julischen Alpen wohnt. Den ersten Kopf wendet er dem Himmel zu, den zweiten der Erde und den dritten der Unterwelt. Und weil seine drei Köpfe so markant und noch aus 100 Kilometern Entfernung zu sehen sind, nannten die Slowenen diesen Gipfel ehrfürchtig Triglav, den Dreikopf. So heißt der 2864 Meter hohe Gipfel bis heute. Er ist nicht nur ein imposanter Felskoloss mit göttlichem Bewohner, sondern auch eines der nationalen Symbole Sloweniens, das auf dem Landeswappen und der 50-Cent-Münze prangt. Dem einzigen Nationalpark Sloweniens gibt der Berg seinen Namen, den sich Braunbären, Steinböcke, Auerhähne und Kreuzottern mit Wanderern und Kletterern friedlich teilen. Der Aljaž-Turm auf dem Gipfel bietet bei Unwettern Bergsteigern kurzzeitigen Unterschlupf.

PLITVICER SEEN NP

Wer den Schatz im Silbersee in den Weiten des Wilden Westens sucht, wird niemals reich werden. Denn in Wahrheit liegt er im mittleren Kroatien, und zwar in einem der 16 oberirdischen Plitvicer Seen. Dort wurden in den 60er-Jahren zahllose Karl-May-Romane verfilmt, darunter der Klassiker um den Goldschatz im Silbersee. Die Abenteuer von Winnetou machten die einzigartige Karstlandschaft in Deutschland zu einem Sehnsuchtsziel ersten Ranges. Jeder wollte mal vor diesen sterbensschönen Seekaskaden stehen, die durch fragile Travertin-Barrieren voneinander getrennt sind und sich wie eine steinerne Wassertreppe ineinander ergießen. Und wer heute dieses Wunder mit eigenen Augen sieht, der weiß, dass er den Schatz des Silbersees gefunden hat.
Der Nationalpark wurde 1949 gegründet und 1979 als eines der ersten Naturdenkmäler in das Weltnaturerbe aufgenommen.

Es ist das ständige Wechselspiel aus scharfkantigen Bergen und kristallklaren Gletscherseen, das den Triglav-Nationalpark in den Julischen Alpen so besonders macht.

Kein barocker Gartenarchitekt hätte für seinen Sonnenkönig prachtvolle Kaskaden aus Wasser und Stein schaffen können: Die Plitvicer Seen sind in ihrer Raffinesse unübertrefflich.

Im Park gibt es eine Reihe wunderschöner Seen, Höhlen und Wasserfälle, die durch für die Karstlandschaft typische Prozesse gebildet wurden, wie etwa die vielen natürlich geformten Dämme.

DONAUDELTA BR

Die gewaltigen Dimensionen des Donaudeltas im Mündungsgebiet der Donau in das Schwarze Meer, auf dem Gebiet der Ukraine und Rumäniens, werden deutlich wenn man bedenkt dass es 5800 Quadratkilometer bedeckt und damit mehr als doppelt so groß wie das Saarland ist. 5200 Tier- und Pflanzenarten leben hier in 30 verschiedenen Ökosystemen, die nur zu einem Fünftel aus Land und zu vier Fünfteln aus Wasser und Schilf bestehen. Damit ist das Delta das größte zusammenhängende Schilfrohrgebiet der Erde, durch das die Donau in jeder Sekunde 5000 Kubikmeter Wasser pumpt – und damit in zwei Minuten die Tagesration einer Millionenstadt. Doch all diese imposanten Zahlen verblassen, wenn man das Wunder des Deltas leibhaftig erlebt und bewundern kann. Unter anderem gibt es hier die größte Pelikankolonie Europas.

Das Delta ist das wichtigste Vogelschutzgebiet Europas (großes Foto), Heimat von Baumfalke, Nachtreiher, Teichfrosch, Silberreiher, Rallenreiher und Nachtreiher (im UZS von oben links).

Überhaupt ist das Donaudelta mit seinen angrenzenden Gebieten ein Mekka für Ornithologen. Bienenfresser, Blauracken und Schwarzstirnwürger sind hier kaum zu überschauen. Um die Salzseen bei Murighiol herum lassen sich Reiher, Sichler und Löffler beobachten. Und Botaniker kommen im Caraorman-Wald auf ihre Kosten, wo sie inmitten des Deltas eine subtropische Flora studieren können.

»Der eigenartige Eindruck der gewaltigen Wälder der Waldkarpaten in ihrer Natürlichkeit und Ruhe, nur belebt durch das Rauschen der Bergbäche und des Windes und hie und da unterbrochen durch das ferne Krachen eines zu Boden stürzenden, alten Urwaldriesen, bleibt unvergesslich. Das ganze Gebiet mit seinen riesigen Ausdehnungen ist unberührt von fremden Einflüssen, also eigentlicher Urwald.« Diese Sätze schrieb

Dank ihrer Abgeschiedenheit konnten in den Waldkarpaten neben den Tieren wie Seeadler, Wölfe, Gämsen und Kreuzspinnen (von oben) die größten Urwälder Europas überleben.

der beeindruckte Schweizer Forstingenieur Conrad Roth 1930 nach einer Exkursion durch die ukrainischen Karpaten. Und weil sich hier seither kaum etwas verändert hat, erklärte die UNESCO vor wenigen Jahren die Urwälder der Waldkarpaten zum Weltnaturerbe der Menschheit. Nirgendwo in Europa gebe es größere unberührte Mischlaubwälder als in der Ukraine, konstatierte sie in einmütiger Übereinstimmung mit Conrad Roth.

Afrika ist nicht nur die Wiege der Menschheit, sondern auch ein Kontinent unterschiedlichster Landschaften – mit grandiosen Wüsten, Savannen, Regen- und Bergwäldern, Hochländern, Gebirgen, Grabenbrüchen, Fluss- und Seenlandschaften. In über 350 Nationalparks und Reservaten – w e Aïr und Ténéré, Serengeti, Virunga, Kilimandscharo, Okavango-Binnendelta, Victoria Falls – lassen sich die heimische Fauna und Flora erkunden. Hier wurde die Safari zum Inbegriff einer Reise in die Wildnis – und im berühmten Krüger-Nationalpark begegnet man sogar den »Big Five«: Elefant, Nashorn, Büffel, Löwe und Leopard.

TASSILI N'AJJER NP

In einer der unwirtlichsten Gegenden der Sahara nahe den Grenzen zu Libyen und Niger erstreckt sich das Tassili-N'Ajjer-Hochplateau über eine Fläche von ungefähr der Größe Englands. In dieser grandiosen Felslandschaft wurde 1933 eine große Zahl von Höhlenmalereien entdeckt. Mehr als 15 000 Felszeichnungen und -gravierungen wurden bislang erfasst. Die Motive stammen aus unterschiedlichen Phasen seit etwa 6000 v. Chr. Sie dokumentieren entscheidende Etappen menschlicher Kulturentwicklung zu einer Zeit, als das heutige Wüstengebiet noch ein tropisch-feuchtes Klima aufwies. Zur spärlichen Vegetation des Hochplateaus gehören die endemische Saharazypresse und die Saharamyrte, zur Tierwelt der gefährdete Mähnenspringer sowie die Dorkasgazelle, der Wüstenluchs und die Sandkatze.

AÏR UND TÉNÉRÉ

Knapp 80 000 Quadratkilometer umfasst dieses größte Naturreservat Afrikas. Das Aïr-Bergland im Nordwesten Nigers erstreckt sich über 400 Kilometer . Es ist eine kristalline, im Mittel 700 Meter hohe Rumpffläche vulkanischen Ursprungs, mit einer Serie steil aufragender Massive und sandgefüllter Täler (Koris), die im Mont Gréboun mit 2310 Metern die maximale Höhe erreichen. In der östlich anschließenden Ténéré-Wüste gehen flache Kies- und Sandebenen im Zentralteil in ein Dünenmeer über. Oft fällt hier jahrelang kein Regen, und es herrschen extreme Temperaturunterschiede. In den Gebirgsregionen leben Aïr-Mufflon, Wildesel und Wüstenfuchs. Im Nordteil des Gebirges schufen prähistorische Menschen großartige Felsbilder, Belege für eine blühende Jäger- und Hirtenkultur um 7000 bis 3000 v. Chr.

Auf den ersten Blick eine endlose, menschenleere Mondlandschaft, die aber dank der wasserspeichernden Eigenschaften des Sandsteins durchaus Lebensraum für Tiere und Pflanzen bietet.

Das Aïr-Hochgebirge und die Ténéré-Sandwüste bieten großartige Landschaftseindrücke, für Sahara und Sahel typische Fauna und Flora sowie einzigartige prähistorische Felsmalereien.

ROTES MEER

Auf der Weltkarte sieht das Rote Meer ganz und gar unscheinbar aus: ein dürrer Streifen Wasser, eingequetscht von zwei riesenhaften Wüsten, gesäumt von flachen, monotonen Ufern – 2200 Kilometer Langeweile zwischen Afrika und der Arabischen Halbinsel. Doch taucht man in dieses Meer ein, so entdeckt man eine bunte Welt der Wunder. Korallenriffe reihen sich auf 2000 Kilometern Länge aneinander, so nah am Ufer, dass selbst ungeübte Schnorchler an diesem Unterwasserschatz teilhaben können. Es ist ein Universum voller Riffhaie, Weißspitzenhaie und Walhaie, Mantarochen, Meeresschildkröten und Riesenkraken, Kaiserfische, Kugelfische, Doktorfische. Grimmige Muränen schlängeln sich durchs Wasser neben lebenslustigen Delfinen, leuchtenden Papageienfischen und schwerfälligen Seekühen. Bei glasklarer Sicht versteckt das Meer seine Schätze wirklich sehr gekonnt.

OUNIANGA SEENLANDSCHAFT

Das Weltnaturerbe setzt sich aus zwei rund 40 Kilometer voneinander entfernten Gruppen mit insgesamt 18 Seen zusammen. Der größte See der Kebir-Gruppe ist sehr salzreich und praktisch ohne Leben. In den drei anderen Seen leben Algen der Gattung Spirulina. Die 14 Seen von Serir sind zu rund 50 Prozent mit einem schwimmfähigen Grasteppich der Gattung Eragrostis bedeckt. Er begrenzt die Verdunstung des Wassers unter der Saharasonne. Trotzdem beträgt sie ungefähr sieben Meter pro Jahr. Das Wasser strömt aus dem Untergrund nach und stammt von jenem fossilen Grundwasser, das sich in der feuchten Phase des Holozäns vor 11 000 bis vor 2700 Jahren angesammelt hat – manche Seen haben Trinkwasserqualität. Zahlreiche Wasser- und Watvögel und mehrere Fischarten leben hier. Der Teli-See von Ounianga Serir ist der größte mit einer Oberfläche von 400 Hektar.

Fantastische Unterwasserwelt: Prachtanemonen (Heteractis magnifica), ein Schwarm von Rotmeer-Anemonenfischen (Amphiprion bicinctus) und Dreifleck-Preußenfischen (Dascyllus trimaculatus).

Die Seengruppen sind in Ounianga Serir (arab. »serir«: klein) und Kebir (arab. »kebir«: groß) eingeteilt. Für die kleineren Seen sind die Schilfbedeckungen ein gutes Mittel gegen Verdunstung.

COMOÉ NP

Im größten und artenreichsten Wildreservat der Elfenbeinküste lebt die vielleicht anmutigste Großkatze, der Leopard (unten).

Seinen Namen verdankt der Park dem Comoé. Der 100 bis 200 Meter breite Fluss, der den rund 11500 Quadratkilometer großen Park südwärts auf 230 Kilometern durchfließt, führt auch in Trockenzeiten genügend Wasser. Durch ihn gedeiht hier eine Vegetation, die eigentlich erst weiter südlich anzutreffen ist: Savannen mit Buschbestand, dichte Regen- und Galeriewälder. In Wassernähe leben Flusspferde, Krokodile und zahlreiche Vogelarten. In der Savanne sind Kaffernbüffel, Warzenschweine, elf Affenarten und Antilopen heimisch. Die Wälder im Südteil sind das Revier der Elefanten. Auch einige Raubtiere wie Löwen, Leoparden und Hyänen streifen hier umher. Ebenfalls angesiedelt sind drei vom Aussterben bedrohte Krokodilarten. Wegen Wilderei und Überweidung wurde das Gebiet auf die Rote Liste des gefährdeten Welterbes gesetzt.

Buntes Wildlife: eine Zwergflusspferd-Mutter mit ihrem Nachwuchs (großes Bild); ein Babyschimpanse, eine Grüne Buschviper und ein Rotschenkel-Fleckenfrosch (von oben nach unten).

Die dichte tropische Vegetation des rund 3300 Quadratkilometer großen Reservats im Südwesten der Elfenbeinküste ist geprägt von zahlreichen endemischen Arten und über 50 Meter hohen Urwaldriesen, die mit ihrem Dach aus Blattwerk und Lianen kaum Sonnenlicht durchdringen lassen. Im nördlichen und südöstlichen Teil dominieren nährstoffärmere, im Südwesten feuchtere Böden. Typisch für den dicht bewachsenen Primärwald des Taï-Nationalparks mit über 13 000 Pflanzenarten sind über Wasserläufen liegende Stämme, Lianen, Mangrovengewächse und Baumfarngewächse. Hier leben neben vielen Vogelarten auch Waldelefanten, Leoparden, Antilopen und Büffel. Einige bedrohte Säugetierarten finden im Taï-Nationalpark einen geschützten Lebensraum, darunter Affenarten wie Schimpansen sowie die letzten Populationen von Zwergflusspferden.

BIOKO ISLAND

Im Jahr 1472 segelte der Seefahrer Fernando Pó im Auftrag der portugiesischen Krone die Westküste Afrikas hinunter. Er sollte den Seeweg nach Indien finden, das Land, in dem der Pfeffer wächst. Doch auf seiner Reise fand er etwas, was ihm mindestens ebenso begehrenswert erschien wie die Gewürze: die Insel Bioko im Golf von Guinea, die heute zu Äquatorial-Guinea gehört, damals vom Bantu-Volk der Bubi bewohnt war und Pó so

Chamäleons, Meerkatzen, Riesenturakos (von links nach rechts) und viele andere exotische Lebewesen bevölkern die Insel, die sich mehr als 3000 Meter hoch aus dem Atlantik erhebt.

paradiesisch vorkam, dass er sie »Formosa« nannte, »die Schöne«. So unberührt ist Bioko längst nicht mehr. Heute wohnen Zehntausende auf der Insel, Kaffee, Bananen und Zuckerrohr werden angebaut und Erdöl -und gas gefördert. Trotzdem ist die Insel immer noch ein Paradies der Biologen. Sie finden hier eine außergewöhnliche Vielfalt an Affen, die vor Jahrtausenden über eine Landbrücke auf die Insel wanderten.

Der Ole River schlängelt sich durch die Gran Caldera, wo er sich in einem Wasserfall ergießt (links). Die üppige Vegetation im Regenwald (ganz links).

IVINDO NP

Eine paradiesische Landschaft mit schäumenden Wasserfällen mitten im Urwald: Der Kongou ist der schönste Wasserfall Zentralafrikas, darüber sind sich alle Naturliebhaber einig.

In Zeiten von Satelliten und GPS erscheint es fast unmöglich. Doch die imposantesten Wasserfälle Zentralafrikas wurden erst vor ein paar Jahren entdeckt, als eine Expedition den Makokou-Fluss im Ivindo-Nationalpark hinauf fuhr und auf vier spektakuläre Wasserfälle stieß, von denen man noch nie etwas gehört hatte – rauschende Wunder der Natur, in deren Becken sich Waldelefanten und Krokodile erfrischen. Die Wasserfälle sind die Kronjuwelen dieses Naturschutzgebiets, das Jahrhunderte lang zu den undurchdringlichsten und unberührtesten Regionen Afrikas gehörte. So konnte sich hier eine Artenvielfalt entwickeln, die Wissenschaftler in aller Welt begeistert, und zur Entdeckung immer neuer Arten führt. Doch diese Urwelt ist bedroht durch Holzfirmen und Wilderer, die zum Glück auf Widerstand der Naturschützer stoßen.

DJA TIERRESERVAT

Das Dja-Reservat zeichnet sich durch seine noch nahezu unberührten Regenwälder aus, in deren äußerst vielfältiger Tierwelt zahlreiche Primatenarten wie die Blaumaulmeerkatze (unten) leben.

Das gut 5000 Quadratkilometer große Dja-Tierreservat liegt in einer natürlichen Schleife am Oberlauf des gleichnamigen Flusses. Die Region ist nur schwer zugänglich, auch deshalb hat sich hier einer der größten zusammenhängenden Regenwälder der Erde mit großer Biodiversität erhalten. Der aus rund 50 Baumarten bestehende Wald ist das Habitat einer immensen Vielfalt von Tieren, darunter mehr als 100 Säugetierarten. Hier leben die Sumpfantilope sowie der Bongo, eine Waldantilopenart, und der äußerst seltene Waldelefant. Besonders wertvoll machen das Reservat die Menschenaffenpopulationen aus Gorillas und Schimpansen sowie andere Primatenarten wie der Mandrill, die Halbaffenart namens Potto und Blaumeerkatzen. Eine Bedrohung dieses Gebietes geht von Buschbränden aus. Darüber hinaus sind viele Wildtiere begehrt bei Wilderern.

Vor fast 4500 Jahren schickte Pharao Pepi eine Expedition ins Herz Afrikas, ein Land, von dem er sich Wunder versprach. Seine Leute brachten einen Mann mit, der kaum größer als ein Kind, aber unzweideutig ein Erwachsener war. »Den Zwerg des Gottestanzes« nannten die alten Ägypter ihn. Im antiken Griechenland sollte sich der Name Pygmäen einbürgern (griech.: Fäustling). In den unzugänglichen Urwäldern im Inneren

Links: ein krächzender Schwarm aus Kongo-Graupapageien. Unten: der fein gezeichnete Mandrill und sein Artgenosse, der Gorilla (unten). Gerade mal fingernagelgroß ist der Big-eyed Tree Frog.

des Kontinents leben noch fast 200 000 Pygmäen, etwa im Lobéké-Nationalpark im Südosten des Kamerun. Sie sind Sammler unc Jäger und teilen sich die Wildnis mit einer Vielfalt von Tieren und Pflanzen, die Lobéke zu einem der bedeutendsten Nationalparks des Kontinents macht. Fast 300 Vogelspezies und über 300 Baumarten findet man hier, dazu Gorillas, Schimpansen, Waldelefanten, Waldriesenschweine – und eben Pygmäen.

DZANGA-NDOKI NP

An den Wasserstellen versammeln sich Waldelefanten und Waldbüffel zum Trinken und Baden. Westliche Flachlandgorillas leben im Urwald (links und unten rechts).

Nicht einmal in seinem innersten Herzen ist Afrika noch unberührt. Das Naturschutzgebiet Dzanga-Ndoki im äußersten Südwesten der Zentralafrikanischen Republik, im Grenzland zu Kamerun und dem Kongo gelegen, ist dieses Herz Afrikas. Hier wimmelt es von Waldelefanten und Leoparden, Büffeln und Bongos, Schimpansen und Pinselohrschweinen, Buschböcken und vor allem Flachlandgorillas. Kaum irgendwo sonst ist die Chance, eines dieser kolossalen Tiere zu sehen, so groß wie hier. Statistisch teilen sich anderthalb Exemplare einen Quadratkilometer. Doch sie müssen sich Dzanga-Ndoki, das seit 1990 als Nationalpark geschützt ist, unglücklicherweise auch mit vielen illegalen Holzfällern teilen, die die Lebensräume der Wildtiere immer weiter beschneiden; und mit Diamantenjägern, die in ihrer Gier die Erde aufreißen.

Mußestunde für den stärksten Menschenaffen, den Gorilla, der im Nouabalé-Ndokli-Nationalpark in vergleichsweise großer Zahl vorkommt. Überall sonst in Zentralafrika ist sein Bestand gefährdet.

Die Menschlichkeit der Menschenaffen ist der stärkste und verblüffendste Eindruck, wenn man ihnen in freier Wildbahn begegnet. Selbst die Gorillas lassen keinen Zweifel an ihrer nahen genetischen Verwandtschaft zu uns. Besonders hoch ist die Wahrscheinlichkeit, sie zu treffen, im Nouabalé-Ndoki-Nationalpark im Norden des Kongos. Denn dieses Schutzgebiet gilt als die Region mit der höchsten Dichte an Wildtieren in Afrika. An die mächtigen bis zu 200 Kilogramm schweren Gorillas wagt sich dabei kaum ein anderes Tier heran. Sie sind stehend menschengroß, mit einer Armspannweite von bis zu drei Metern. Ihr friedliches Gruppenzusammenleben lässt ihre Wehrhaftigkeit beinahe vergessen. Im Nationalpark sind außerdem etliche Schimpansen, Schwarzweiße Stummelaffen, Blaumaulmeerkatzen, Leoparden und Waldbüffel zuhause.

OKAPI WILDRESERVAT

Neben der auffälligen, asymmetrischen Fellzeichnung sind für die Okapis (unten) der relativ lange Hals und eine lange Zunge charakteristisch, was sie auch mit den Giraffen gemein haben.

Das Okapi-Wildreservat wurde 1992 offiziell zum Schutzgebiet erklärt. Es erstreckt sich im Becken des Flusses Zaire über etwa ein Fünftel des Ituri-Regenwaldes. Das Reservat hat reizvolle Landschaften zu bieten, darunter die imposanten Wasserfälle der Flüsse Ituri und Epulu. Das Okapi wurde erstmals 1890 von Sir Henry Morton Stanley nach Schilderungen der einheimischen Batwa als eselähnliches Tier beschrieben. Der britische Gouverneur Sir Harry Johnston (daher die Bezeichnung Okapia johnstoni) ordnete das zunächst als »Equus« (Pferd) klassifizierte Tier anhand von Knochenfunden den Giraffen zu. Erst zu Beginn des 20. Jahrhunderts bekamen Europäer lebende Tiere zu Gesicht. Vermutlich 30 000 Exemplare der Waldgiraffen leben noch in freier Wildbahn, etwa 5000 davon allein im Okapi-Wildreservat. Sie gelten als Einzelgänger und extrem scheu.

Bonobos, auch als Zwergschimpansen bekannt, erkennt man an dem breiten Scheitel der Kopfbehaarung, womit sie sich von anderen Schimpansen unterscheiden.

Salonga wurde 1970 als Nationalpark ausgewiesen. Seine 36000 Quadratkilometer bestehen aus zwei etwa gleich großen Teilen, die durch einen 50 Kilometer breiten Siedlungskorridor getrennt sind. Zusammen mit dem Maiko-Nationalpark wurde Salonga unter Schutz gestellt, um repräsentative Teile des zentralafrikanischen tropischen Regenwalds zu erhalten. Große Abschnitte der ökologisch bedeutenden Regenwälder wurden bereits Opfer von Waldbränden oder der Landwirtschaft. Der Park ist nur auf dem Wasserweg erreichbar. Nicht zuletzt deshalb bietet er einen geschützten Lebensraum für viele gefährdete und seltene Tierarten. Dazu zählen Waldelefant, Bongoantilope, Okapi, Wasserzivette und Kongopfau. Ebenso ist hier der Zwergschimpanse, der Bonobo, heimisch, der nur noch in den Schutzgebieten des Kongobeckens anzutreffen ist.

Das irisierende Fell der Goldmeerkatze (unten rechts) brachte die Forscher auf den passenden Namen. Sie wurde erst 2001 als eigene Art anerkannt und gilt laut IUCN als stark gefährdet.

Der knapp 8000 Quadratkilomter umfassende Virunga-Nationalpark erstreckt sich entlang des Großen Afrikanischen Grabenbruchs nördlich und südlich des Lake Edward im Nordosten des Kongo. Er ist Teil des Areals des 1925 gegründeten ersten afrikanischen Parks. Virunga birgt Lebensräume in grandioser Fülle: Sümpfe, Steppen, Savannen, Lavaebenen, Regenwälder, die Schneefelder des bis zu 5109 Meter hohen Ruwenzori-Gebirges, sowie Vulkane. Entsprechend vielfältig ist die Fauna: Rund 200 Säugetierarten gibt es, darunter Elefanten, Flusspferde, Löwen, Leoparden, Okapis und mehrere Antilopen- und Primatenarten. Zugvögel verbringen hier den Winter. In den Virunga-Bergen hat auch der vom Aussterben bedrohte Berggorilla eine seiner letzten Zufluchtsstätten gefunden. Hier begann Dian Fossey 1967 ihre Langzeitstudie.

Während manche Vulkane wie der Mount Karisimbi (links) im Virunga-Gebiet nur noch als Vulkankulisse dienen, weil sie ruhen, ist der Stratovulkan Nyiragongo (großes Bild oben links) noch aktiv.

RUWENZORI NP

An der Grenze zwischen Kongo und Uganda liegt das Ruwenzori-Gebirge. Die Gebirgskette mit dem 5109 Meter hohen Margherita-Gipfel des Mount Stanley gab dem Nationalpark, der rund 1000 Quadratkilometer umfasst, seinen Namen. Neben Gletschern, Seen und Wasserfällen in höheren Lagen gibt es in den Tälern und Ausläufern weite Sumpfgebiete, in denen hoch wachsende Pflanzenarten wie Papyrus den Elefanten

Eine Schatztruhe voller Leben mit zahlreichen Tieren und Pflanzenarten überproportionaler Größe: Diadem- oder Goldmeerkatze, Riesenwaldschwein, Steppenwald-Baumschliefer (Tierbilder unten).

Schutz bieten. In den üppig mit Gras bewachsenen Kratern finden Gazellen, Antilopen und Büffel Nahrung. In Höhen um 2000 Meter gibt es Bambusstauden und Leoparden. Auch der Kapklippschliefer findet hier Schutz. Die nebelverhangenen tropischen Bergwälder bergen eine Flora ungewöhnlichen Ausmaßes: Sechs Meter hohe Lobelien, Farne von über zehn Metern Höhe, und baumgroße Formen des Heidekrauts.

SIMIEN NP

Das durch Vulkanismus vor 40 Millionen Jahren entstandene und durch Erosionen geformte Simien-Massiv ist heute eine der eindrucksvollsten Landschaften der Welt. Gipfel um die 4500 Meter, Basaltschluchten mit reißenden Flüssen, zerklüftete Felsen und Klippen und bis zu 1500 Meter tiefe Abgründe prägen das Bild des Nationalparks. Dies alles überragt der 4620 Meter hohe Ras Dashan, der höchste Berg Äthiopiens. Der nach

In der Wildnis des Parks leben der Äthiopische Steinbock, der Dschelada oder Blutbrustpavian und der Äthiopische Wolf oder Äthiopische Schakal (Tierbilder unten).

dem Gebirgsmassiv benannte Nationalpark bietet einigen äußerst seltenen Tierarten ein Refugium, unter anderem dem Dschelada-Pavian, dem Simien-Rotfuchs und dem Walia-Steinbock. Als die Zahl der Füchse und Steinböcke unter die kritische Grenze fiel, wurde der Park 1996 in die Rote Liste des gefährdeten Weltnaturerbes aufgenommen. Insbesondere die zunehmende Besiedlung des Nationalparks bedroht den Bestand.

SAMBURU NP

Ohne den Uaso-Nyiro-Fluss wäre das 165 Quadratkilometer große Wildreservat eine einzige lebensfeindliche Ödnis für die Leoparden, Zebras, Löwen und Affen (Bilder unten im UZS).

In unserem Denken gibt es eine klare Trennlinie zwischen Natur und Zivilisation. Auf der einen Seite dieser Grenze lebt der zivilisierte Mensch, auf der anderen das wilde Tier. In Ostafrika aber existiert diese Linie nicht. Genau das macht den Reiz von Ländern wie Kenia oder Tansania aus. Im Samburu-Naturschutzgebiet 350 Kilometer nördlich von Nairobi teilen sich seit Jahrhunderten Löwen, Leoparden, Hyänen, Elefanten und Nilkrokodile das Land mit dem kriegerischen, halbnomadischen Volk der Samburu. Diese Verwandten der Masai ziehen mit ihren Rinder- und Ziegenherden durch das trockene Buschland, wobei sich zwischen ihrem Vieh wie selbstverständlich Zebras, Antilopen, Gazellen und Strauße tummeln. Abends aber suchen sich Löwen und Krokodile in freier Wildbahn einen Schlafplatz, und die Samburu kehren zu ihren Hütten zurück.

MOUNT KENYA NP

Die Abhänge des 5199 Meter hohen Mount Kenya sind gekennzeichnet durch eine Abfolge von höchst unterschiedlichen Vegetationszonen und Naturwäldern.

In der Mitte Kenias erhebt sich das eindrucksvolle Massiv des Mount Kenya, des mit 5199 Metern höchsten Bergs des Landes. Seine Hänge sind bis auf 2000 Meter von Feldern und Regen- und Nebelwäldern bedeckt, bis auf 2500 Meter von einer Bambuszone, ab 3500 Metern von offenem Gras- und Moorland. In der alpinen Zone, wo die eigentliche Nationalparkzone beginnt, wachsen Riesenlobelien und verschiedene Arten des Kreuzkrauts (Senecie). Daran schließt sich die Gipfellandschaft mit mehreren Kargletschern des Vulkans an. Die Tierwelt des artenreichsten Nationalparks Afrikas findet man vor allem in den Bambus- und Waldregionen: Elefanten, Nashörner, Kaffernbüffel und Antilopen zählen dazu, aber auch seltenere Tiere wie etwa Busch- oder Steppenschliefer. Rund 150 Vogelarten bewohnen die verschiedenen Zonen.

NATRONSEEN IM GREAT RIFT VALLEY

Die sich im südwestlichen Kenia am Grund des Großen Afrikanischen Grabenbruchs erstreckenden Seen des Great Rift Valley – Lake Bogoria, Lake Elementaita und Lake Nakuru – sind flache, sodahaltige Gewässer. Das rund 320 Quadratkilometer große Weltnaturerbe hat vor allem als Lebensraum und -grundlage für zahlreiche Tierarten Bedeutung. Bislang wurden weit über 450 Vogelarten an den Gewässern gezählt, darunter

Heiße Quellen und Geysire prägen den Bogoriasee (links oben), der für seine Flamingokolonien berühmt ist. Links unten und rechts: Büffel im aufkommenden Sturm und Breitmaulnashörner.

13 gefährdete Spezies. Einzigartig sind auch die riesigen Schwärme von Rosa- und Zwergflamingos. Fast 75 Prozent der weltweiten Population der Zwergflamingos leben hier. Sie ernähren sich von Kleinkrebsen und Cyanobakterien (Blaualgen). An den Seen Nakuru und Elementaita gehen Rosapelikane auf die Jagd nach Buntbarschen. Über hundert Zugvogelarten nutzen die Seen als Winterquartier oder Rastplatz auf ihren Reisen.

MASAI MARA NP / MARA RIVER

Man muss die Masai Mara von einem Flugzeug oder Ballon aus sehen. Ganz früh geht es los, denn nur im Morgengrauen erlaubt die Thermik der Grassavanne im Süden Kenias die Fahrt. Lautlos entschwebt man der Erde, und fröhnt einem atemberaubenden Schauspiel: eine endlose Wildnis, durch die sich der Mara-Fluss als schmales braunes Band schlängelt, eine Welt, bevölkert von Hunderttausenden Wildtieren, von Elefanten, Leoparden, Hyänen und Wildhunden, von Gnus, Gazellen und Antilopen. Flusspferde, die wie lebende Findlinge aussehen, und geduldig auf Gnus lauernden Krokodile. Ein Rudel Löwen, das gerade ein Zebra verschlingt, und Horden von Geiern und Marabus. Dazwischen ragen lauter isolierte Bäume in den Himmel, die wie einzelne Punkte aussehen – und jetzt versteht man auch, warum Mara in der Sprache der Masai »gepunktet« bedeutet.

In keinem anderen Naturschutzgebiet Kenias leben mehr Tiere als in der 1500 Quadratkilometer großen Masai Mara. Es geht ums Überleben, vor allem bei der Gnu-Wanderung »Great Migration«.

Es gibt kaum ein spektakuläreres Schauspiel im Tierreich als die jährliche Massenwanderung der Gnus in Ostafrika. Nach dem Ende der Regenzeit im Frühsommer verdörrt das Land, und sie ziehen nach Norden in die Masai Mara in Kenia, wobei sie den Mara-Fluss überqueren müssen. Und da warten schon die Krokodile ...

SERENGETI NP

Gewaltige Herden von mehr als zwei Millionen Boehmzebras, Weißbartgnus und Thomsongazellen ziehen auf der Suche nach Wasser und Futter alljährlich durch die Steppen- und Savannenlandschaften der Serengeti und legen dabei Strecken von bis zu 1500 Kilometern zurück – verfolgt von Löwen, Leoparden, Geparden und Hyänen. Nirgendwo sonst bietet der Kampf ums Überleben ein so dramatisches Schauspiel.

Daneben gibt es in diesem tierreichsten Gebiet der Erde auch Giraffen, Kaffernbüffel, Topi-, Kongoni- und Elenantilopen, Flusspferde, Nashörner, Hyänenhunde, Husarenaffen, Erdwölfe, Krokodile, Strauße sowie Elefanten, die seit 1957 zuwandern. Das Eintreffen der Europäer Ende des 19. Jahrhunderts brachte diese vielfältige Fauna in Gefahr. So wurde die Serengeti 1921 unter Schutz gestellt, und 1951 zum Nationalpark.

Zweimal im Jahr treten hier die Grasfresser in riesigen Herden die große Wanderung an, auf der Suche nach Wasser und frischem Grün: eine Herde Impalas (unten) und Zebras (ganz unten).

»Das endlose Land« nennen die Masai die Serengeti im Norden Tansanias, die für sie immer schon ein Lebensraum gewesen ist.

So brutal es in der freien Natur manchmal auch zugeht, so wenig tötet dort irgendein Lebewesen aus reiner Bosheit oder Mordlust. Es gelten einfach eigene Gesetze des Überlebens.

SCHUTZGEBIET NGORONGORO

Die Landschaft des Ngorongoro-Kraters war lange Teil der Serengeti. Erst 1974 wurde sie ein selbstständiges Wildschutzgebiet das den Krater des Empakaai samt Süßwassersee und den aktiven Vulkan Oldonyo Lenga, die Olduvai-Schlucht und Laetoli, in der bis zu 3,5 Millionen Jahre alte Fußspuren von Hominini gefunden wurden, umfasst. Der riesige Ngorongoro-Krater enthält neben Savannen und Steppen auch vereinzelte Sumpfgebiete und Akazienwälder. Der größtenteils mit Gras bedeckte Kraterboden ist das Weidegebiet der großen Rinderherden der Massai und stark überweidet. Die im Ngorongoro-Gebiet beheimatete Fauna besteht vorwiegend aus Gnus, Gazellen, Elenantilopen, Wasserböcken und Zebras. Elefanten, Flusspferde, Schwarze Nashörner, Löwen, Hyänen und Leoparden komplettieren den Querschnitt durch Afrikas Tierwelt.

Zebras und Streifengnus grasen friedlich in großen Herden in den Savannen der Ngorongoro-Nationalparks (großes Bild).

Auf dem Boden des gleichnamigen gigantischen Kraters erstreckt sich dieses rund 8000 Quadratkilometer große Schutzgebiet im Norden Tansanias.

KILIMANDSCHARO NP

Der 5895 Meter hohe Kilimandscharo besteht aus drei Hauptkegeln und zahlreichen kleineren Gipfeln vulkanischen Ursprungs. Im Westen liegt der 4000 Meter hohe Schira, im Zentrum der Kibo, mit 5895 Metern der höchste Punkt Afrikas, im Osten der 5270 Meter hohe Mawenzi. Obwohl unweit des Äquators gelegen, sind die Gipfel des Kilimandscharo von ewigem Schnee bedeckt. Oberhalb der Grassavanne beginnt das Gebiet des Kulturlands, ehemals eine Baumsavanne, die heute nur noch an den Nordhängen zu finden ist. Diese Zone geht in den bis auf 3000 Meter reichenden Laubabwerfenden Bergwald über, dem ein ausgedehntes Höhengrasland und eine Kältewüste der Gipfelregion folgen. Der Nationalpark ist Lebensraum zahlreicher, teils gefährdeter Tiere, darunter Gazellen, Nashörner, Kaffernbüffel, Elefanten und Leoparden.

Keinen anderen Berg Afrikas umgibt eine solch mythische Aura wie den 5895 Meter hohen Kilimandscharo, den höchsten Gipfel des Kontinents, diesen »unvorstellbar weißen« (Hemingway).

Im Inneren des schneebedeckten Kraters des Kibo (links) weisen schwefelhaltige Gase auf vulkanische Aktivitäten hin.

LAKE NATRON

Er liegt im östlichen Teil des Great Rift Valley, am Fuß des Vulkans Ol Doinyo Lengai in Tansania. Durch mineralreiche heiße Quellen und den südlichen Uaso Nyiro wird er gespeist. Würde ein Mensch Wasser aus diesem See trinken, wäre es schnell um ihn geschehen. Denn es ist eine Giftbrühe, eine wahre chemische Lauge, extrem alkalisch, salzhaltig und für menschliche Wesen ungenießbar. Deswegen galt der Natron-See im

Wie gepflastert mit feuerroten Platten: So sieht die Oberfläche des Natronsees während der Trockenzeit aus (unten). Nur in der Regenzeit bricht sie auf.

Norden Tansanias lange Zeit als totes Gewässer. Was für ein Irrtum! Denn die besondere chemische Zusammensetzung des Wassers, das zum Teil aus unterirdischen Quellen stammt, bietet einer Vielzahl von Tieren ideale Lebensbedingungen – allen voran Algen, Kleinkrebsen und anderen Mikroorganismen, die wiederum einen reich gedeckten Tisch für Flamingos, Pelikane und Schwalben bedeuten – nur nicht für den Menschen.

VICTORIA FALLS

Der erste Vorbote der gigantischen Victoria-Fälle ist bereits aus rund 20 Kilometern in Form einer bis zu 300 Meter hoch aufsteigenden Sprühnebelwolke auszumachen. Mit ohrenbetäubendem Lärm stürzt der Sambesi, Grenzfluss zwischen Sambia und Simbabwe, ungefähr 110 Meter in die Tiefe. Dieses Naturschauspiel findet seinen Widerhall auch im indigenen Namen der insgesamt fünf Fälle: Mosi-oa-Tunya, »donnernder Dampf«. Im März und April, zur Hochwasserzeit, werden sie zu einem fast zwei Kilometer breiten Wasservorhang mit bis zu 10000 Kubikmeter Wasser pro Sekunde. Wenn der Sambesi weniger Wasser führt, differenzieren sich einzelne Fälle aus. Das Areal ist auch Lebensraum von etwa 30 Säugetier-, 65 Reptilien- sowie 21 Amphibienarten. Die Fälle wurden 1855 von David Livingstone nach Königin Viktoria benannt.

Sie gelten als die schönsten und spektakulärsten Wasserfälle der Welt. Die Kololo, die hier leben, nennen sie aus gutem Grund »Mosi-oa-Tunya« – der Rauch, der donnert.

Die tiefe Schlucht, in die der Sambesi an der Fallkante der Victoria-Fälle stürzt, hat sich der Fluss im Laufe von Millionen Jahren selbst gegraben.

MAKGADIKGADI PAN NP

Vor 10 000 Jahren muss es hier ausgesehen haben, wie nach der Sintflut: nichts als Wasser, nichts als Stille und Schweigen. Der größte See, den es jemals in Afrika gegeben hat, bedeckte damals den Nordwesten Botsuanas, ein Binnenmeer von der Größe Portugals. Dann brannte die Sonne gnadenlos das Wasser weg, und übrig blieben irgendwann nur die größten Salzpfannen des Planeten. Diese bilden eine einzigartig bizarre, Landschaft, so lebensfeindlich, dass dieses Gebiet niemals von Menschen besiedelt war bis auf wagemutige Hirten an den Rändern. Doch manche Tiere finden ihr Überleben rund um die wenigen Wasserlöcher dieser Region – Zebras, Gnus, Flamingos, Antilopen, Springböcke. Und inmitten dieser flachen, apokalyptischen Welt erhebt sich plötzlich ein Berg aus rötlich braunem Granit, der mit Baobab-Bäumen bestanden ist. Kubu Island heißt diese Erhebung, wie eine Insel in einem Meer.

CHOBE NP

Der Chobe-Fluss gibt dem größten Nationalpark Botsuanas seinen Namen. Elefanten haben sich im südlichen Afrika so stark vermehrt, dass Nationalparks wie dieser die riesigen Herden kaum mehr verkraften können. So berühmt der 1967 als erstes Schutzgebiet in Botswana eingerichtete Chobe-Nationalpark auch für seine Elefantenherden ist, so viele andere Wildtiere bevölkern diese endlose Savannenlandschaft. Zu Tausenden leben hier Kaffernbüffel und Fleckenhyänen, Geparde und Wildhunde, Steppenzebras und Giraffen, Warzenschweine und Buschschweine und Kuhantilopen, Leoparden und Löwen – die einzigen Tiere, die den Elefanten gefährlich werden können. Denn sie machen gezielt Jagd auf Jungtiere, die noch nicht genug Erfahrung haben, sich gegen den König der Savanne zu wehren. Vor den ausgewachsenen Elefanten aber haben selbst die Löwen allergrößten Respekt.

Kein Ort auf dieser Welt ist so lebensfeindlich, als dass es nicht Tiere gäbe, die es dort trotzdem aushielten: Zebra- und Gnuherden in den Salzpfannen von Makgadikgadi.

Im Chobe-Nationalpark ziehen mehr als 100 000 Elefanten während der Regenzeit durch die Savanne. Links: Afrikanische Wildhunde und Bienenfresser suchen grüne Verstecke.

OKAVANGODELTA

Gespeist wird das Okavangodelta von dem gleichnamigen, in Angola entspringenden Fluss, der nach seinem Weg durch Namibia und das nördliche Botsuana in einem Binnendelta versickert. Wenn nach der Regenzeit die Flut des Okavango im Juni das Delta erreicht, wird die weitgehend ebene Landschaft überschwemmt. Aus den Anhöhen werden Inseln, der rote Sand verwandelt sich in ein grünes Paradies. Der Fluss wie das

Die Fülle an kostbarem Wasser in der ansonsten semiariden Umgebung ist für Breitmaulnashörner, Giraffen, Elefanten und Löwen im Delta eine wichtige Lebensquelle (von oben).

Feuchtbiotop ernähren riesige Herden von Zebras, Gnus, Büffeln, Antilopen und die weltgrößte Elefantenpopulation, denen Löwen, Leoparden, Geparde und andere Jäger folgen. In den Wasserkanälen leben Krokodile und Flusspferde. Über 480 Vogelarten wurden in diesem Gebiet gezählt, sowie 71 Fisch-, 33 Amphibienarten, 64 Arten von Reptilien und 122 Säugetierarten. Zudem gedeiht hier eine sehr vielfältige Flora.

Die kaiserliche Kolonialverwaltung hat wahrscheinlich einen der größten Naturschätze im Südwesten Afrikas vor dem Ruin bewahrt, indem sie 1907 die Region rund um die Etoscha-Pfanne zum damals größten Naturschutzgebiet der Erde deklarierte. 100 000 Quadratkilometer umfasste das Reservat, dessen Wildbestand von Jägern und Wilderern fast vollständig vernichtet worden war. Obwohl der Etoscha-Nationalpark, der be-

»Großer weißer Platz« heißt Etoscha in der Sprache der Ureinwohner Namibias. So gleißend ist dieses Weiß, dass manchmal selbst die genügsamen Giraffen vor ihm zu fliehen scheinen.

deutendste Namibias, heute nur noch rund 22 000 Quadratkilometer groß ist, kann man ihm dennoch eine spektakuläre Erfolgsgeschichte zuschreiben. Unter anderem durch das Bohren künstlicher Wasserlöcher sind die Elefanten zurückgekommen und vermehren sich rasant. Und trotzdem bleibt Etoscha eine Arche Noah Afrikas, eine Welt voller Elefanten und Oryxantilopen, Kudus und Zebras, Nashörner und Leoparden.

NAMIB NAUKLUFT NP

Es gibt eine Stille, die unerträglich ist, die man nur deswegen hört, weil die Ohren absolut nichts hören. Es ist die vollkommene Abwesenheit jedes Geräuschs, die sie so unheimlich macht. Und der Ort, an dem diese Stille am schrecklichsten ist, ist die Namib-Wüste, einer der unwirtlichsten, menschenfeindlichsten Flecken der Erde. Auf 50 Grad klettern die Temperaturen in der Sonnenglut hinauf, um dann nachts auf den Gefrierpunkt herunterzurauschen wie eine Furie. Kaum eine Pflanze hält es hier aus außer der zähen Welwitschie, die sehr alt werden kann und in 2000 Jahren nur zwei Blätter produziert, die dafür aber acht Meter lang werden. Und noch eigenartigere Tiere gibt es hier, wie den Kopfstandkäfer, der sich auf den Kopf stellt, um mit den Hinterbeinen und dem Hinterteil ein paar Tropfen Feuchtigkeit aus dem Morgennebel zu saugen.

Tiere wie diese Springböcke (unten) trotzen der Unwirtlichkeit der Namib, in der jahrzehntelang kein Tropfen Regen fallen kann. Ihren Wasserbedarf decken sie fast ausschließlich über Nahrung.

Nichts als Sand seit 80 Millionen Jahren: Die Namib ist die älteste Wüste der Erde, eine 95 000 Quadratkilometer große Ödnis aus lauter grausamer Einsamkeit.

KGALAGADI TRANSFRONTIER PARK

Afrika ist seit Langem auf der Suche nach Frieden. Trotz enormer Fortschritte herrscht in vielen Ländern noch immer Unfrieden. Eine Friedensidee aber hat sich glücklicherweise durchgesetzt: die der »Peace Parks«, der grenzüberschreitenden Nationalparks, die keinen nationalstaatlichen Interessen, sondern allein dem übergeordneten Wohl der Natur dienen. Gegründet wurde die Friedensparkorganisation unter anderem von Nelson Mandela und Prinz Bernhard von den Niederlanden. Der Pionier dieser Schutzgebiete ist der Kgalagadi Transfrontier National Park, der aus der Zusammenlegung zweier Nationalparks in Südafrika und Botsuana entstanden ist. In diesem Gebiet, fast so groß wie die Schweiz, können nun nicht nur Safaritouristen, sondern auch Elefanten, Löwen, Leoparden und Schakale ohne alle Formalitäten die Grenze überqueren.

Die Idee der »Peace Parks«, die mehrere Länder verbinden und nicht nur Springböcken freie Bahn gewähren, wird in Afrika immer populärer.

Im grenzübergreifenden Kgalagadi-Nationalpark gibt es weder für Mensch noch Tier Zollkontrollen. Die Wüste zeigt sich in ihren typischen roten Dünen (links).

FLORENREICHE DER KAPREGION

Wenige Millimeter Regen im Juli und August reichen aus, um aus der trostlosen Ödnis ein Fest der Farben zu machen. Für kurze Zeit strahlen dann über 3000 Pflanzenarten in allen Farben.

Ein Florenreich zeichnet sich durch eine relativ einheitliche Pflanzenwelt aus. Das eigentümlichste, kleinste und zugleich diversifizierteste Florenreich ist das kapländische an der Südspitze Afrikas. Auf engstem Raum wachsen hier 6000 Blütenpflanzenarten, darunter ein hoher Anteil von Endemiten. Das Schutzgebiet mit seinen acht Reservaten stellt einen Ausschnitt aus diesem kapländischen Florenreich dar. Mit 553 000 Hektar macht es 0,02 Prozent der Landfläche von Afrika aus, beherbergt aber fast 20 Prozent aller dort vorkommenden Blütenpflanzenarten. Eine besondere Rolle spielen die Proteagewächse und die Glockenheiden. Einzigartig ist die Fynbos-Vegetation, ein Ökosystem, das sich an die periodisch auftretenden Buschbrände perfekt angepasst hat. Die Artbildung ist in vollem Gang und erlaubt Einsichten in die Evolution der Blütenpflanzen.

Das Namaqua-Chamäleon ist eine endemische Echse. Anders als die auf Bäumen lebenden Chamäleons hat diese Gattung keinen Greifschwanz.

Wenn man im Juni durch den Namaqua-Nationalpark in Südafrikas Nordkapprovinz fährt, sieht man eine graubraune Ödnis, in der jegliches Leben von einem fürchterlichen göttlichen Zorn verbrannt worden zu sein scheint. Nichts regt sich hier, kein Farbtupfer spendet Trost. Doch dann, im späten Juli oder frühen August, fällt der Regen auf dieses hoffnungslose Stück Erde. Wie von Zauberhand verwandelt sich Namaqua binnen weniger Stunden in einen einzigen Farbenrausch. So überwältigend ist das Schauspiel, dass man es für eine Fata Morgana halten würde – könnte man sich nicht hinabbeugen und an all den gelben, blauen, roten, violetten Blüten und Kelchen schnuppern, die das Füllhorn der 3000 Pflanzenarten in Namaqua über das eben noch so traurige Land streut. So schnell aber, wie sie entstanden ist, verschwindet die Pracht wieder.

MALOTI-DRAKENSBERG-PARK

Die Drakensberge sind das höchste Gebirge im südlichen Afrika. Ihre höchste Erhebung (3482 Meter) ist der Gebirgszug »Maloti-Berge« in Lesotho. In der Sprache der Zulu heißt das Massiv uKhahlamba, was »Wand der aufgestellten Speere« bedeutet und auf die schroffe Landschaft anspielt. Der südafrikanische Naturpark Drakensberge grenzt an den Nationalpark Sehlabathebe in Lesotho an, der überwiegend aus Savannenlandschaften und Sandsteinformationen besteht. Die Parks wurden 2013 zum gemeinsamen Welterbe »Maloti-Drakensberge« vereinigt. Da einige Flüsse in diesem Park dauernd Wasser führen, existieren Feuchtgebiete bis in alle Höhenbereiche. Tatsächlich findet man in Sandsteinpools eine endemische Art der Wasserähre. Diese Blume wird gern »Juwel von Sehlabathebe« genannt. Auch die Tierwelt dieses Parks ist sehr artenreich.

Die Aussicht vor der Abbruchkante des Bannerman Face (unten) offenbart dem Betrachter das überwältigende Panorama der Drakensberge im Sonnenlicht.

Wie ein überdimensionales Amphitheater türmen sich die Felsvorhänge der Drakensberge in Südafrika zum Sonnenuntergang auf.

KRÜGER NP

Niemals wieder kann man mit unbefangener Begeisterung einen Zoo besuchen, wenn man einmal in seinem Leben den Krüger-Nationalpark gesehen hat. Denn man wird sich beim Anblick eines eingesperrten Löwen oder Elefanten immer wehmütig zurück wünschen in dieses Wunderland. Der Park, der schon 1898 vom damaligen südafrikanischen Präsidenten Paul Krüger unter Schutz gestellt wurde und 1926 den Status eines Nationalparks erhielt, gleicht einem gigantischen Wildgehege, in dem die Wärter vergessen haben, die Gatter zu schließen. Denn selbst von den asphaltierten Straßen aus erspäht man die zoologische Vielfalt. Man sieht Giraffen, Nashörner, Horden von Pavianen, Zebras, dazu Elefanten, Wasserbüffel, Impalas und Kudus und natürlich Löwen, die so träge in der Sonne liegen, als warteten sie auf die nächste Fütterung.

Das Tierreich des Nationalparks ist legendär. An der Spitze der Nahrungskette sitzen ganz klar die Löwen, vor denen sich andere Tiere wie Impalas (großes Bild) in Acht nehmen müssen.

Zahllose Flüsse wie der Crocodile River, der Limpopo oder hier der Olifants (links) durchziehen Südafrikas größten Nationalpark.

ISIMANGALISO WETLAND PARK

Der knapp 2500 Quadratkilometer große iSimangaliso Wetland Park bedeckt große Teile des im Nordosten Südafrikas liegenden Maputalands. Das Naturschutzgebiet umfasst unterschiedliche Ökosysteme, die der Tierwelt Afrikas einen geschützten Lebensraum bieten. Das Herz ist der rund 350 Quadratkilometer große St.-Lucia-See, wo der Fluss Hluhluwe auf seinem Weg zum Indischen Ozean ein großes Sumpfgebiet speist. In die-

Das Zulu-Wort »isimangaliso« bedeutet Wunder. Die Wunderkammer der Natur beherbergt unter anderem Meerkatzen, Kudus, Gabunvipern und Goliathreiher (von oben).

sem Feuchtgebiet leben die größten Krokodilbestände Afrikas, große Populationen von Flusspferden und mehr als 400 Vogelarten. In den dicht bewaldeten Dünengebieten leben Somango-Affen, und mehrere Arten von Meeresschildkröten an den Stränden um Cape Vidal. Dem Kap vorgelagert sind ausgedehnte Korallenriffe. Die weiten Grasländer im Landesinneren sind der Lebensraum nahezu aller Großwildarten Afrikas.

ANDASIBE MANTADIA NP

In diesem grünen Zauberreich findet man Chamäleons, Frösche und vor allem Lemuren, eine Primatenart, die nur auf Madagaskar und einer Handvoll benachbarter Inseln vorkommt.

Wenn früh am Morgen oder in der Dämmerung unheimliche Rufe durch den Dschungel Madagaskars hallen, zuckt man unwillkürlich zusammen, weil man Totengeister zu hören glaubt. Und es singen hier tatsächlich Lemuren, die Totengeister der römischen Religion, nur dass diese Lemuren keine Gespensterwesen sind, sondern kleine Primaten, die man wegen ihrer nächtlichen Lebensweise und der riesigen Augen nach den Lemuren Roms benannt hat. Besonders viele von ihnen leben im Andasibe-Mantadia-Nationalpark im Osten Madagaskars nahe der Hauptstadt Antananarivo. Er beherbergt nicht nur die größte Population des Indri-Lemurs, sondern noch ein Dutzend weitere Mitglieder aus der Familie der Feuchtnasenaffen. Böses führen diese Primaten nicht im Schilde, dennoch haben sie eine besondere Aura.

NATURSCHUTZGEBIET TSINGY DE BEMARAHA

Der possierliche Östliche Bambuslemur kommt nur auf Madagaskar vor, vor allem entlang der Ostküste zwischen dem Alaotra-See und dem Fluss Mananara.

Die Hochebene von Bemaraha an der Westküste Madagaskars präsentiert sich als beeindruckende Karstlandschaft. Besondere Höhepunkte sind der Canyon des Manambolo-Flusses und der Tsingy – ein »Wald« von Kalksteinnadeln. Das madagassische Wort »mitsingitsingina«, kurz tsingy beutet so viel wie »auf den Zehenspitzen gehen«. Die Steinfelder sind zumeist vegetationslos. Die unberührten Regenwälder, Seen und Mangrovensümpfe des Schutzgebiets sind Lebensraum unzähliger Orchideenarten. Besonders wichtig ist das Reservat als Lebensraum der Lemuren. Diese Halbaffenart gelangte vor mehr als 40 Millionen Jahren auf die Insel und fand hier nahezu perfekte Bedingungen vor. Es haben sich rund 40 verschiedene Arten entwickelt. Außerdem ist das Areal Heimat zahlreicher Vogelarten, Fledermäuse, Amphibien und Reptilien.

Faszinierende Verwandlungskünstler: das Pantherchamäleon, der Helmvanga mit seinem auffällig blauen Schnabel, das Fingertier und das Mausmaki (im UZS).

Im Zoo von Zürich gibt es seit 2003 ein Regenwaldhaus, das nicht nur wegen seiner Größe in Europa einmalig ist. Denn es bildet – sozusagen originalgetreu – den Masoala-Urwald in Madagaskar ab, den größten, noch zusammenhängenden Regenwald auf der viertgrößten Insel der Welt. So trägt der Zoo nicht unwesentlich zur Finanzierung des Schutzgebietes bei. Und Schutz hat der größte Nationalpark Madagaskars wahrlich verdient. Denn er ist eine Schatztruhe der Natur voller seltener Tier- und Pflanzenarten, von denen viele endemisch sind. Allein zehn Lemuren-Arten leben in Masoala, dazu Chamäleons, Tomatenfrösche und der Madagaskar-Schlangenhabicht, den man für ausgestorben hielt, bis er hier gesichtet wurde. Doch Masoala ist auch ein hochgefährdeter Schatz, weil skrupellose Holzfirmen auf das fragile Ökosystem keine Rücksicht nehmen.

ANDRINGITRA NP

Vom Dschungel über Bergregenwälder bis zu kargen Hochgebirgslandschaften: All das findet man im Andringitra-Nationalpark im Südosten von Madagaskar.

»Mora, mora« lautet das Lebensmotto Madagaskars, was so viel wie »langsam, langsam« bedeutet. Und dieses Motto ist tatsächlich der bestimmende Alltagsrhythmus auf der Insel. Schnell kommt man hier nie voran. Doch diese Langsamkeit hat auch Vorteile. Sie zähmt die Ungeduld, sie lehrt uns den genauen, geduldigen Blick auf die Welt. Und wenn diese dann so großartig aussieht wie der Andringitra-Nationalpark im Südosten der Insel, ist man hocherfreut, keine Eile haben zu müssen. Denn das 100 Kilometer lange Andringitra-Gebirge, das sich bis zu 2600 Meter hoch auftürmt, ist eine prall gefüllte Schatzkiste der Natur, in der sich allein fünfzig verschiedene Säugetierarten und tausend Pflanzenarten drängen. Viele von ihnen sind endemisch. Und kein einziges der Tiere scheint es eilig zu haben – genau wie die Menschen hier.

ATOLLE UND KORALLENRIFFE

Als wäre die Welt an Land nicht schon schön genug: Die wahre Überwältigung und ganze Pracht der Natur erwartet die Besucher der 1200 Inseln mitten im Indischen Ozean erst unter Wasser.

Zwei Inselstaaten im Indischen Ozean, über 2000 Kilometer voneinander entfernt, die westliche Inselfantasien wahr werden lassen – das sind die Malediven und die Seychellen. Jene zählen weit mehr als 1000 Inseln, diese mehr als 100. Beide sitzen sie auf untermeerischen Rücken, die Malediven auf dem zentralindischen, die Seychellen auf dem Maskarenenrücken. Der eine Staat gehört topografisch zu Asien, der andere zu Afrika, der eine ist fast rein islamisch, der andere vorwiegend katholisch. Für Reisende jedoch zählt die eine große Gemeinsamkeit: Beide Inselreiche weisen eine große Zahl atemberaubend schöner Korallenriffe – die allerdings durch die Korallenbleiche stark bedroht sind – mit faszinierender mariner Tierwelt auf, und beide sind sie touristisch bestens erschlossen. Ein Paradies für alle Unterwasserfans.

ALDABRA-ATOLL

Auf der westlichsten Inselgruppe der Seychellen im Indischen Ozean sind die Hauptattraktion über 150 000 Riesenschildkröten.

Von den türkisblauen Fluten des Indischen Ozeans umgeben entsprechen die Eilande unseren Vorstellungen von einer Trauminsel. Die vier Koralleninseln des Aldabra-Atolls – Picard, Polymnie, Malabar und Grande Terre – umschließen eine seichte Lagune und werden ihrerseits von einem Korallenriff umgeben. Aufgrund der isolierten Lage konnte hier eine ungestörte Naturlandschaft bewahrt werden. Das 1976 zum Schutzgebiet erklärte Aldabra-Atoll weist eine für eine ozeanische Insel erstaunlich vielfältige Flora und Fauna auf. So dient es zahlreichen Seevögeln als Nistplatz. Bekannt ist das Atoll jedoch für seine große Population von Aldabra-Riesenschildkröten, eine Art der Seychellen-Schildkröte. Diese Reptilien können bis zu 250 Kilogramm schwer und mehr als 100 Jahre alt werden. In Gefangenschaft verdoppelt sich ihre Lebenserwartung sogar.

ASIEN

So unermesslich groß ist Asien, dass selbst seine Einzelteile in ihrer gigantischen Ausdehnung unsere Vorstellungskraft übersteigen. Allein das, was wir als Fernen Osten bezeichnen – in Anlehnung an das »Far East« des Britischen Empire –, reicht von Indien bis Japan und von China bis Indonesien. Dieses Universum beherbergt den höchsten Gipfel der Erde, ist die Heimat von Milliarden Menschen und die Wiege zahlloser Hochkulturen. Hier gibt es Länder, die aus Tausenden von Inseln bestehen oder aus nichts anderem als Hochgebirge oder aus einem einzigen gigantischen Flussdelta – und selbst all das ist nur ein Teil Asiens.

WRANGEL-INSEL

Die weit nördlich des Polarkreises am westlichen Rand der Tschuktschen-See gelegene, rund 7500 Quadratkilometer große Wrangel-Insel weist eine große Vielfalt von geologischen Formationen und Lebensräume mit jeweils unterschiedlichem Mikroklima auf. Wegen ihres gebirgigen Charakters war sie während der Eiszeit nie ganz vergletschert. Deshalb existieren hier Pflanzen- und Tierarten, die anderswo ausgestorben sind, allein mehr als 400 Arten und Unterarten von Gefäßpflanzen, doppelt so viele wie in jedem anderen Tundragebiet vergleichbarer Größe. Darunter befinden sich auch 23 Endemiten, die durch erst vor Kurzem erfolgte Hybridisierung entstanden sind. Auf der Insel lebt die mit bis zu 100 000 Individuen größte Population des Pazifischen Walrosses. Die Dichte der Eisbärenhöhlen ist die höchste auf der ganzen Welt. Auch Moschusochsen, die Nachkommen von ausgewilderten Tieren sind, weiden in der arktischen Tundralandschaft. Grauwale, die von Mexiko hierher ziehen, finden in der nächsten Umgebung Nahrung. Dazu kommen rund 100 Zugvogelarten, die hier brüten. Die vielen Lemminge zeigen Verhaltensweisen, die sich von denen anderer arktischer Populationen unterscheiden. Auch die Rentiere haben sich den örtlichen Bedingungen angepasst.

Die Moschusochsen sind ideal für die harten Wetterbedingungen ausgestattet. Ihr Fell besteht aus verschiedenen Haararten, die den Körper schichtweise schützen.

Eisschollen treiben auf dem Wasser vor dem Küstenabschnitt Cape Waring.

KAMTSCHATKA

Neun Stunden lang fliegt man von Moskau, nach Osten, neun Zeitzonen durchquert man, Tausende von Kilometern lässt man hinter sich und sieht doch immer nur eine Landschaft, die in ihrer Monotonie erstarrt ist, als habe ihr die Kälte die Seele ausgetrieben, die so stumm daliegt, als sei sie längst tot. Doch dann, am äußersten Ende Russlands, wenn man alle Hoffnung schon aufgegeben hat, erwacht die Scheintote plötzlich zum Leben: Die Halbinsel Kamtschatka ist eine heißblütige Schönheit, erst vor zwei Millionen Jahren aus dem Meer gestiegen, als sich die pazifische Erdplatte unter die eurasische schiebt.

Gegensätze sind in der Natur kein WIderspruch. Der aktive Vulkan Kamtschatka vereint Feuer und Eis auf majestätische Art und Weise. Braunbären warten an den Flüssen auf Lachse.

Überall rumort es, in Vulkanen, Geysiren und Schlammlöchern. Kamtschatka an der russischen Pazifikküste ist eine Werkstatt der Erdkräfte. Vulkanausbrüche und Erdbeben sind hier so üblich wie anderswo Regenschauer. Sechs der zahlreichen Vulkane brechen hier jedes Jahr aus und modellieren Kamtschatka neu, als seien sie nie zufrieden mit ihrem Werk. Und wir Glücklichen können den Künstlern bei der Arbeit auf der 370 000 Quadratkilometer großen Halbinsel zwischen Beringsee und Nordpazifik zuschauen. Bis 1990 aber durfte man das Weltnaturerbe nicht betreten, da die Region militärisches Sperrgebiet war.

SOKOTRA-INSEL

Wegen des reichen Vorkommens an Weihrauch, Myrrhe, Aloe und seiner strategisch günstigen Lage am Ausgang des Golfs von Aden war der Archipel schon zur Zeit der ägyptischen Pharaonen ein Ziel von Seefahrern. Trotzdem blieben die Inseln bis ins späte 19. Jahrhundert in Europa weitgehend unbekannt. Die wissenschaftliche Erforschung von Sokotra setzte erst nach der politischen Öffnung des Jemen in den 1990er-Jahren ein. Die Hauptinsel Sokotra ist 3626 Quadratkilometer groß und erhebt sich bis auf 1503 Meter Meereshöhe. Geologisch bildet Sokotra die Fortsetzung des Horns von Afrika, mit dem es jedoch seit 15 Millionen Jahren keine Landverbindung mehr hat. Diese abgesonderte Lage begünstigte die Entwicklung einer ganz eigenen Flora und Fauna, wobei Landsäugetiere fehlen. 90 Prozent der Inselreptilien kommen nur hier vor.

Der 250 Kilometer lange Sokotra-Archipel mit seinen vier Hauptinseln Sokotra, Abd al-Kuri, Samha und Darsa beheimatet zahlreiche endemische Pflanzen- und Tierarten wie die Wüstenrose.

Märchenhaft geformte Bäume schmücken den Archipel. Besonders Drachenbäume (links) kommen hier vor. Sie gehören zur Familie der Agavengewächse und erreichen stattliche 20 Meter Höhe.

GROSSER HIMALAYA NP

Das ursprünglich im Jahr 1984 gegründete, 1999 offiziell zum Nationalpark erklärte Naturschutzgebiet liegt im nordindischen Bundesstaat Himachal Pradesh und ist von herausragender Bedeutung für den Erhalt der biologischen Vielfalt der Region. Die Erforschung der früheren wie der aktuellen Vergletscherung eröffnet wichtige Erkenntnisse über künftige Auswirkungen der globalen Klimaerwärmung. Auf 905 Quadratkilometern erstreckt sich eine verblüffend vielfältige Landschaftsszenerie: hohe Berggipfel, blühende Gebirgswiesen und romantische Flusstäler mit allein 25 verschiedenen Waldtypen. Das Schmelzwasser der oberen Bergregionen ist von enormer Bedeutung für die flussabwärts lebenden Menschen. Zu den gefährdeten Tierarten gehören die größte Einzelpopulation des Schwarzkopftragopans, die dichteste Population des Himalaya-Moschustiers und der Schneeleopard.

NANDA DEVI NP UND »TAL DER BLUMEN«

In Zeiten des Massentourismus, der auch vor den entlegensten Winkeln der Welt nicht haltmacht, sind Schutzgebiete selbst im Himalaya eine Notwendigkeit, auch wenn sie wie die Hochgebirgsregion Nanda Devi für den Menschen fast unzugänglich sind. Im 1980 gegründeten Nationalpark leben außer den heute sehr seltenen, wegen ihres Winterpelzes stark bejagten Schneeleoparden, auch Moschushirsche sowie große Herden von Blauschafen und Ziegenantilopen. An Nanda Devi schließt sich der Nationalpark »Tal der Blumen« an, der berühmt für seine Wiesen und endemischen Wildblumenarten ist, darunter Indischer Ahorn, Dornenmohn und eine Art der Alpenscharte. Das landschaftlich abwechslungsreiche Tal beheimatet auch einige seltene Tiere wie Kragenbären. Auch in der Hindumythologie spielt das Tal eine große Rolle; Nanda Devi bedeutet dort »Göttin der Freude«.

Himachal Pradesh ist ein Bundesstaat, dessen Landschaft von weitläufigen Waldgebieten geprägt ist. Neben dem Großen Himalaya-Nationalpark beherbergt er auch den Pin-Valley-Nationalpark.

Die Region um den 7816 Meter hohen Nanda Devi an der Grenze von Indien zu Nepal und China ist ein wichtiges Refugium gefährdeter Tier- und Pflanzenarten wie der Schneeleopard (links).

KEOLADEO NP

Das Schutzgebiet erstreckt sich über nur 30 Quadratkilometer, aber die Artenvielfalt zeigt, wie wichtig das Refugium ist. Buntstörche, Rhesusaffen, Nilgauantilopen und Saruskraniche (im UZS).

Der Nationalpark ist ein Feuchtgebiet, das von Menschenhand geschaffen wurde. Die Maharadschas von Bharatpur hatten hier ehemals ihr Jagdrevier. Oft fielen ihnen pro Tag mehrere tausend Vögel zum Opfer. Um die Wasserflächen für die Jagd zu vergrößern, ließen sie im 19. Jahrhundert künstliche Kanäle anlegen und Dämme aufschütten. So entstand ein Feuchtgebiet, das für die Vogelwelt bald ein beliebtes Brutgebiet wurde, da die Umgebung ansonsten sehr trocken ist. Heute bietet das Schutzgebiet rund 120 Vogelarten eine ständige Heimat, darunter einer der größten Reiherpopulationen der Welt. In den Wintermonaten lassen sich hier rund 240 Zugvogelarten nieder, wie der seltene Nonnenkranich (auch Schneekranich) oder die Sichelente. Der Sibirische Kranich ist die besondere Attraktion des Nationalparks, er gilt als fast ausgestorben.

Von einst stolzen 100 000 auf kaum mehr als 1000 Exemplare ist der Bestand des Bengalischen Königstigers in den indischen Wäldern geschrumpft.

Das einstige Jagdgebiet der Maharajas von Rewa, die bevorzugt den majestätischen Bengal-Tiger jagten, wurde im Jahre 1982 zum Nationalpark erklärt. In der hügeligen Plateaulandschaft und den umliegenden wildreichen Grasgebieten des knapp 450 Quadratkilometer großen Areals sind neben dem berühmten Bengal-Tiger auch Leoparden, Hyänen, Bären, Windhunde, Rohrkatzen und Mungos zu Hause. Seltener begegnet man auch Indischen Schuppentieren und dem Langur, Antilopen oder Gazellen. Auch die 1995 fast verschwundenen Wildrinder namens Gaur wurden im Park wieder angesiedelt. Zudem beheimatet der Bandhavgarh über 200 Vogelarten. Bis heute ist der Bengalische Königstiger aber die Hauptattraktion, denn bei keiner anderen Kreatur liegen Schönheit und Schrecken so nah beieinander wie beim stärksten Raubtier auf Erden.

MANAS-WILDSCHUTZGEBIET

Das Wildschutzgebiet grenzt an den Royal-Manas-Nationalpark in Bhutan. Im Grasland sind unter anderem Wildbüffel und Zwergwildschweine zu Hause, die in Assam bereits als ausgestorben galten. Grassavanne, Wald und Flusslandschaft bieten auch zahlreichen Vogelarten Lebensraum. Die im Jahr 1928 zum Wildschutzgebiet erklärte Kernzone des Reservats wurde 1992 durch einen Bürgerkrieg stark zerstört. Im selben Jahr stufte die UNESCO diese Welterbestätte wegen der massiven Schädigungen des Parks und seines Ökosystems auch durch Wilderer als besonders gefährdet ein. Dank eines Wiederaufbauprogramms wurden 2006 rund 700 Tiere gezählt. Auch der Bestand der mächtigen Königstiger wuchs auf rund 60 Tiere. Ebenfalls seit dem Jahr 2006 werden Tiere aus anderen Parks hier wieder angesiedelt. Das seltene Panzernashorn aber starb aus.

Das vor allem für seine Tiger und zahlreichen Elefanten bekannte Schutzgebiet liegt in Assam am Fuße des Himalaya, nahe der Grenze zu Bhutan. Sein Name kommt vom reißenden Fluss Mana.

Prächtige Pfauen (ganz links) und Kappenlanguren (links) gehören zur faszinierenden Tierwelt des Schutzgebiets.

Der Kaziranga-Nationalpark wird vom Ungestüm des Brahmaputra geprägt: Während der Monsunzeit im Juli und August stehen zwei Drittel des Parks regelmäßig unter Wasser. Dann müssen die Tiere in höher gelegene Regionen ausweichen. Der Schutz der Panzernashörner stand schon immer im Mittelpunkt des Interesses der lokalen Tierschützer. Die Region wurde 1908 Wildreservat, 1950 Wildschutzgebiet und 1974 National-

Dem Panzernashorn leisten Hunderte von Wasserbüffeln Gesellschaft und dazu noch Elefanten und Barasingha, eine endemische Hirschgattung.

park. Heute wird die Zahl der Rhinozerosse auf 1500 geschätzt. Tiere aus dem Park wurden im nahe gelegenen Manas-Wildschutzgebiet angesiedelt, um den dortigen Bestand zu erneuern. Zahlreich sind aber auch Elefanten, Büffel und verschiedene Hirscharten vertreten, ferner Gibbons, Tiger und Wildschweine sowie seltene Vögel wie Barttrappen und Graupelikane. Kragen- und Lippenbär haben hier ebenfalls ein Rückzugsgebiet.

WESTGHATS NPS

Parallel zur Westküste Indiens erstreckt sich das rund 1600 Kilometer lange Gebirge der Westghats. Wegen der regenreichen Monsunzeit von Juni bis September wachsen dort tropische Regenwälder. Da der Mensch das Gebirge seit jeher besiedelt, ist nur noch etwa ein Fünftel des ursprünglichen Waldbestandes vorhanden. Das Ökosystem besteht heute nunmehr aus in Grasgebiete (»Shola-Grasland«) eingebetteten Waldrelikten.

Der Bartaffe oder Wanderu (großes Bild), der kontraststark gezeichnete Hanuman-Langur, Pfauen und der Indische Hutaffe (von links) sind im Westghats-Nationalpark beheimatet.

2012 ins Weltnaturerbe aufgenommen wurden sieben größere Gebiete rund um die Westghats. Das Areal ist außerordentlich artenreich und der Endemiegrad liegt rekordverdächtig hoch. Bei den 4000 bis 5000 Blütenpflanzen dürften mehr als 30 Prozent Endemiten sein. Die Springkräuter der Gattung Impatiens beispielsweise sind mit 86 Arten vertreten, 76 davon kommen nur in den Westghats vor.

Der Nilgiri-Tahr (ganz links), eine ziegenartige Paarhuferart, ist hier endemisch. Axishirsche oder Chitale (links) mit ihrer auffällig gefleckten Fellzeichnung zählen zu den hier lebenden Wildtieren.

Der Park verdankt seine Existenz König Mahendra, der 1962 ein Schutzgebiet für die bedrohten Panzernashörner gründete. Das Reservat wurde 1973 zum Nationalpark erklärt. Zu den Wildarten zählen Sambar- und Axishirsche, Vierhornantilopen, Wildschweine, Lippenbären, Wildrinder (Gaur) sowie Rhesusaffen. Die Baumkronen werden von Languren bevölkert, in der Dämmerung gehen Mungos und Honigdachse auf die Pirsch. Nachts hört man das Heulen der Goldschakale. In den Flüssen dösen Sumpfkrokodile und Gangesgaviale. Trotz ihrer Länge von bis zu sieben Metern stellen sie für den Menschen aber keine Gefahr dar. Im offenen Gelände trifft man auch auf Bengalwarane. Der Chitwan-Nationalpark ist auch ein Paradies für mehr als 400 Vogelarten: Saruskranichen, Purpur- und Seidenreiher, Königsfischer, Doppelhornvögel und Kormorane.

Hier im Chitwan-Nationalpark ist das als gefährdet eingestufte Indische Panzernashorn beheimatet. Von seinen Artgenossen gibt es nur noch einige wenige in Indien und Nepal.

Im ältesten Nationalpark Nepals mit seinen Salwäldern und ausgedehnten Elefantengrasflächen trifft man auf zahlreiche bedrohte Tiere, so auch auf Elefanten.

SAGARMATHA NP

Um das ökologische Gleichgewicht in Nepal und vor allem in der Region am Fuß des 8850 Meter hohen Mount Everest zu stabilisieren, bestimmte man das Gebiet 1976 zum Nationalpark. Der höchste Berg der Erde wird von den Nepalesen »Sagarmatha«, »Himmelskönig«, genannt. Die Tibeter nennen den Riesen »Chomolungma«, »Göttinmutter der Erde«. Mit drei Achttausendern und weiteren Sieben- und Sechstausendern ist dieses Gebiet die höchste Gebirgsregion der Erde. Und der Ngozumpa-Gletscher ist mit 20 Kilometern der längste Gletscher Nepals. Nur für kurze Zeit sind die Südhänge der Berggiganten im Sommer schneefrei. Am Fuße des Mount Everest, einem beliebten Trekkinggebiet, findet sich die faszinierende Hochgebirgsflora und -fauna des Osthimalaja. Den Nationalpark bevölkern zudem etwa 30 Säugetierarten.

Der gigantische Mount Everest entstand vor rund 50 Millionen Jahren. Da die tektonische Bewegung noch nicht abgeschlossen ist, wächst der Berg jedes Jahr weiter um rund drei Zentimeter.

Seit mehr als 100 Jahren versuchen Menschen, den riesigen Berg zu erklimmen. Die Standardroute beginnt auf der nepalesischen Südseite und wurde auch bei der Erstbesteigung gewählt. Bild oben: Blick von der tibetischen Seite auf den Mount Everest.

ZENTRALES HOCHLAND SRI LANKA

Die Schutzgebiete im zentralen Hochland Sri Lankas sind »Hot Spots« der Artenvielfalt: Otter (großes Bild), Ceylonbuschsänger (Mitte) und Ceylonbrillenvogel (unten rechts).

Das zentrale Hochland von Sri Lanka umfasst drei Regionen, die für die Biodiversität des Landes sehr wichtig sind: die Peak Wilderness, den Horton-Plains-Nationalpark und den Knuckles Conservation Forest. In der bis auf 2500 Meter Meereshöhe reichenden Landschaft dominieren Grasländer, tropische Regenwälder und Bergwälder. Zahlreiche Pflanzen- und Tierarten kommen nur hier vor: im Horton-Plains-Nationalpark 87 Vogel- und 24 Säugetierarten. Größtes Tier dort ist der Sambar, nach Elch und Wapiti die drittgrößte Hirschart der Erde. »World's End« heißt ein berühmter, über 1050 Meter hoher Steilabhang, von dem man bis zum Meer blicken kann. Der Knuckles Conservation Forest deckt alle Klimazonen des Landes ab. Obwohl das Waldgebiet nur weniger als ein halbes Prozent der Fläche von Sri Lanka ausmacht, liegt hier die höchste Biodiversität.

SINHARAJA-WALD

Tropischer Bergregenwald bestimmt das Bild dieses Naturparks. Dort sind das quirlige Layard-Palmenhörnchen (oberes Bild) und die farbenprächtige Agamid-Echse (unteres Bild) heimisch.

Das Waldgebiet von Sinharaja im Südwesten der Insel ist die letzte Region Sri Lankas mit ursprünglichem Regenwald. Der Name bedeutet übersetzt »Königreich des Löwen«. Die Regierung bestimmte das Areal zwischen Ratnapura und Matara zum Biosphärenreservat, damit es nicht der in Sri Lanka weit verbreiteten Raubrodung zum Opfer fällt. Die tropischen Regenwälder der Insel wurden schon immer vom Menschen wirtschaftlich genutzt. Sie dienten als Materiallieferant für den Hausbau sowie als Quelle für allerlei Arzneien und exotische Gewürze. Wegen des raschen Bevölkerungswachstums kann das komplexe Ökosystem weitere massive Eingriffe allerdings nicht mehr schadlos verkraften. Deshalb wurden zu dessen Schutz Gesetze erlassen, die zum Beispiel nur noch das Sammeln der Kittulfasern von den Blattscheiden der Brennpalmen zulassen.

WÜSTE GOBI

Es gibt Orte mit mythischen Namen, die sofort einen Bildersturm im Kopf entfachen. Die Wüste Gobi ist ein solcher Ort. Sie ist die nördlichste Wüste der Erde, in der im Sommer der Sand schmilzt und es im Winter bis zu 60 Grad unter Null werden kann, sodass der Sand regelrecht tiefgefroren wird. Obwohl nur drei Prozent der Gobi aus Sand bestehen und 97 Prozent aus Fels und Geröll, gibt es hier den höchsten Sandberg des Planeten, den 1610 Meter hohen Biluthu, und die höchsten Dünen der Erde, die mehr als 500 Meter hoch in den Himmel ragen. Und trotzdem lebt diese Wüste, ist sie Heimat von Kamelen und Ziegen, Schneeleoparden und Kropfgazellen, Wölfen und Steppeniltissen. Und auch Menschen trotzen den Extremen der Gobi: die mongolischen Nomaden, die mit ihren Jurten durch das eiskalte, glühend heiße Nichts ziehen.

Zweitausend Kilometer lang und bis zu 800 Kilometer breit ist die Wüste Gobi, die sich im Süden der Mongolei und im Norden Chinas erstreckt. Damit ist sie fast dreimal so groß wie Deutschland.

Die nur noch in der Wüste Gobi vorkommenden zweihöckrigen Wildkamele haben sich ihrer Umgebung perfekt angepasst.

HUANGSHAN-GEBIRGE

»Es gibt keinen Berg, der so schön ist wie der Huangshan«, soll der berühmte Geograf der Ming-Dynastie, Xu Xiake (1587–1641), gesagt haben, der auch für seine Reisebeschreibungen bekannt ist. Und noch immer lässt sich seine Faszination gut nachvollziehen: Allein 77 zwischen 1000 und 1849 Meter hohe Gipfel erheben sich dicht gedrängt in der nur etwa 150 Quadratkilometer umfassenden Gebirgsregion von Huangshan (Gelber Berg) in der Provinz Anhui. An rund 250 Tagen im Jahr ziehen durch die tiefen, feuchten Täler Nebelschwaden, die so dicht sind, dass die Landschaft von oben betrachtet als Meer erscheint, auf dem die Gipfel schwimmen. Zahlreiche Pavillons zur Betrachtung der dem chinesischen Landschaftsideal fast vollständig entsprechenden Gebirgsszenerie sind im Lauf der Zeit entstanden. Die Huangshan-Ästhetik wird durch die hier wachsenden uralten Kiefern vervollkommnet.

LANDSCHAFTSPARK WULINGYUAN

Die Gipfel, die sich auf die zwei Gebiete Zhangjiajie und Tianzishan sowie entlang der Ufer des Jinbianxi verteilen, wurden aus einer 500 Meter starken Sedimentschicht durch die Kräfte der Erosion geformt. Die Täler zwischen ihnen sind so schmal, dass dort keinerlei Landwirtschaft möglich war. Daher blieb diese Region in der Provinz Hunan im Südosten Chinas weithin unbesiedelt. Das ganze Areal ist dicht bewachsen und von Wasserläufen durchzogen. Rund 3000 Pflanzenarten wurden hier gezählt. Zu den weiteren besonderen Attraktionen dieses Parks gehören zwei natürliche Brücken. Die eine, 26 Meter lang, spannt sich in etwa 100 Meter Höhe über den Talgrund; die spektakulärere Brücke ist 40 Meter lang und schwingt sich in etwa 350 Meter Höhe über das Tal. Außerdem sind hier unterirdische Wunder zu bestaunen, wie der fantastische Stalagmitenwald einer riesigen Kaverne.

Sonnenuntergang im chinesischen Huangshan-Gebirge: Mit seinen steinernen Zacken und Zähnen sieht es für die Chinesen haargenau so aus, wie sie sich Berge am liebsten vorstellen.

Mehr als 3000, mit steilhangerprobten Bäumen bewachsene Quarzsandsteintürme drängen sich in den beiden Teilen des Naturparks.

PANDA-NATURRESERVAT SICHUAN

Das Sichuan Giant Panda Sanctuary im südlichen zentralen China liegt in den Bergen Qionglai und Jiajin. Es umfasst neben sieben bereits bestehenden Naturreservaten neun sogenannte Scenic Parks. Das Schutzgebiet beheimatet fast ein Drittel der Wildpopulation des Großen Pandas und ist damit deren bedeutendstes Schutz- und Zuchtgebiet. Es wachsen hier knapp 6000 Arten von Blütenpflanzen in mehr als 1000 Gattungen – rund ein Fünftel davon sind endemisch. Auch hinsichtlich der Heilpflanzen der traditionellen chinesischen Volksmedizin ist das Gebiet eine Fundgrube. Der Pflanzenreichtum erklärt sich unter anderem durch die enorme landschaftliche Vielfalt. Auch 542 Wirbeltierarten hat man bisher in der Region nachgewiesen, darunter 109 Säugetierarten. Zu den gefährdeten Tieren zählen der Schneeleopard, der Kleine Panda und der Nebelparder.

In den Pandareservaten von Sichuan leben mit rund 900 Tieren 30 Prozent des noch verbliebenen Wildbestands des Großen Pandas.

Große genauso wie Kleine oder Rote Pandas, auch Bärenkatzen genannt (links), finden in Sichuan Schutz. Kleine Pandas werden nur etwa 30 Zentimeter groß im Vergleich zu stattlichen 1,5 Metern der Großen.

JOSHINETSU KOGEN NP

Vor der Küste Shiretokos im Nordosten von Hokkaido entwickeln sich unter der zugefrorenen Eisschicht große Mengen an Phytoplankton - der Anfang einer langen Nahrungskette. Es ist die Nahrungsgrundlage von winzigen Wassertierchen. Von diesen ernähren sich Schalentiere und kleine Fische, die wiederum von größeren Fischen, Meeressäugern wie Robben und Seelöwen sowie Seeadlern gefressen werden. Zum Laichen schwimmen Lachse und Forellen die Flüsse ins Landesinnere hinauf. Sie sind Nahrung für Braunbären sowie für die vom Aussterben bedrohten Riesenfischuhus und Riesenseeadler. Für die enorme Produktivität des marinen Ökosystems ist auch der unterschiedliche Salzgehalt der Wasserschichten verantwortlich. Diese vermischen sich kaum, weil ins Ochotskische Meer keine großen Flüsse münden. 223 Fischarten, zehn Lachsarten und 28 Meeressäuger gibt es dort.

SHIRETOKO NP

Vor der Küste Shiretokos im Nordosten von Hokkaido entwickelten sich unter der Eisschicht große Mengen an Phytoplankton, das am Anfang einer langen Nahrungskette steht. Es ist zunächst die Nahrungsgrundlage von winzigen Wassertierchen. Von diesen ernähren sich Schalentiere und kleine Fische, die wiederum von größeren Fischen, Meeressäugern wie Robben und Seelöwen sowie Seeadlern gefressen werden. Zum Laichen schwimmen Lachse und Forellen die Flüsse ins Landesinnere hinauf. Sie sind Nahrung für Braunbären sowie für die vom Aussterben bedrohten Riesenfischuhus und Riesenseeadler. Die Ökosysteme sind aufgrund klimatischer Besonderheiten außerordentlich nährstoff- und artenreich: es wurden 223 Fischarten, darunter zehn Lachsarten, sowie 28 Meeressäuger gezählt. Besonderen Schutzes genießt der bis auf eine opulente Mähne fast haarlose Steller'sche Seelöwe.

Die heißen Quellen sind die Hauptattraktion des Vulkangebiets – nicht nur für die Menschen, sondern auch für die Japanmakaken (unten), die ihre Freizeit am liebsten badend vertrödeln.

Die Ökosysteme auf der Halbinsel Shiretoko sind aufgrund klimatischer Besonderheiten sehr nährstoff- und artenreich. Dem Schnee trotzen Sikahirsche und Riesenseeadler (von links).

ZEDERNWALD YAKUSHIMA

Die Granitinsel 60 Kilometer vor der Südspitze von Kyushu ragt bis zu 1935 Meter über dem Meeresspiegel auf. Hohe Jahresniederschläge und verschiedene Klimazonen zwischen Küste und Bergregion lassen hier etwa 1900 Pflanzenarten gedeihen. In der mittleren, warm-gemäßigten Zone wächst ein unwegsamer Primärwald mit uralten Japanischen Zedern oder Sicheltannen (Cryptomeria japonica), die bis zu 40 Meter hoch werden und ein traditionell beliebtes japanisches Bauholz liefern. Bis in die 1960er-Jahre hinein spielte daher auf Yakushima die Forstwirtschaft eine wichtige ökonomische Rolle. Dann wurde ein Drittel der Insel zum Nationalpark erklärt. Der wichtigste Grund hierfür war die große Zahl eindrucksvoller Baumriesen. Das berühmteste Exemplar, die Jomon-Zeder, wurde erst 1966 entdeckt. In Brusthöhe hat ihr Stamm einen Umfang von 16 Metern; sie ist etwa 3000 Jahre alt.

OGASAWARA-INSELN

Nur drei der mehr als 30, sich von Nord nach Süd auf einer Länge von 400 Kilometern erstreckenden, insgesamt eine Fläche von 79,4 Quadratkilometern bedeckenden Inseln sind bewohnt. Entstanden ist der Archipel vor rund 48 Millionen Jahren. Subtropisches Klima und häufiger Nebel auf einigen der Inseln begünstigen das Wachstum seltener Epiphyten: »Aufsitzer« genannte Gewächse, die auf anderen Pflanzen wachsen, ohne diesen Nährstoffe zu entziehen oder mit dem Erdboden Kontakt zu haben (stattdessen speichern sie das Wasser in eigens dafür entwickelten Organen). Mehr als 400 endemische Pflanzenarten wurden dokumentiert; hinzu kommen fast 200 gefährdete Vogelarten, 1400 Insekten- und viele seltene Echsenarten. Der einzige hier lebende Landsäuger, der Bonin-Flughund, ist endemisch. In den Gewässern tummeln sich Pottwale und Große Tümmler, eine Delfinart (unten).

Japanische Zedern mit einem Alter von bis zu 3000 Jahren sind der botanische Schatz eines immergrünen Urwaldes auf der Insel Yakushima.

Die rund 1000 Kilometer südöstlich der japanischen Hauptinsel Honshu im Westpazifik gelegenen Inseln sind wegen ihrer Isolation ein bis heute weitgehend archaisch anmutendes Naturrefugium.

WILDRESERVAT THUNG YAI

Im 250 bis 1800 Meter hohen, von Flüssen und Bächen durchzogenen Bergland an der Grenze zu Myanmar (Birma) wechseln sich savannenartige Hochflächen mit dichten, vor allem mit Bambus, aber auch mit Tropenhölzern wie Teak bestandenen Wäldern ab. Es gibt kaum eine auf dem südostasiatischen Festland heimische Pflanzenart, die in dieser Region nicht vertreten ist. Die Fauna repräsentieren rund 120 Säugetier-, 400 Vogel-, 100 Süßwasserfisch-, 50 Amphibien- und 100 Reptilienarten. Das Schutzgebiet wurde bewusst nicht zum Nationalpark erklärt, da man es in diesem Fall für Besucher hätte öffnen müssen, wie dies etwa bei den Nationalparks südlich und östlich des Sri-Nakharin-Stausees der Fall ist. Thung Yai darf nur mit Sondererlaubnis betreten werden: Tiger, Leoparden, Nebelparder, Elefanten, Bären und Tapire haben die Chance, nahezu unbehelligt vom Menschen zu leben.

WALDGEBIET KHAO YAI

Im Waldgebiet von Khao Yai leben fast 400 Vogelarten, darunter vom Aussterben bedrohte Kupfertauben, Seidenpirole, Ährenträgerpfaue und Maskenrallen. Zu den weltweit gefährdeten Säugetieren gehören wilde Indische Elefanten – die größten Bestände mit rund 200 Tieren leben hier – und diverse Raubkatzenarten. Hierzu zählen die Bengalkatze, der Nebelparder (unten rechts), der Tiger und die mit ihm verwandte, aber nur hauskatzengroße Marmorkatze und die Asiatische Goldkatze. Letztere ist wegen der Rodung des Regenwaldes anderswo so gut wie ausgestorben. Das Waldgebiet ist ferner Zufluchtsstätte für den Bärenmakak und den Kappengibbon (links), genauso wie für den Malaienbär, den Rothund und die Großfleck-Zibetkatze. Lebensraum finden hier außerdem die Wildrinderarten Banteng, Serau und Gaur, der Haarnasenotter sowie über 200 Reptilien- und Amphibienarten.

Zusammen mit dem Naturschutzgebiet Huai Kha Khaeng im Westen Thailands ist das von Thung Yai eines der größten Wildreservate Südostasiens. Filigrane Smaragdspinte (unten) leben dort.

Der über 6000 Quadratkilometer große Tropenwald von Khao Yai ist ein ökologisch wertvolles Rückzugsgebiet für gefährdete Säugetiere, Vögel und Reptilien.

PHONG NHA–KE BANG NP

Das Verbreitungsgebiet der Hatinh-Languren (kleines Bild ganz unten) konzentriert sich auf das zentrale Vietnam. Ein hübscher Tarnkünstler ist der Moosfrosch (unten).

Namengebend für das zum großen Teil von tropischem Regenwald bedeckte Schutzgebiet in der Provinz Minh Hoa im nördlichen Zentralvietnam ist die Phong-Nha-Höhle, die größte und wohl schönste des Landes, in welcher sich ein reiches kulturelles Erbe sowie über 400 Millionen Jahre Erdgeschichte offenbaren. Nach bisherigem Forschungsstand gibt es im Nationalpark 14 endemische Pflanzenarten. Fast 600 Tierarten haben hier ihr Refugium. Unter den 113 Säugetierarten befinden sich auch viele bedrohte Arten, vor allem Affen. Erst in den 1990er-Jahren entdeckt wurden die Vu-Quang-Antilope, auch Saola oder Vietnamesisches Waldrind genannt (Pseudoryx nghetinhensis), und der Riesenmuntjak (Megamuntiacus vuquangensis); die nur im Dschungel Süd- und Südostasiens vorkommenden Muntjaks gehören zu den Hirschen.

Bis zu einem Meter kann der Durchmesser der Rafflesia-Blüte betragen, der größten der Welt. Sie lebt auf Wirtspflanzen, meist Lianen, und zerfällt nach wenigen Tagen zu schwarzem Schleim.

In kaum einem anderen Gebiet der Erde findet sich so viel Naturschönheit auf so kleinem Raum. Bedeutsam ist der Bako-Nationalpark in der Nähe von Kuching, der Hauptstadt der malaysischen Provinz Sarawak, wegen seines Artenreichtums. Der kleinste und älteste Nationalpark des Landes ist deswegen ein beliebtes touristisches Ziel. Im 1957 angelegten Schutzgebiet können beispielsweise Javaneraffen, Hirschferkel, Gibbons, Bartschweine, Honigbären, Wildkatzen, Nasenaffen oder Warane beobachten werden. In solch kleine Refugien wie Bako müssen die Nasenaffen flüchten, deren Lebensraum durch die Landgier der sich immer stärker ausbreitenden Palmölplantagen schon so klein geworden ist, dass sie auf der Roten Liste der bedrohten Tierarten stehen. Im Park findet sich außerdem beinahe jede Pflanzenart, die auf Borneo heimisch ist.

Vor rund 30 Millionen Jahren begann die Entstehung dieser zerklüfteten Landschaft: Damals bildete – zu Sand und Sediment zermahlenes – Eruptivgestein den noch vom Meer überfluteten Boden. Korallen und andere Meerestiere bauten über Millionen von Jahren Kalkstein auf. Durch Auffaltung und Senkung des Meeresspiegels entstand vor etwa fünf Millionen Jahren das Bergmassiv, das extrem reinen Kalkstein wie etwa am

Die Spitzkopfnatter beißt zwar schnell zu, ist aber ungiftig; das Malaiische Schuppentier; ein Spitzhörnchen und ein Hornfrosch (von oben). Orchideen (links unten) säumen die Ufer.

Gunung Api (1750 Meter) direkt neben Sandstein aufweist. Letzteren findet man auf dem höchsten Gipfel, dem Gunung Mulu (2377 Meter), nach dem der Park benannt ist. In Jahrmillionen wuschen Flüsse das riesige Höhlensystem aus, das von zahlreichen Fledermäusen und Insektenarten bewohnt ist. Manche Höhlen sind so groß, dass 40 Jumbojets in sie hineinpassen würden, ohne dass sich ihre Flügel berührten.

KINABALU NP

Der Kinabalu-Park liegt in der malaysischen Provinz Sabah, am nördlichen Ende der Insel Borneo. Bekannt ist er vor allem für seine sehr alte Vegetation und für den Mount Kinabalu – mit 4095 Metern der höchste Berg zwischen Himalaja und Neuguinea. Er zeichnet sich durch eine hoch differenzierte Vegetation aus, die sich in den diversen Zonen bis zur oberen kargen Felsregion ständig verändert. Im Tiefland erstreckt sich tropischer Regenwald mit mehr als 1200 wilden Orchideenarten und vielen Rhododendronbäumen. Das Farbspektrum der Blüten reicht von Tiefrot über Blassrosa bis Weiß. In den oberen Höhenlagen folgen Bergwälder mit 40 verschiedenen Eichenarten, deren Astwerk mit Moosen und Farnen bewachsen ist, Wälder mit Koniferen sowie nahe der Gipfelregion eine alpine Wiesen- und Buschzone mit verkrüppelter Zwergvegetation.

Üppig wächst der Regenwald auf 7000 Metern Höhe. Darin leben Baumfrösche (Mitte) und die weniger niedlichen, hochgiftigen Nattern (unten), gedeihen prächtige Rhododendren und Orchideen.

Imposanter Mittelpunkt des Parks ist der Mount Kinabalu – mit 4095 Metern der höchste Berg Südostasiens.

DANUM-TAL

Das Danum-Tal wirkt so, als habe die Natur all ihre schönsten und seltsamsten Geschöpfe auf einem Präsentierteller versammelt. Im tropischen Tieflandregenwald treten sich buchstäblich Malaienbären, Nebelparder, Orang-Utangs, Nasenaffen und Bartschweine auf die Füße, hinzu kommen die scheuen asiatischen Elefanten und das fast schon ausgestorbene Sumatra-Nashorn, während 300 Vogelarten die Urwaldriesen bevölkern,

Es raschelt zwischen den Blättern, das kann vieles sein: Borneo-Gibbons oder gut getarnte Smaragdeidechsen, Grubenottern, Zwergelefanten oder Tree Frogs als Harlekin verkleidet.

die oft genug gegen hungrige Schlangen beim Kampf ums Fressen und Gefressenwerden den Kürzeren ziehen. Hier leben so viele wilde Tiere auf so engem Raum, dass sich im Inneren des Regenwaldes alles nur ums Überleben dreht, obwohl das Tal von außen wie ein einziges Naturidyll im zartesten Grün aussieht. Das Schutzgebiet wurde 1981 gegründet, um die heimische Tier- und Pflanzenwelt zu erhalten und zu schützen.

MABUL ISLAND

Seit ungefähr 200 Millionen Jahren leben Meeresschildkröten in tropischen und subtropischen Gewässern, doch wie lange sie es noch tun werden, ist ungewiss, denn sie werden erbarmungslos wegen ihres Fleisches, ihrer Panzer, und ihres Leders gejagt und ihre Anzahl hat sich dadurch drastisch verringert. Die Tiere stehen zwar unter dem Schutz des Washingtoner Artenschutzabkommens, dürfen also weder getötet noch gehandelt werden, doch das ist kein wirksamer Schutz. Kaum irgendwo sind die Chancen, diese bedrohten Meeresbewohner anzutreffen so groß wie im malaysischen Teil Borneos. Die dortigen Inseln, so auch die Mabul-Insel, gelten als Eldorado für Taucher, die hier die schönsten Meeresschnecken und Oktopusse, Fische und Krebse zu Gesicht bekommen – und natürlich immer auf eine seltene Schildkröte hoffen.

Nicht die großen Raubfische schlagen die Taucher in ihren Bann, sondern die farbenprächtigen, formvollendeten Bewohner des Ozeans wie auch die Grüne Meeresschildkröte (links).

Ein Getupfter Süßlippenfisch (links unten), Colemans-Partnergarnelen (Mitte links), ein Rotfeuerfisch (Mitte), und ein Halskettenseestern (Mitte rechts).

GUNUNG LEUSER NP

In Sumatra ist der Bevölkerungsdruck so gewaltig, dass riesige Flächen Urwald abgebrannt werden, um Platz für Felder und Plantagen zu schaffen. Der Nationalpark Gunung Leuser im Norden der Halbinsel bildet mit 9000 Quadratkilometern Fläche eines der größten Schutzgebiete Indonesiens und ist nicht nur ein sicherer Hafen für seltene Affen. Es heißt, der Nationalpark sei das wichtigste indonesische Wildnisgebiet überhaupt. Viel Lebensraum bleibt den Orang-Utangs und anderen Wildtieren wie Tigern und Nashörnern nicht mehr in Indonesien. Nur in diesem Refugium gibt es noch nennenswerte Bestände hochgefährdeter Tiere wie des Sumatra-Nashorns oder des Sumatra-Tigers. Sie alle leben in einer Welt mit einem unvorstellbaren Artenreichtum, in dem auf einem einzigen Hektar bis zu 130 verschiedene Baumarten wachsen.

In Indonesien erzählt man sich unglaubliche Geschichten über den Orang-Utang, der viel gerissener sein soll, als er auf den ersten Blick wirkt. Orang-Utan bedeutet Waldmensch bei den Einheimischen.

Im Gunung-Leuser-Nationalpark im Norden Sumatras lässt man die gefährdeten Orang-Utans noch in Frieden.

KERINCI SEBLAT NP

Die fleischfressende Kannenpflanze Nepenthes singalana (links) wächst nur auf Sumatra, ihre Kelche werden durch starke Sonneneinstrahlung dunkelrot. Rechts: ein Sumatra-Langur mit Nachwuchs.

Der Nationalpark Kerinci Seblat ist ein Naturschutzgebiet von etwa eineinhalb Millionen Hektar und umfasst die vier Provinzen Westsumatra, Jambi, Bengkulu und Südsumatra. Ein großer Teil der Bergkette des Barisangebirges liegt im Park. Der Seven Mountain Lake innerhalb des Gunung Tujuh ist der höchstgelegene Kratersee Südostasiens. Heiße Quellen, Höhlen und Wasserfälle prägen das restliche Landschaftsbild. Hier im größten Nationalpark Sumatras wachsen besonders geschützte Pflanzenarten wie Kannenpflanzen (Nephentes ampullaria), Orchideen und zahlreiche Tropenbäume. Daneben existieren mehr als 400 weitere verschiedene Pflanzenarten. Im Tierreich findet man die gefährdeten Sumatra-Nashörner und -Tiger, Sunda-Nebelparder, Schabrackentapire und Malaienbären vor. Daneben sind von den rund 300 Vogelarten etliche endemisch.

BUKIT BARISAN SELATAN NP

In den Regenwäldern des Bukit Barisan Selatan ist unter anderem auch der zierliche Sunda-Koboldmaki (rechts) zuhause. Als nachtaktives Tier besitzt er die besonders großen Augen.

Bukit Barisan Selatan, im Südwesten Sumatras gelegen, wurde im Jahre 1935 zunächst zum Wildreservat erklärt und ist erst seit 1982 ein Nationalpark. Seine Größe beträgt etwa 324 000 Hektar. Dem fruchtbaren Vulkanboden und dem humiden Klima verdankt das Schutzgebiet seine artenreiche Vegetation. Zahlreiche Seen, Wasserfälle und Höhlen formen die Naturwunder des Areals. Der Park hat einen der weltweit letzten geschützten Tieflandwälder und besitzt eine extrem reiche Biodiversität. Hier finden – neben 118 Säugetier-, 425 Vogel-, 45 Amphibien- und Reptilien- und 51 Fischarten – drei der seltensten und gefährdetsten Spezies einen geeigneten Lebensraum: der Sumatra-Elefant, von dem es weniger als 2000 auf der Welt gibt, das Sumatra-Nashorn, dessen globale Population nur 300 Tiere umfasst, und der Sumatra-Tiger mit etwa 400 Tieren weltweit.

KOMODO NP

Der Nationalpark reicht über die zu den Kleinen Sundainseln gehörende, rund 35 Kilometer lange und 25 Kilometer breite Insel Komodo weit hinaus und schließt im Wesentlichen die kleineren Nachbarinseln Padar, Rinca und Gili Motang sowie die Westküste von Flores mit ein. Die üppige Flora wird bestimmt von tropischem Monsunregenwald, von Grasland und Savanne. An manchen Orten gibt es auch Mangrovenwälder. Hauptattraktion ist der Komodowaran – die größte Echsenart der Welt. Als tagaktiver Bodenbewohner lebt er vor allem von Säugetieren wie Wildschweinen oder Hirschen, größeren Vögeln, Giftschlangen und Schildkröten. Man schätzt den Bestand dieser rund drei Meter langen »Drachen« auf etwa 6000 Exemplare; auf der Insel selbst sollen noch ungefähr 3000 oder deutlich weniger Tiere leben.

Der Nationalpark ist das Schutzgebiet des Komodowarans, der im Regenwald und in der Savanne ideale Voraussetzungen für die Jagd auf Wildschweine oder Hirsche findet.

Mit seiner langen, tief gespaltenen Zunge kann der Komodowaran feinste Duftstoffe auf- und über ein im Gaumen sitzendes Geruchsorgan wahrnehmen. Aas wittert er über eine Entfernung von bis zu fünf Kilometern hinweg.

TANGKOKO DUA SAUDARA NP

Im Tangkoko-Dschungel wohnen die wundersamsten Wesen: Sulawesi-Helmhornvögel (links), Koboldmakis (rechts oben), Bärenkuskusse (rechts Mitte) und Schopfmakaken (rechts unten).

In der Mitte des 19. Jahrhunderts reiste der britische Naturforscher Alfred Russel Wallace durch die Inselwelt Indonesiens, nach Lombok und Bali, nach Borneo und Sulawesi und sah auf manchen Inseln Pflanzen und Tiere, die er aus Australien kannte. Schon eine Insel weiter aber waren Flora und Fauna vollkommen verschieden. Daraus folgerte er, dass es eine scharfe Trennlinie zwischen dem australischen und dem asiatischen Naturraum geben müsse. Er hatte recht, wesgen die Trennung heute Wallace-Linie heißt. Kaum irgendwo sonst ist sie so deutlich zu sehen wie im Tangkoko-Schutzgebiet, das mit einer Fläche von 9000 Hektar zwar vergleichsweise klein, wegen seiner Vielfalt an Pflanzen und Tieren aber absolut überwältigend ist. Es gibt Mangroven und Bergregenwälder, seltene Affen und Bären, exotische Vögel und die seltenen Schopfmakaken.

Der Vulkan Manado Tua auf der gleichnamigen, benachbarten Insel ist nicht aktiv und rund 850 Meter hoch. Unter Wasser leben Riesenmuscheln, Anemonenfische und Nacktkiemer (von links).

Das Einzigartige am Bunaken-Nationalpark als bedeutendes Meeresnaturschutzgebiet Nordsulawesis ist die Dichte an Artenreichtum und die gleichzeitige Nähe zu einem wachsenden und gut besiedelten Teil Indonesiens. Der Unterwasserpark schließt, ausgehend von der Insel Bunaken, im Westen und Osten die Inseln Manado Tua und Siladen ein, nördlich davon die Inseln Montehage und Nain. Die 280 000 Hektar sind wegen ihrer gewaltigen Abbruchkanten in die Meerestiefe, welche zwischen 200 und 1840 Metern schwankt, ein Taucherparadies. Das Korallenökosystem allein umfasst fast 90 000 Hektar. Im und um das marine Schutzgebiet herum leben Tausende verschiedenster Fisch-, Korallen-, Reptilien,- Vogel- und Mangrovenarten. Obwohl der Park erst seit 1997 ein Nationalpark ist, zählt er zu den weltweit wichtigsten marinen Schutzgebieten.

TANJUNG PUTING NP

Der Borneo-Orang-Utan (links) ist genau wie der Nasenaffe (rechts, Weibchen mit Nachwuchs) endemisch auf Borneo. Nur die Männchen haben die charakteristische aufgestülpte Nase.

Der Tanjung Puting-Nationalpark zählt nicht umsonst zu den Welt-Naturwundern. In der indonesischen Provinz Zentralkalimantan im südlichen Borneo, auf mehr als 4000 Quadratkilometern Fläche und teils in die Javasee ragend, erstreckt sich der Park mit seinem tropischen Heideland, Mangrovensümpfen, tropischem Regenwald und Bruchwäldern- und ist der größte und artenreichste, der das südliche Borneo bedeckt. Berühmt ist er in erster Llnie, weil er ungefähr 6000 Orang-Utans schützt und damit als Vorzeigerefugium der Welt für die bedrohte Tierart gilt. Die voranschreitende Zerstörung des Regenwaldes nimmt den Affen jeden Tag ein Stück mehr Lebensraum. Der Park schützt ebenfalls bedrohte Leopardenarten, Zibetkatzen, Malaienbären oder Banteng (Sunda-Ochsen). Über 230 Vogelarten leben in den berühmten Vogelseen des Areals.

Das Schutzgebiet zählt zu den wichtigsten Refugien gefährdeter und seltener Arten, so auch für den Philippinenadler, der auf einem Baum wacht.

Der 1620 Meter hohe Mount Hamiguitan überragt die Provinz Davao Oriental auf der Insel Mindanao. Das umliegende Gebirge bildet die Wasserscheide zwischen dem Golf von Davao und der Philippinensee, einem Nebenmeer des Pazifischen Ozeans. Seiner geografischen Isolation verdankt das nun zum Weltnaturerbe erklärte, rund 160 Quadratkilometer große Areal seine enorme biologische Vielfalt und großenteils endemische Flora und Fauna. Berühmt sind die Berghänge des Hamiguitan für ihren tropischen, teils über 100 Jahre alten Zergbaumwald und für seltene, nur im Hochland Mindanaos wachsende fleischfressende Kannenpflanzen. Wissenschaftler vermuten in dem Gebiet eine Vielzahl weiterer, bislang unentdeckter endemischer Spezien. Der Philippinenadler braucht die unberührten Wälder als Überlebensraum.

TUBBATAHA REEF NP

Rund 180 Kilometer vor der Südküste der Insel Palawan ragen zwei kleine, schwer zu erreichende Atolle rund einen Meter aus dem Wasser und bieten einer großen Vielfalt von Lebewesen fast ungestörten Lebensraum.

So leben hier etwa die seltenen Karettschildkröten, diverse Schwalben- und Tölpelarten sowie zahlreiche Korallen, die mit mehr als 40 Arten – darunter Baum- und Lochkorallen – vertreten sind. Das größere Nordriff, auch

Es gleicht einem Zauberreich: Süßlippen suchen Schutz unter den Korallen (links), Schwärme von Fahnenfischen (unten), Echte Karettschildkröten, Drücker- und Husarenfische säumen das RIff.

»Vogelinsel« genannt, bildet ein etwa 16 Kilometer langes, rund 4,5 Kilometer breites Oval, das eine Lagune aus Korallensand umschließt und so einen geschützten Nistplatz für Vögel bildet. Es leben dort etwa 44 verschiedene Vogelarten. Das Betreten der Insel ist dem Menschen allerdings untersagt. Das südliche Atoll ist kleiner und durch einen rund acht Kilometer breiten Meeresarm vom Nordriff getrennt.

AUSTRALIEN / OZEANIEN

Das Bild des roten Felsens im Uluru-Kata-Tjuta-Nationalpark beschwört den Geist Australiens – so sehr ist der Ayers Rock zum Symbol dieses Landes geworden. Seine landschaftliche Vielfalt lässt sich an seinen Nationalparks ablesen: die Sanddünen von Simpson Desert, der Dschungel der Wet Tropics von Queensland, die Unterwasserwelt des Great Barrier Reef. Auf Neuseeland treffen rund um Parks wie den Mount Cook (Aoraki) und den Fiordland National Park Meer und Gebirge aufeinander, und in den Weiten des Pazifiks verlieren sich die Atolle und Inseln etwa von Phoenix Islands oder East Rennell.

SOUTH EAST FOREST NP

Im äußersten Südosten von New South Wales, knapp 380 Kilometer südlich von Sydne, schützt der im Jahr 1997 durch Zusammenlegung von vier Nationalparks – Genoa, Tantawangalo, Bemboka-Yowaka und Coolangubra – entstandene South East Forest National Park ein knapp 1152 Quadratkilometer großes Areal mit wertvollen Eukalyptus-Primärwäldern und kleineren Gebieten gemäßigten Regenwalds. Merimbula, Bombala, Bega und Eden sind die nächstgelegenen Orte, von denen aus der Park gut in einem Tagesausflug erkundet werden kann. Einen ersten Eindruck vermittelt der 1,2 Kilometer lange Goodenia Rainforest Walking Track. Dabei sollte man auf Vogelstimmen achten – rund 116 Arten gibt es hier. Aber auch viele andere Tiere sind hier zu Hause: Schnabeltier, Ameisenigel, Wombat oder die gefährdete Smoky Mouse.

Der Tasmanische Schlafbeutler (Cercartetus lepidus) ist der kleinste Vertreter der Beuteltiere und kann mit seiner langen, dünnen Zunge Nektar aus den tiefsten Blütenständen saugen.

Am Carters Creek im Brown Mountain Park hat das Wasser die von Moos bedeckten Steine rund geschliffen (links).

Über eine Länge von gut 2000 Kilometern folgt das Riff aus rund 2500 Einzelriffen und 500 Koralleninseln mit Abstand zum Festland der nordöstlichen Küstenlinie Australiens. Seine »Baumeister« sind Steinkorallenpolypen, die in Gemeinschaft mit blaugrünen Algen leben. Die Polypenlarven schlüpfen im Frühling, nisten sich auf dem Riff nahe der Wasseroberfläche ein, bilden ihr Skelett aus und schließen sich mit Artgenossen zu einer Kolonie zusammen. Wenn sie absterben werden ihre Kalkröhren zu feinem Sand zermahlen. Die Algen »verbacken« den Sand zu einer weiteren Riffschicht, auf der sich im Jahr darauf neue Jungpolypen ansiedeln. Im Gewässer rund um das Riff leben rund 1500 Fischarten wie der Gauklerfisch, der Riffbarsch, der Papageifisch oder der Stachelrochen. Außerdem sind hier Tausende von Vogel-, Korallen- und Weichtierarten heimisch.

Beim Flug über das Great Barrier Reef schillert es in allen Schattierungen von Blau (kleines Bild links). Ein Schwarm von Glasfischen gleicht einer Farbexplosion unter Wasser (großes Bild).

Die Diagonal-Süßlippen (links) schimmern in allen erdenklichen Tönen von Gelb und Türkisblau. Mit ihren Schlundzähnen produzieren die bunten Fische zischende Geräusche.

WET TROPICS VON QUEENSLAND

Das knapp 9000 Quadratkilometer große Areal umfasst rund 20 Nationalparks sowie weitere Schutzgebiete. Tropischer Regenwald bedeckte einst fast lückenlos den gesamten Kontinent. Heute sind es nur noch Teile der Great Dividing Range, des Great Escarpment und der Küste von Queensland. Weitgehend ungestört konnte sich hier eine artenreiche Tier- und Pflanzenwelt entwickeln. Die über 800 Baumarten bilden einen

Unter jedem Blatt überrascht ein anderer Waldbewohner: Riesen-Winkelkopfagame, Viktoria-Paradiesvogel, Säulengärtner, Rotnacken-Honigfresser, Königssittich und der Dainty Tree Frog (im UZS).

in mehreren »Stockwerken« aufgebauten Wald. Unter dem lichtundurchlässigen Kronendach der bis zu 50 Meter hohen Baumriesen wachsen über 350 verschiedene höhere Pflanzen, vor allem Farne, Orchideen, Moose und Flechten. Auch die Tierwelt ist äußerst vielfältig. Etwa ein Drittel aller australischen Beuteltier- und Reptilienarten sowie zwei Drittel aller Fledermaus- und Schmetterlingsarten leben in dem Gebiet.

Ein Helmkasuar-Weibchen (links), die zweitgrößte Vogelart Australiens, und der schönste Wasserfall des Landes, der Millaa Millaa, in den Atherton Tablelands (ganz links). Ganz links und oben links: Allfarbloris und die faszinierenden Flughunde.

KAKADU NP

Der etwa 250 Kilometer östlich von Darwin gelegene Nationalpark, dessen Areal mehrfach erweitert wurde, umfasst fünf unterschiedliche Zonen. Im Gezeitenbereich der Flüsse haben sich Mangroven mit ihren Stelzwurzeln im Schlamm verankert. Die küstennahen Gebiete verwandeln sich in der Regenzeit in einen bunten Teppich aus Lotosblumen, Seerosen und Schwimmfarnen. Seltene Wasservögel sind hier ebenso hei-

Im Park leben die drachengleichen Kragenechsen, Schwarzkopfpythons, Seidenreiher, Salzwasserkrokodile, Gelbhaubenkakadus und die zierlichen Flinkwallabys (im UZS).

misch wie das bis zu sechs Meter lange Leistenkrokodil. Das sich anschließende Hügelland mit seiner diversen Vegetation aus offenen tropischen Wäldern, Savannen und Grasebenen erstreckt sich über den größten Teil des Parks und ist Rückzugsgebiet für bedrohte Tierarten wie Dingos und Wallabys. Im Arnhem Escarpment, sowie auf den Sandsteinplateaus von Arnhem Land leben einige seltenere Känguruarten.

Die Jim Jim Falls (ganz links) und zahlreiche weitere Wasserfälle beeindrucken jeden Besucher des Kakadu-Nationalparks.

SIMPSON DESERT

Große rostrote Sanddünen, die sich bis zu 300 Kilometer nach Nordwesten ziehen und in der Dämmerung aufzuglühen scheinen prägen den Simpson Desert National Park – letztes Rückzugsgebiet für viele bedrohte Tierarten Zentralaustraliens. Als erster Weißer betrat der Forscher Charles Sturt 1845 die Wüste. 1929 konnte das Gebiet erstmals von der Luft aus kartografiert werden, und 1973 wagte man die erste Durchquerung ohne Fahrzeug. Weitere vier Jahre danach gelang es der Schriftstellerin Robyn Davidson, von Südaustralien aus auf dem Kamel den Oodnadatta Track zu finden, der nach dem winzigen Örtchen Oodnadatta benannt wurde. Der andere Ort, von dem aus man die Wüste mit einem Allradfahrzeug befahren kann, ist die Outback-Siedlung Birdsville, hier beginnt der legendäre Birdsville Track.

TANAMI DESERT

In Australien findet man die ältesten Landschaften der Welt. Gewaltige Erosionskräfte formten diesen heute kleinsten Kontinent auch zum flachsten aller Erdteile. Fast ein Fünftel dieser Landmasse, rund 1,3 Millionen Quadratkilometer, wird von Wüste bedeckt – damit gehört Australien zu den trockensten Gebieten der Erde. Die mit rund 184 500 Quadratkilometern drittgrößte Wüste des Kontinents ist die Tanamiwüste. Die Temperaturen können im Sommer 50, im Winter minus 10 Grad Celsius erreichen. Es gibt allerdings auch ein paar wenige Feuchtgebiete wie den Lake Surprise oder den Lake Gregory, die aber nur wenige Tage des Jahres tatsächlich Wasser führen. Als rote Lebensader quer durch die Wüste verbindet der Tanami Track Alice Springs mit Halls Creek und führt an der Tanami Goldmine vorbei.

Feuerrot leuchten die Sanddünen der Simpson-Wüste in der Dämmerung, die zu den längsten der Erde gehören. Der Wind zieht Rippenmuster über die Oberfläche.

Zwei typische Motive: Ein Termitenhügel im Spinifexgras (links) ragt unter der kargen Landschaft hervor. Und der Riesenwaran (rechts) mit seiner markanten Musterung ist hier heimisch.

LITCHFIELD NP

Beeindruckend sind der Haubenliest (rechts oben), eine Eisvogelart, die St.-Andreas-Kreuzspinne oder Argiope (Mitte) und die charakteristischen Hügel der Kompasstermiten (rechts unten).

Im 65 700 Quadratkilometer großen Nationalpark, 60 Kilometer nordwestlich von Adelaide River, stürzen tosende Wasserfälle vom Sandsteinplateau der Tabletop Range in Schluchten und bilden natürliche Pools, die wie bei den Wangi Falls, Rockhole und Florence Falls zum Baden einladen. Nur mit Allradwagen zu erreichen sind die Sandsteinsäulen der »Lost City« und der Tjaynera-Wasserfall. Die Zufahrtsstraße aus Batchelor säumen bis zu zwei Meter hohe Termitenhügel. Die in dieser Region einzigartigen Termitenhügel haben den Litchfield-Nationalpark berühmt gemacht, denn sie sind in Nord-Süd-Richtung positioniert um nur ihre Schmalseite dem Mittagslicht auszusetzen. Ansonsten leben hier vor allem Bergkängurus und Wallabys. Der Name des Parks gebührt dem Forscher Frederick Henry Litchfield, der das Northern Territory erkundete.

Wie ein Stillleben der Natur wirkt der Nitmiluk-Nationalpark an vielen Stellen: ein Landschaftsgemälde in Grün, Violett, Orange und Blau.

Der Park fasziniert durch sein imposantes Fluss- und Schluchtensystem. Neben dem Uluru und dem Kakadu National Park gehört der Nitmiluk National Park zu den drei großen Besuchermagneten des Northern Territory. In dem 1800 Quadratkilometer großen, nordöstlich des Städtchens Katherine gelegenen Park schlängelt sich der Katherine River durch 13 durch Stromschnellen getrennte Schluchten. Geführte Bootstouren dringen nur bis zur fünften Schlucht vor; im Leihkanu lassen sich indes alle Schluchten auf eigene Faust erkunden und auch per Helikopter und per pedes über das dichte Wandernetz lässt sich der Park entdecken. Im Jahr 1988 wurde das Fluss- und Schluchtensystem den Jawoyn, den Nachfahren der einst hier ansässigen Ureinwohner, zurückgegeben und der Katherine Gorge National Park wurde zum Nitmiluk National Park.

ULURU NP

Inmitten einer ausgedehnten kargen Trockensavanne liegt »das rote Herz Australiens«, der Nationalpark Uluru–Kata Tjuta. Der Inselberg Uluru (Ayers Rock) und die 36 Felskuppen der Kata Tjuta (»viele Köpfe«) sind die bekanntesten Naturwunder Australiens. Ihre Entwicklung begann vor 570 Millionen Jahren und ist eng mit der Entstehung des Festlands verbunden. Das Gestein der Felsen war widerstandsähiger als das sie umgebende, und so sind sie heute gewaltige Zeugen des Erdaltertums. Je nach Tageszeit schimmern sie in unterschiedlichen Rottönen. Der Uluru ist aber nicht nur das geografische Zentrum sondern auch ein mythischer Ort der Aborigines, mit Felsbildern und heiligen Stätten. Er gilt als ein Treffpunkt der Vorfahren in der Traumzeit. Auch bei den Kata Tjuta gibt es Felsbilder. Hier leben die Anangu-Aborigines seit Tausenden Jahren.

Eine grausame Schlacht zwischen den Hasenkänguru-Menschen und den Teppichschlangen-Menschen ließ die Erde so erzittern, dass der Uluru aus ihr emporstieg, so die Legende der Aborigines.

Die spektakulärsten geologischen Formationen ragen als Inselberge mitten im Zentrum des Fünften Kontinents auf.

PURNULULU NP

Mittelpunkt des Purnululu National Park ist die Bungle Bungle Range, die sich aus Sandsteinen aus dem Devon (vor 370 Millionen Jahren) zusammensetzt. In den vergangenen 20 Millionen Jahren entstanden durch Erosion waagrecht gebänderte bienenkorbartige Felsformationen. Die dunkleren Streifen sind charakteristisch für weichere, wasserdurchlässige Gesteine, an deren Oberfläche blaugrüne Algen wachsen. Härtere Schichten dazwischen weisen durch Eisen und Mangan eine orangefarbene Tönung auf. Die Farbtöne ändern sich mit den Jahreszeiten. Zwischen den kegelförmigen Felsen liegen Schluchten mit Wasserläufen und Pools, die von Schirmpalmen gesäumt werden. Rund 130 Vogelarten wie bunte Bienenfresser und Wellensittiche leben hier. Das Purnululu-Gebiet wird seit Jahrtausenden von Aborigines bewohnt, die hier zahlreiche Felsbilder und Begräbnisstätten hinterlassen haben.

KIMBERLEY PLATEAU

Die Kimberley Ranges und die Kimberley Coast auf dem Nordwestzipfel des Kontinents präsentieren ein Bilderbuch-Australien: bizarre Bergketten in tiefem Rotbraun, zerklüftete Felsschluchten, weite Steppen mit frei weidenden Rindern, bauchige Baobab-Bäume und tropische Palmenwälder, kilometerlange Sandstrände und eine Vielzahl gefährlicher Tiere wie Box Jelly Fish, Blue Ringed Octopus, Giftschlangen, Krokodile. Die Hügelketten der Kimberleys gleichen gigantischen Freiluftgalerien – sie wurden von den Aborigines besonders häufig als »Leinwand« für Gravuren und Malereien genutzt. Die Bilder aus Naturfarben sind unvergleichlich leuchtend und ausdrucksstark. Sie zeigen verschiedene Tierarten, marines Leben und menschliche Gestalten, manche werden als europäische Besucher gedeutet. Bis heute verkörpern diese Felsmalereien mit das größte Rätsel der Kimberleys.

Die Domes der Bungle Bungle Range (ganz links) erinnern an riesige Bienenkörbe. Die Echidna Chasm (rechts) ist eine der schmalsten Felsschluchten des Nationalparks.

Die Mitchell Falls entleeren sich ins Mitchell Plateau (rechts). Auf den Felsen des Plateaus finden sich die Windjana-Felsmalereien der Regen- und Wolkengeister der Aborigines (Mitte).

MILLSTREAM CHICHESTER NP

Bei Sonnenaufgang (links) leuchten die vielerlei Braun- und Rottöne des Nationalparks neben einem Hauch von Grün in der George River Region (rechts oben) oder einer Oase (rechts unten).

Etwa zwei Stunden dauert die Fahrt mit dem Auto in den rund 150 Kilometer südöstlich von Karratha, der zweitgrößten Stadt Pilbaras, an der Central Pilbara Coast gelegenen Millstream Chichester National Park. Gemessen an australischen Dimensionen ist das ein Katzensprung – kein Wunder, dass es in diesem Naturschutzgebiet voll werden kann. Für längere Aufenthalte in dem im Jahr 1970 gegründeten, 2000 Quadratkilometer großen Park stehen zwei Campingplätze zur Verfügung. Er umfasst die alte Millstream-Farm nahe des Millstream Creek und die Chichester Range. Im nördlichen Teil bestimmen sanft gewelltes Spinifex-Grasland und Eukalypten das Areal, als grüne Oase entpuppt sich im Süden das Gebiet um den Fortescue River. Wie ein Garten Eden muten auch die zum Baden einladenden Pools an, wie der Murlamunyjunha Crossing Pool.

Der Goulds Waran zeigt seine Zunge (unten). Die Echse kann bis zu 1,40 Meter lang und fünf Kilogramm schwer werden. Sie ernährt sich von kleineren Säugetieren, Vögeln oder Reptilien.

Der 6000 Quadratkilometer große Karijini-Nationalpark in den Hamersley Ranges liegt 1300 Kilometer nördlich von Perth im Herzen der Pilbara. Die Pilbara gehört zu den ältesten geologischen Gebieten der Welt. Sie erstreckt sich über mehr als eine halbe Million Quadratkilometer von der Nordwestküste bis zu den großen Sandwüsten Sandy Desert und Gibson Desert. In den kargen Gebirgszügen werden die größten Eisenerzvorkommen der Welt abgebaut. Ausgangspunkt für Führungen durch die Bergbaugebiete ist die mit 747 Metern höchstgelegene Stadt Australiens: Tom Price am Fuß des 1128 Meter hohen Mount Nameless. Der Nationalpark ist geprägt von tiefen Schluchten, die Flüsse in die rostbraunen Felsen gefressen haben. Die Flussläufe stürzen dort bis zu 100 Meter in die Tiefe und füllen Bassins, die eine faszinierende Flora und Fauna ermöglichen.

SHARK BAY

Die Küste ist das Revier von Riff- und Walhaien (kleine Bilder). Stromatolithen (Mitte) bestehen aus geschichtetem Kalkstein und gelten als die ältesten Fossilien der Welt.

Der Naturpark Shark Bay etwa 800 Kilometer nördlich von Perth ist die Heimat vieler bedrohter Meeres- und Landtiere. Besonders eindrucksvoll sind die bis zu 5000 Quadratkilometer großen artenreichen Seegraswiesen. Vor allem für kleine Fische, Krabben und Krebse dienen diese als Refugium. Zusätzlich fördern sie das Wachstum von Stromatolithen (Algenkalke), die im seichten Lagunenwasser blumenkohlartige Kalkknollen bilden. Im Sommer lassen sich in der Shark Bay Buckelwale bei der Paarung, Meeresschildkröten bei der Eiablage und Gabelschwanzseekühe bei der Aufzucht ihrer Jungen beobachten. Die Inseln und Steilklippen sind das Revier einiger seltener Seevögel wie Australtölpel, Fisch- und Seeadler und Elsterscharben. Die vorgelagerten Inseln und das Gebiet rund um Cape Peron sind der Lebensraum der Shark-Bay-Maus.

NINGALOO-KÜSTE

Ein faszinierender Küstenstrich mit einem atemberaubenden Reichtum an Tierarten ist dieser Meerespark im Nordwesten Australiens.

An der Nordspitze der Westküste Australiens liegt der rund 6000 Quadratkilometer große Ningaloo-Meerespark. Ein Korallenriff schützt einen 300 Kilometer langen Küstenabschnitt. Der angrenzende Küstenstreifen wartet mit eindrucksvollen Kalksteinformationen mit unterirdischen Wasserläufen auf. Viele Höhlen bieten Vögeln Nistplätze und seltenen Reptilien Schutz. Bunte Clownfische, giftige Feuerfische und räuberische Muränen zählen zu den rund 500 Fischarten, die sich zwischen den über 300 Korallenarten des Riffs tummeln. Die aufregendsten Riffbewohner sind Suppenschildkröten, scheue Riffhaie,Tiger- und Hammerhaie, Stachel- und Mantarochen, Delfine sowie Dugongs. Etwa eine Woche nach dem Vollmond Ende März oder Anfang April laichen alle Korallen im Riff gleichzeitig. Auf das drei Tage andauernde Schauspiel dieses schwimmenden hellrosa Laichteppichs folgen Walhaie und Ende Juni, Anfang Juli Buckelwale.

TARKINE WILDERNESS AREA

Als geografischen Begriff sucht man »Tarkine« auf den meisten Karten vergeblich. Benannt ist das ganz im wilden Nordwesten Tasmaniens gelegene Gebiet nach den Tarkiner People – einer von drei hier seit mehr als 30 000 Jahren lebenden Aborigine-Gemeinden. Begrenzt wird das 4470 Quadratkilometer große Areal vom Arthur River im Norden, dem Pieman River im Süden, dem Murchison Highway im Osten und vom Südpolarmeer im Westen. Die größte zusammenhängende Regenwaldfläche ganz Australiens befindet sich hier, doch leider sind nur fünf Prozent davon als Nationalpark geschützt. Der Ozean kämpft an manchen Stellen mit gewaltigen Kräften gegen die zackigen Felsen der Küste. Gerade an stürmischen und regnerischen Tagen kann man nahe Rupert Point das wilde Spektakel beobachten. Zu erreichen ist die Wildnis mit dem Flugzeug oder mit der Fähre von Melbourne aus.

CRADLE-MOUNTAIN-LAKE-ST.-CLAIR NP

Der mit 1617 Metern höchste Berg Tasmaniens, Mount Ossa, besteht wie der wegen seiner Form so genannte Cradle Mountain (»Wiegenberg«) aus Dolerit, einem extrem harten magmatischen Gestein, das sich vor etwa 165 Millionen Jahren zwischen viel älteres Sedimentgestein zwängte und dort erkaltete. Die schroffen Berggipfel, Moränenseen und Trogtäler des Parks wurden während der letzten Eiszeit von Gletschern gebildet. Heute gehört er zum Weltnaturerbe. Durch die Bemühungen des gebürtigen Östereichers Gustav Weindorfer wurde 1922 hier ein Nationalpark gegründet. Beliebt ist der Overland Trail mit Übernachtungsmöglichkeiten in Hütten. Der Lake St. Clair, in dem Regenbogenforellen leben, ist mit mehr als 200 Metern der tiefste natürliche Süßwassersee Tasmaniens. Die hier lebenden Aborigines nennen ihn Leeawuleena, »schlafendes Wasser«.

Großes Bild: ein ruhiger Abschnitt des Arthur River in Tarkine, umgeben von Regenwald. An der Küste (unten links) finden sich dagegen schroffe Felsen, von heiteren Wellen umtost.

Tiefe Schluchten, steile Bergspitzen, abgeschliffene Hochebenen, tobende Wasserfälle und trogförmige Seen sind typisch für diese durch Gletscher geformte Landschaft.

MOUNT FIELD NP

Im Mount Field National Park sieht man skurrile Waldbewohner wie den Tasmanischen Teufel (rechts oben), den Riesenbeutelmarder (Mitte) oder den Kurzschnabeligel (rechts unten).

Im Winter lockt er Skifahrer, im Sommer Wanderer an: Der Mount Field National Park, 80 Kilometer nordwestlich von Hobart gelegen, ist zu allen Jahreszeiten sehr beliebt. Der Nationalpark teilt sich in zwei Zonen. Im tiefer gelegenen Bereich beginnt der kurze und bequeme Spazierweg zu den malerischen Russell Falls. Interaktiv ist der Tall Trees Walk, der spannend die vielen Facetten der 70 bis 80 Meter hohen Königseukalypten erklärt. Etwa 16 Kilometer die Schotterstraße hinauf liegt der Parkplatz für das Skigebiet von Mount Field. Mount Mawson, der im Nationalpark liegt, ist eines der sichersten Skigebiete Tasmaniens. Von hier erreicht man Lake Dobson, an dem Schnabeltiere leben. Besonders eindrucksvoll sind die Buchenwälder im australischen Herbst, wenn sich ihre Blätter färben oder die tasmanische Waratah-Blüte leuchtend rot blüht.

Die Küstenlinie am South Cape des Tasman National Parks (unten). Über Wanderwege kann man zu den Klippen gelangen, die zu den höchsten Australiens zählen.

Sechsundfünfzig Kilometer östlich von Hobart erstreckt sich der im Jahr 1999 gegründete, 107 Quadratkilometer große Tasman National Park. Benannt wurde das Schutzgebiet nach dem holländischen Seefahrer Abel Janszoon Tasman (1603–1659), der am 24. November 1642 als erster Europäer Tasmanien (sowie am 13. Dezember desselben Jahres auch Neuseeland) entdeckte. Das Areal erstreckt sich entlang der Ostküste der Forestier Peninsula sowie an der Ost- und Südküste der Tasman Peninsula. Zum Parkgelände gehören mehrere Inseln, darunter Fossil Island und Tasman Island. Hauptattraktion des Naturschutzgebietes sind seine spektakulären Küstenszenerien mit artenreicher Fauna und Flora, darunter verschiedene Eukalypten, Heidekrautgewächse und drei hier in der Küstenregion endemische Augentrost-Arten.

MACQUARIE ISLAND

Diese kleine subantarktische Insel – Lebensraum einer vielfältigen Fauna – ist der höchste Kamm des unter Wasser liegenden, durch das Aufeinandertreffen von Indisch-Australischer und Pazifischer Platte entstandenen Macquarie-Rückens. Die nur etwa 35 Kilometer lange und rund fünf Kilometer breite Macquarie-Insel liegt 1500 Kilometer südöstlich von Tasmanien. Sie ist ein Paradies für See-Elefanten, Pelzrobben und zahlreiche Vogelarten. Königs- und Kaiserpinguine bilden im Winter und im Frühjahr riesige Brutkolonien. Zeichen menschlicher Gegenwart ist nur eine Forschungsstation. Für die Geologie hat die Insel durch ihre Lage größte Bedeutung, da weltweit nur hier Gesteine des unter der Erdoberfläche liegenden Erdmantels zutage treten. Benannt wurde die Insel nach Lachlan Macquarie, der Gouverneur von New South Wales war als sie 1810 durch Frederick Hasselborough entdeckt wurde.

HEARD AND MCDONALD ISLANDS

Die Inseln liegen etwa 4000 Kilometer südöstlich von Perth und rund 1500 Kilometer nördlich vom antarktischen Kontinent. Als einzige subantarktische Inseln mit vulkanischer Aktivität besitzt Heard mit dem 2745 Meter hohen aktiven Vulkan Mawson Peak (»Big Ben«) den höchsten Berg Australiens, und auch auf McDonald kam es seit 1992 zu Eruptionen. Gletscher und Eisflächen bedecken etwa 80 Prozent der Inselfläche, das unwirtliche Klima erlaubt nur eine spärliche Vegetation von Gräsern und Algen. Bis heute wurden hier 42 Moosarten registriert. Viele niederen Pflanzen, Algen und Moose wurden noch gar nicht bestimmt. Auch wurden die Inseln von unliebsamen »Einwanderern« wie Katzen, Ratten und Hasen verschont, sodass hier Pinguine, Meeressäuger und Seevögel unter sich bleiben. Ihr Ökosystem blieb bis heute von äußeren Einflüssen weitgehend verschont.

Tausende von Seevögeln nutzen die Heard- und McDonald-Inseln im Frühjahr zum Brüten, auch die Königspinguine (links). Die Südlichen See-Elefanten gehören zur größten Robbenart weltweit (unten).

Eine neugierige Parade aus Haubenpinguinen bahnt sich ihren Weg zum Strand. Die wuchtigen Bullen der See-Elefanten (links) haben in ihrem Harem oft über 15 Weibchen unter sich.

EGMONT NP

Der Egmont National Park schützt die letzten Urwaldgebiete rund um den seit ungefähr 300 Jahren »schlafenden« Vulkanberg Taranaki. Er wurde 1900 eingerichtet und ist damit der zweitälteste Nationalpark des Landes. Asphaltierte Straßen führen zu Schutzhütten auf etwa 1100 Meter Höhe. Kurzwanderungen erschließen märchenhafte Wälder. Für die Maori versinnbildlichten die schneebedeckten neuseeländischen Hauptgipfel die heiligen Häupter ihrer Ahnen. Dort wurden die Knochen gefallener Anführer endgültig beigesetzt, nachdem man sie aus Erdgräbern exhumiert hatte. Legenden von mordenden Riesen und heimtückischen Elfen dienten der Abschreckung: Jeder Maoristamm hatte »seinen« Berg. Ein Vulkanausbruch konnte Zorn bedeuten oder das Signal für einen Krieg sein, ein Sieg konnte den Berg vor Stolz anschwellen lassen.

Rund um den riesigen Vulkan Taranaki (ehemals Mount Egmont), den am perfektesten geformten Vulkankegel Neuseelands, sind beeindruckende Wasserfälle, Regenwälder und moosige Sümpfe.

Der Goblin Forest auf den mittleren Hängen des Berges verdankt seinen Namen der knorrigen Form der Bäume und den dicken, herabhängenden Moossträngen. Ein ausgedehntes Wanderwegenetz erleichtert den Zugang zur einzigartigen Schönheit des Parks.

TONGARIRO NP

Die Geschichte dieser Vulkanlandschaft begann vor rund zwei Millionen Jahren, als die Indisch-Australische und die Pazifische Platte miteinander kollidierten. Durch den enormen Widerstand wurde viel Reibungswärme frei, was zum Aufschmelzen des umgebenden Gesteins führte, und über den Reibungspunkten der Platten setzte starker Vulkanismus ein. Die Vulkane Tongariro, Ngauruhoe und Ruapehu bezeugen mit ihrer Aktivität noch heute diesen Vorgang; dazwischen hat sich das gewaltigste Lavaplateau der Welt herausgebildet. Bei der ersten Ernennung zur Welterbestätte ging es 1990 vor allem um die geologische Bedeutung des Nationalparks. Bei der Erweiterung 1993 wurde Tongariro als erste Welterbestätte als Natur- und Kulturerbe ausgezeichnet, um die kulturelle und spirituelle Bedeutung der Berge für die hier ansässigen Maori zu betonen.

Der älteste Nationalpark Neuseelands umfasst drei aktive Vulkansysteme (unten links). Auf Wanderungen gelangt man auch zu den Tawhai Falls (großes Bild).

Auf der Wanderung des Tongariro Alpine Crossing gelangt man zu einem wahrhaftigen Edelstein: dem Emerald Lake (links) mit seinem türkisgrünem Wasser.

PAPAROA NP

Wer an der Westküste auf dem Weg von Westport nach Greymouth ist, sollte unbedingt im Paparoa-Nationalpark anhalten. Der 1987 gegründete Park umfasst eine Vielzahl von Lebensräumen von der Küste bis zum subalpinen Gipfel des Mount Pecksniff. Während die Hauptattraktion des Parks, die »Pancake Rocks«, an der Küste liegen, erstreckt sich der 300 Quadratkilometer große Nationalpark weit ins Landesinnere hinein. Ursprünglicher Regenwald mit Laubbäumen, Nikau-Palmen, Farnen und Kletterpflanzen, tiefe Canyons, Höhlen und sprudelnde Gebirgsbäche sind nur einige der landschaftlichen Schönheiten die Wanderer entdecken können. Im Park sind etliche Vogelarten zu Hause, darunter der Kiwi und der endemische Westlandsturmvogel. Die sogenannten »Pancake Rocks« verdanken ihr Aussehen der Erosion, die den weicheren der schmalen Gesteinsschichten stärker zugesetzt hat.

ARTHUR'S PASS NP

Im Landesinneren der Südinsel erstreckt sich der Arthur's Pass National Park über rund 1145 Quadratkilometer. Im nass-milden Klima des Westens wächst Regenwald, der trockene und kalte Osten lässt oft nur kärgliche Vegetation zu. Im Winter zieht es Skifahrer zu den Pisten von Porter Heights, Craigieburn, Broken River. Ein Informationszentrum im Arthur's Pass Village bietet umfangreiche Informationen zu Wandermöglichkeiten im 16 Gipfel über 2000 Meter einschließenden Park. Diese sind fast ausschließlich nur für geübte Bergwanderer geeignet. Wer mag, kann auch Kajak fahren oder jagen und wird am Ende des Tages in der exklusiven Grasmere Lodge am Rande des Nationalparks mit einem fünfgängigen Dinner belohnt. Der Arthur's Pass ist ein alpiner Übergang in den Südalpen der Südinsel und wurde benannt nach Arthur Dudley Dobson, der 1864 die ersten Europäer über den Pass führte.

Die markant geformten Pancake Rocks in Punakaiki (unten rechts) sind ein Highlight entlang der Küste des Nationalparks. Zerklüftete Felsen treffen am Strand (Mitte) auf türkises Meer.

Rosa-lila Lupinen in einem weiten Tal säumen den Weg am Arthur's Pass Nationalpark (unten). Wunderschöne Aussichten erschließen sich auf den Pfaden des Parks (links unten).

MOUNT COOK NP

Der Mount Cook National Park umfasst auf engem Raum 140 Berge über 2000 Meter und fünf der größten Gletscher Neuseelands. Eine Schotterstraße zweigt am Weg zum Mount Cook Village am Lake Pukaki zum Tasman-Gletscher, dem mächtigsten Eisfeld, ab. Wer die erstaunlichen Eishöhlen besuchen will, sollte dafür vor Ort eine Tour buchen, denn ohne Guide ist die Wanderung beschwerlich. Wesentlich leichter sind die zehn Kurzwanderungen, die, gut ausgeschildert, ab Mount Cook Village starten. Hier steht auch ein luxuriöses Hotel, dessen Terrasse einen herrlichen Blick auf die Bergwelt bietet. Zu den tierischen Besonderheiten dieses Nationalparks zählen neben dem frechen Bergpapagei Kea auch seltene Falken- und Eulenarten. Der Star unter den Pflanzen ist die Mount-Cook-Lilie, die gern als Neuseelands Symbol verwendet wird.

Ein Gletscherbach sucht seinen Weg durch den Nationalpark, wo es 19 über 3000 Meter hohe Gipfel gibt, die zu jeder Tages- und Jahreszeit eindrucksvolle Bergpanoramen bilden.

Die verschiedenen Stimmungen am Mount Cook zeigen fantastische Bilder. Sonnenumflutete Gipfelstürme (ganz links) und Windwolken über dem schneebedeckten Tal des Tasman-Gletschers (links).

WESTLAND NP

Das letzte Licht eines langen Sommertags liegt auf den Gipfeln von Mount Cook und Mount Tasman, Neuseelands höchsten Bergen; die vergletscherten Gipfel spiegeln sich in einem märchenstillen See: Der Blick von der westlichen Seite des Lake Matheson zurück auf die Südalpen ist berühmt und steht symbolisch für die Schönheit des Westland National Park. Zusammen mit den Nationalparks Mount Aspiring, Mount Cook und Fiordland gehört er zum UNESCO-Weltnaturerbe »Te Wahipounamu« (Maori: »Ort des Jadesteins«). Vor dem Hintergrund der höchsten Berge Neuseelands fließen zwei Gletscherzungen, Franz Josef und Fox, durch tiefgrünen Regenwald bis auf 300 Meter Seehöhe hinab. Den Franz Josef Glacier hat der Geologe Julius von Haast nach dem österreichischen Kaiser getauft; Fox hieß ein früherer neuseeländischer Premierminister.

Großes Bergpanorama in doppelter Ausführung (großes Bild): Der Lake Matheson spiegelt die Gipfel des Mount Tasman und Mount Cook.

Die langen Zungen des Fox- und des Franz-Josef-Gletschers im Westland National Park wälzen sich durch die trogförmigen Täler bis in Küstennähe hinab.

MOUNT ASPIRING NP

Der Mount Aspiring National Park grenzt im Norden an den mächtigen Haast River, im Süden reicht er bis an den Fiordland National Park heran. Kernstück ist der 3027 Meter hohe Mount Aspiring – Neuseelands einziger Dreitausender außerhalb des Mount Cook National Park. Hier finden Tourengeher meist anspruchsvolle Routen wie den Roaring Billy Falls Walk oder den grandiosen Routeburn Track. Einen ersten Eindruck von der Schönheit des Parks vermittelt eine Kurzwanderung zu den Blue Pools bei Makarora oder eine Jetbootfahrt südlich von Haast den Waiatoto River stromaufwärts. Die längeren Wanderungen beginnen in Glenorchy, am Nordende des Lake Wakatipu, oder im Matukituki-Tal, das man von Wanaka aus erreicht. Schon einige Maori-stämme kamen oft in die Täler, um Vögel einzufangen.

Die Routen offenbaren Ausblicke wie den über den Matukituki River und den Black Peak (links oben). Auf den Berghängen sind oft Hirschherden unterwegs (unten).

Der Dart-Gletscher (ganz links) und die Blue Pools bei Makarora (links) sind weitere Highlights der Bergtouren durch die Landschaft des Mount Aspiring.

Der mit rund 12520 Quadratkilometern größte Nationalpark Neuseelands ist wohl auch der schönste des Landes: Schneebedeckte Berge geben den Hintergrund ab, davor stehen ausgedehnte Buchenwälder mit jahrhundertealten, bemoosten Baumriesen. Kristallklare Flüsse und stille Seen füllen oft breite Täler, die von sich zurückziehenden Gletschern geformt wurden. Hier findet man rund 700 endemische Pflanzen und

Der Hollyford River (großes Bild) fließt 28 Kilometer lang durch die neuseeländische Fjordlandschaft. Auf dem Hollyford Track entlang der rechten Flussseite erschließt sich die Natur.

eine seltene Tierwelt. An der Westküste reihen sich majestätische Fjorde. Nur einer von ihnen, der Milford Sound, ist durch eine Straße erschlossen. Die Gegend gehört zu den beliebtesten Trekkinggebieten der Welt. Getrübt wird das Vergnügen nur durch die schwarzen »sandflies«, die nach einer Maorilegende von der Göttin des Todes geschaffen wurden, um den Wanderen die vollkommene Schönheit der Landschaft zu verleiden.

Der Cleddau River (ganz links) springt durch die grünen Täler. Kiwis (links) haben hier ihr Zuhause.

Majestätisch und unverkennbar ragt der Mitre Peak, übersetzt »Bischofshut«, mit seiner weißen Schneehaube über den Milford Sound.

SUBANTARKTISCHE INSELN

Die Inselgruppen Auckland, Campbell, Antipoden, Snares und Bounty liegen südlich und östlich Neuseelands und sind heute unbewohnt. Bis auf die niedrigen Felsen der Bounty-Inseln werden die Eilande von Moorflächen bedeckt. Mit Ausnahme der Bounty-Inseln verfügen die Inselgruppen über die reichste Flora aller subantarktischen Eilande. Von den mehr als 250 Arten sind 35 endemisch, weitere 30 gelten als sehr selten. 120 Vogelarten sind bekannt, darunter 40 Seevögel, von denen fünf nur hier brüten. Zehn der 24 Albatrosarten, darunter der Südliche Königsalbatros, haben hier ihre Heimat, ebenso vier Pinguinarten, von denen zwei endemisch sind, genau wie mehrere Insekten-, Schnecken- und Spinnenarten. Zudem bieten die Inseln den seltenen Neuseeländischen Seelöwen und großen Kolonien der Neuseeländischen Pelzrobbe Lebensraum.

Kronenpinguine (links oben) und Neuseeländische Seelöwen (links unten) tummeln sich hier. Die abgefallenen Blüten der Rata-Bäume bilden einen roten Teppich (großes Bild unten).

Die Campbell Island Margerite (Pleurophyllum speciosum) (ganz links) in vollster Pracht auf Campbell Island. Und der Einfarblaufsittich (links) macht es sich im Tussockgras gemütlich.

RAJA AMPAT ISLANDS

Raja Ampat ist ein Archipel im Indopazifik westlich von Neuguinea, das zu Indonesien gehört. Das »Reich der vier Könige«, wie sich Raja Ampat frei übersetzen lässt, zählt weit mehr als 1500 Inseln. Diese verteilen sich auf einer Fläche von über 40000 Quadratkilometern, was ungefähr dem Staatsgebiet der Schweiz entspricht. Auch wenn die Vegetation der Inseln schon an das Paradies erinnern mag, liegen die wahren Schätze der

Farbenpracht unter Wasser: bunte Korallenriffe und ein lustiger Fangschreckenkrebs (große Bilder), Goldstreifen-Süßlippe, Aale, Rotfeuerfisch und Kugelfisch (von oben nach unten).

vier Könige unter der Wasseroberfläche verborgen. Denn hier treffen zwei Ozeane aufeinander und bieten ideale Möglichkeiten für eine Fülle an marinem Leben. In den Gewässern der Inselwelt lassen sich gut drei Viertel aller bekannten Korallenarten finden. Zwischen diesen tummelt sich eine fantasievolle Vielfalt an Meereslebewesen, wie es sie sonst an kaum einem anderen Ort auf diesem Planeten gibt.

WESTERN AND SOUTHERN HIGHLANDS

Mount Hagen, die Hauptstadt der Western Highlands, mag mit ihren knapp 40 000 Einwohnern nach europäischen Maßstäben eher eine Kleinstadt sein. Doch hat hier die moderne Zeit längst Einzug gehalten. Eine Fahrt von hier zu den Hochlanddörfern der Provinz gleicht einer Reise in die Vergangenheit. Denn abgeschottet von der Außenwelt lebten die Stämme dort bis vor wenigen Jahrzehnten noch beinahe wie in der Stein-

Regenwaldbewohner mit exotischen Namen: Nashornvogel, Fächertaube, Rüsselkäfer, grüne Hundskopfboa, Blaunacken-Paradiesvogel und Schmalschwanz-Paradiesschopf (im UZS).

zeit. Statt Stammesfehden gibt es seit den 60er-Jahren die Sing-Sings, friedliche Wettsreite die zur Touristenattraktion geworden sind. Berge mit Gipfeln über 4000 Meter, breite Täler und reizvolles Flachland – das sind die Southern Highlands, die größte der Hochlandprovinzen Papua-Neuguineas. Neben traumhaften Wasserfällen gibt es dichte Regenwälder, die idealen Lebensraum für eine üppige Pflanzen- und Tierwelt bieten.

Ein Goodfellow- (größeres Bild oben links) und ein Doria-Baumkänguru (kleines Bild ganz links) machen es sich auf dem Ästen bequem.

MAROVO LAGOON

Exotisch bunt präsentieren sich die Meeresbewohner der Inseln: orange-blau der Korallen-Zackenbarsch, farbig-schillernd der Mantel einer Riesenmuschel und der Einsiedlerkrebs (kleine Bilder).

Nach Norden hin wird die Marovo Lagune von der Insel New Georgia begrenzt. In südlicher Richtung finden sich Gatukai und Vangunu, das die östliche Begrenzung der größten Salzwasserlagune der Erde markiert. Durchsetzt ist diese Perle der Natur von zahllosen kleinen und kleinsten Inselchen. Vor allem unter Wasser wimmelt es hier nur so von Leben. Sanft wiegen sich die Polypen der Steinkorallen in den Wellen des Pazifiks. Zwischen den Ästen ihrer Kalkskelette huschen Papagei- und Clownfische umher. Krustentiere, Schwämme und Seegurken sind hier zuhause. Aber natürlich auch Räuber sind vertreten – flinke Riffhaie genauso wie majestätisch dahingleitende Rochen. Weitaus weniger idyllisch ging es früher an Land zu: wegen der dort lebenden Kopfjäger war die Marovo Lagune seit Generationen äußerst berüchtigt und gefürchtet.

Ein gefleckter Schleimfisch (unten) taucht aus einer zehn Meter tiefen Höhle auf. In die Wohnhöhlen der Männchen legen weibliche Schleimfische gewöhnlich ihre Eier.

Als erster Europäer entdeckte 1568 der Spanier Alvaro de Mendaña de Neyra die Inselwelt der Salomonen. Wegen der geografischen Abgeschiedenheit hat sich auf Rennell eine eigenständige Flora und Fauna entwickelt. So findet man auf dem 85 Kilometer langen und 15 Kilometer breiten Atoll die weltweit höchste Dichte endemischer Tier- und Pflanzenarten. Die Wälder bieten Lebensraum für viele seltene Pflanzen, darunter Orchideen und Schraubenbaumgewächse. Nur hier lebt der Rennell-Flughund, eine Fledermausart. Gut 40 Vogelarten brüten auf dem Atoll, darunter viele endemische. Außerdem gibt es zwei Seeschlangenarten, wovon eine nur in Süßwasser vorkommt, im Lake Tegati. Desweiteren leben hier verschiedene Gecko- und Landschlangenarten. Außerdem wurden insgesamt mehr als 700 Insektenarten registriert.

PHOENIX ISLANDS

Mit einer Fläche von mehr als 400 000 Quadratkilometern erstreckt sich das Meeresschutzgebiet der Phoenixinseln über eine Fläche, die größer ist als Deutschland. Weltweit findet sich kein größeres Meeresschutzgebiet als das zwischen Hawaii und den Fidschi-Inseln gelegene, zum pazifischen Inselstaat Kiribati gehörende Naturparadies. Zu den Phoenixinseln gehören insgesamt acht Atolle, die zusammen nur 28 Quadratkilometer Landfläche aufweisen. Hinzu kommen zwei Riffe, die konstant unter Wasser stehen. Die durchschnittliche Wassertiefe beträgt 4000 Meter, maximal 6147 Meter. Über dieses gigantische Ozeanareal verstreut liegen vermutlich mehr als 30 unterseeische Gipfel, von denen 14 bekannt sind. 200 Korallen- und 500 Fischarten, 18 Spezies von Meeressäugern, und 44 Vogelarten sind hier in den Gewässern heimisch.

Der Kokoskrebs oder Palmendieb (unten) kann eine Kokosnuss öffnen und ist das größte an Land lebende Krebstier der Erde. Laut Weltnaturschutzunion steht er auf der Liste gefährdeter Arten.

Ein gelber Perlhuhn-Kugelfisch an einer Koralle (links). Normalerweise sind die Fische schwarz mit vielen weißen Punkten, wie das Gefieder der Perlhühner, daher der Name. Auch Anemonenfische und Büschelbarsche nutzen die Verstecke der Unterwasserwelt (oben links)

NORD- UND MITTELAMERIKA

Kanada und die USA beherbergen zusammen mit Mittelamerika einzigartige Wildnisse. Kanada, der zweitgrößte Staat der Welt, hat nicht einmal halb so viele Einwohner wie Deutschland. Umso mehr zieht er Besucher an, die seine einzigartigen Landschaften und deren Einsamkeit schätzen. Kanadas erster Nationalpark, rund um Banff in den Rocky Mountains, entstand 1885. Um Flora und Fauna der USA zu erhalten, gründeten Visionäre aber schon 1872 mit Yellowstone den ersten Nationalpark der Welt. Es folgten die »Titanen« Grand Canyon, Bryce Canyon, Yosemite, Great Smoky Mountains oder die Everglades im Süden Floridas.

QUTTINIRPAAQ NP

»Gipfel der Welt« bedeutet der Name der Inuit für das raue, menschenleere Land – weiter nördlich liegt nur noch der Nordpol. Tatsächlich bildet das zerklüftete Ellesmere Island das obere Ende Nordamerikas. Der Forscher Robert Peary startete 1909 seine Expedition von hier. Der Norden des Gebiets wurde 1988 geschützt. Mit seinen 37775 Quadratkilometern ist der Quttinirpaaq Kanadas zweitgrößter Park, der generell nur per Flugzeug oder im Sommer per Schiff zu erreichen ist. Die letzte Eiszeit vertrieb auch die Inuit, und Flora und Fauna entwickelten sich zum einzigartigen Ökosystem. Insbesondere um den 70 Kilometer langen Lake Hazen, an dessen Ufern es im kurzen Sommer bis 23 Grad warm wird. Die Polarwüste beherbergt viele Moose und Flechten, von denen sich Karibus und Moschusochsen, Lemminge, Polarhasen und zahlreiche Vogelarten ernähren.

AUYUITTUQ NP

Das »Land, das niemals schmilzt«, wie die Inuit sagen, im Südosten der Baffin-Inseln, ist Heimat zahlreicher Gletscher. Einen Teil seiner Granitfelsen bedeckt die Penny-Eiskappe. Dies lässt wenig Raum für Pflanzen; aber auch die Tierwelt im 21470 Quadratkilometer großen Park ist vor auf allem Kleintiere wie Schneehasen, Wiesel, Lemminge und Polarfüchse sowie zahlreiche Vogelarten spezialisiert. 1976 entstand hier das erste Schutzgebiet, welches heute das fünftgrößte ganz Kanadas bildet. An der Küste – gegenüber von Grönland – tummeln sich Robben und Wale. Bei Abenteurern ist der Park im Osten von Baffin Island beliebt, im Sommer erklettern sie Berge wie den Mount Asgard, der 2625 Meter misst. Beliebt sind auch Wanderungen entlang des Akshayuk-Passes. Im Frühjahr können Skitouren unternommen werden. Der Park ist von Pangnirtung und Qikiqtarjuaq aus gut erreichbar.

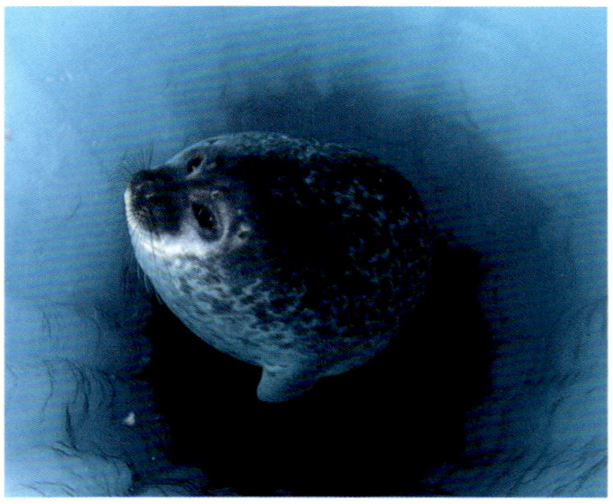

Nordamerikanische Braune Lemminge (unten) leben unter der Erde in Kolonien und ihre Weibchen können por Jahr bis zu dreimal Junge gebären, trotz Schnee und Kälte im Winter.

Das Land aus Eis und Schnee schmilzt an wenigen Sommermonaten: Der lange Fjord von Pangnirtung, westlich des Parks, ist dann eisfrei. Bilder links: Grönlandhai und Ringelrobbe.

NAHANNI NP

Der South Nahanni River entspringt einem Nebengebirge der Mackenzie Mountains und ist einer der schönsten Flüsse dieser Erde. Das ausgedehnte Gebiet des nach ihm benannten Nationalparks, das sich auf einem relativ schmalen Streifen etwa 320 Kilometer entlang der beiden Ufer erstreckt, beginnt erst südlich des Mount Wilson: Über 120 Kilometer schlängelt sich der Fluss durch eine mit Gräsern, Flechten und Zwergsträuchern bewachsene offene Tundra. Der Fluss jagt dabei über viele Stromschnellen hinweg – mit mehr als 90 Meter Fallhöhe zählen die Virginia Falls zu den beeindruckendsten Katarakten. Atemberaubend sind auch die drei Haupt-canyons: 1300 Meter ragen ihre Seitenwände nach oben. Bizarre Felsformationen und Höhlen kennzeichnen die Landschaft, die der Fluss durchmisst, ehe er sich nahe der Südgrenze in viele Nebenarme teilt.

Tosend stürzt sich der Virginia Fall, einer von Kanadas größten Wasserfällen, in die Tiefe. Seine Sturztiefe beträgt 96 Meter, doppelt so tief wie die der Niagarafälle.

Der Mount Harrison Smith ist 1597 Meter hoch, die senkrecht steile Bergkette trägt nicht zufällig den Namen »Cirque of Unclimbables«.

KLUANE NP

Malerisch: der Kathleen Lake im äußersten Osten des Parks (großes Bild), das Ufer des Quill Creek (unten links), Spiegelung des Sheep Mountain (unten Mitte) im Kluane Lake (unten rechts).

Das romantische Naturschutzgebiet, das sowohl ein Aushängeschild für Nordamerika als auch für die Kluaneregion in Yukon ist, erstreckt sich über knapp 22 000 Quadratkilometer im Südwesten des Yukon Territory, in der Wildnis der Northern Coastal Mountains Natural Region. Ein Teil seiner nördlichen Grenze wird durch den Alaska Highway gebildet. Im Hinterland wartet eine zerklüftete Berglandschaft mit dem Mount Logan, der mit seinen 5959 Metern der höchste Berg von Kanada ist, und eindrucksvollen Gletschern. Diese ziehen sich über 100 Kilometer lang durch breite und ausladende Täler. Der Alsek River fließt durch tiefe Schluchten. Vor dem imposanten Lowell Glacier schwimmen Eisberge im Wasser. Die Berge des Parks gehören zur Wrangell-St.-Elias-Kette, die bis nach Alaska reicht, zum Wrangell-St. Elias National Park.

Ein Braunbär auf einem Löwenzahnfeld (unten). Die spektakuläre Naturlandschaft des riesigen Schutzgebiets bietet auch vielen Grizzlybären, Karibus und Alaska-Schneeschafen Lebensraum.

Die beiden Flüsse Tatshenshini und Alsek bilden eines der großartigsten Flusssysteme der Erde im äußersten Nordwesten von British Columbia. Der bis zu anderthalb Kilometer breite Tatshenshini schlängelt sich durch eine schroffe Bergwildnis, in der die Gletscher bis dicht an den Fluss heranreichen und Eisberge ins Wasser schieben. Der Alsek River windet sich durch eine dramatische Landschaft. Gemeinsam mit den drei Nationalparks Kluane (im Yukon Territory), Wrangell – St. Elias und Glacier Bay (beide in Alaska) bildet der im Jahr 1993 gegründete, rund 10 000 Quadratkilometer große Park Tatshenshini-Alsek das erste binationale Welterbe der UNESCO und das größte auf dem Festland gelegene Naturschutzgebiet der Erde. Nennenswert sind eine namhafte Population von Grizzlybären sowie die einzige kanadische Population der Gletscherbären.

MOUNT ROBSON PP

Der 3954 Meter hohe Mount Robson ist neben dem 2911 Meter hohen Mount Fitzwilliam der höchste Berg des Parks und in den kanadischen Rocky Mountains. »Yuh-hai-has-hun« (»Berg des gewundenen Weges«) nannten ihn die First Nations in Anspielung auf seine sich wie Serpentinen nach oben windenden Felsschichten. Die Weißen nannten ihn »Mount Robson«, um John Robson zu ehren, der 1889 bis 1892 Premierminister der Provinz war. Im Jahr 1913 erklärte die Regierung das im Osten direkt an den Jasper National Park in Alberta angrenzende, über 2200 Quadratkilometer große Areal zum Provincial Park, 1990 wurde der Park von der UNESCO in die erweiterte Welterbestätte »Kanadische Rocky Mountains« aufgenommen. Geschützt wird damit auch die charakteristische Fauna, zu der unter anderem 182 Vogelarten, Grizzlys und Karibus gehören.

Majestätisch ragt der Gipfel des Mount Robson gen Himmel (großes Bild). 1913 wurde er zum ersten Mal erklommen, im selben Jahr, in dem der gleichnamige Provincial Park gegründet wurde.

Türkis funkelt der Bergsee unter dem Mount Robson (ganz links). Yellowhead Lake und Yellowhead Mountain gehören auch zum Mount Robson Provincial Park (links).

YOHO NP

Neben Jasper, Banff und Kootenay ist der im Jahr 1886 gegründete, 1310 Quadratkilometer große Yoho National Park der kleinste der vier Nationalparks, die im Jahr 1984 gemeinsam als »Kanadische Rocky Mountains« von der UNESCO auf die Liste des schützenswerten Erbes der Welt gesetzt wurden, um diese faszinierende Naturlandschaft mit ihrer noch weitgehend unberührten Tier- und Pflanzenwelt zu bewahren. 1990 wurde die

Einen landschaftlichen Glanzpunkt setzen die Takakkaw Falls, wo das Schmelzwasser des Daly Glacier über eine Felswand 254 Meter in die Tiefe stürzt.

Welterbestätte noch um die Provinzparks Mount Robson, Mount Assiniboine und Hamber erweitert. Ungeachtet seiner Größe halten ihn viele für den schönsten der vier. Sein Kerngebiet setzt sich im Wesentlichen aus zwei vom Kicking Horse und vom Yoho River geformten Tälern zusammen. Einen Glanzpunkt bilden die Takakkaw Falls, wo das Schmelzwasser des Daly Glacier über eine Felswand 254 Meter in die Tiefe stürzt.

KOOTENAY NP

Der im Jahr 1920 gegründete, 1406 Quadratkilometer große Kootenay National Park liegt im Südwesten der kanadischen Rocky Mountains. Das Herzstück des Areals bilden die Täler des Kootenay- und des Vermilion Rivers. Am 1637 Meter hohen Vermilion Pass kann man beobachten, wie sich die Natur auch nach verheerenden Bränden zu regenerieren weiß. Südlich des Passes ist die Gegend um den Stanley Glacier für ihre Fossilienfunde bekannt. Sehenswert sind zudem der 37 Meter tief in den Kalkstein gegrabene Marble Canyon, die »Paint Pots«, aus deren eisenhaltigem Lehm die Indianer einst Körperfarbe machten, und die leicht radioaktiven Thermalquellen im Kurort Radium Hot Springs am südlichen Ende des Parks, mit ihrer angeblich heilenden, spirituellen Wirkung. Im Park leben Elche, Hirsche, Wapitis und Dickhornschafe.

Folgt man dem Rockwall Trail, erreicht man den Tumbling Pass. Im Herbst verschmilzt die Felsengebirgslärche bei niedrig stehender Sonne beinahe mit den ockerfarbenen Felswänden.

Neben dem Wolf (links) sind in den Waldebenen des Kootenay National Park auch Grizzly- und Schwarzbären, Kojoten, Pumas, Rotluchse, Schneeziegen und Vielfraße zu Hause.

MOUNT ASSINIBOINE PP

Mit seinen 3618 Metern Höhe gehört der Mount Assiniboine zu den höchsten Bergen der kanadischen Rocky Mountains. Seinen Namen bekam der von der Form her an eine Pyramide erinnernde Berg von dem kanadischen Wissenschaftler George Mercer Dawson, der in den Jahren 1883-84 im Regierungsauftrag durch die kanadischen Rockys reiste, um dort die größeren Berge, Pässe und bedeutende Flüsse zu kartieren. Als Dawson vor dem Berg stand, erinnerten ihn die Wolken oberhalb des Gipfels an die über den Tipis der hier ansässigen Assiniboine-Indianer aufsteigenden Rauchwolken, weshalb er den Berg »Mount Assiniboine« nannte. Nach diesem wurde auch der im Jahr 1922 gegründete, zum UNESCO-Welterbe »Kanadische Rocky Mountains« gehörende und von keiner Straße durchquerte Provincial Park benannt.

Das »Matterhorn von Nordamerika« nennt man den pyramidenförmigen Bergkegel des Mount Assiniboine gern, die Ähnlichkeit der Silhouette ist frappierend.

Bei Sonnenuntergang leuchten die umliegenden Bergspitzen in den schönsten Rottönen (ganz links). Links: der Sunburst Peak mit dem gleichnamigen See davor.

GLACIER NP

Der im Jahr 1886 gegründete Nationalpark umfasst ein rund 1350 Quadratkilometer großes Gebiet in den Columbia Mountains und schützt über 400 Gletscher, die einen großen Teil des Geländes permanent mit Eis bedecken. Eis, Regen und Schnee bestimmen denn auch in weiten Teilen das Areal, das gleichwohl ein begehrtes Ziel für Bergsteiger und Wanderer ist. Augsgangspunkt für Touren im Park und sportliche Aktivitäten wie Wildwasser-Rafting auf den hier zusammenfließenden Flüssen ist der kleine Ort Golden. Als einzige Straße führt der Trans-Canada Highway durch den Park und auf den 1330 Meter hohen, von steilen Dreitausendern umgebenen Rogers Pass, der im Jahr 1881 für die Canadian Pacific Railway entdeckt und unter größten Mühen erschlossen wurde. Sehenswert sind zudem die Nakimu Caves, ein weit verzweigtes Höhlensystem.

Bergziegen (Oreamnos americanus) schauen neugierig von den steilen Gebirgshängen herunter. Als ausgezeichnete Kletterer überwinden sie in 20 Minuten über 450 Höhenmeter.

Auch der Mount Sir Donald macht der Figur des Matterhorns Konkurrenz, noch dazu waren es auch Schweizer Bergsteiger, die 1890 erstmals seinen Gipfel erklommen.

GREAT BEAR RAINFOREST

Entlang des nördlichen Teils der kanadischen Pazifikküste erstreckt sich eine Wildnis von 32000 Quadratkilometern und bildet den »Amazonas des Nordens«: der Great Bear Rainforest umfasst einen wesentlichen Teil des noch intakten gemäßigten Regenwaldes, eine der seltensten Waldarten auf unserer Erde. Der Regenwald dient vielen gefährdeten und weltweit einzigartigen Meeres- und Landtierarten als Lebensraum und große Reste an unberührter Wildnis und Artenvielfalt zeichnen den Wald aus: Pazifischer Lachs wandert in über zweitausend verschiedenen Gewässern, die in diesem enormen Ökosystem ineinander verflochten sind. Die endemische Wolfspopulation, die weiße Spirit-Bären, die größten Grizzlybären Kanadas zählen zu den Bewohnern des Areals. Der Grizzlybär ist eigentlich eine Unterart des Braunbären; mit Ausnahme der Kodiakbären werden aber alle als Grizzls bezeichnet.

GWAII HAANAS NP

Als weltweit einziges Schutzgebiet reicht der Gwaii Haanas Nationalpark von höchsten Berggipfeln bis in die Meerestiefe. Sein Name bedeutet »Inseln der Schönheit« in der Sprache seiner Ureinwohner, der Haida. Der südliche Teil des Archipels, die früheren Queen Charlotte Islands, umfasst 138 kleine und große waldreiche Inseln. Der Nationalpark ist ein besonderes Beispiel für zwei sehr verschiedene, aber eng verwobene Ökosysteme: dichte, moosüberwucherte Fichten- und Zedernwälder an einer sehr artenreichen Gezeitenküste hängen direkt voneinander ab. Lachse laichen in den Bächen, dann fressen Adler, Bären und andere Räuber die Fische, deren Reste wiederum Riesenfarne und anderen Unterwuchs düngen. Nur rund 5000 Menschen leben auf den Inseln. Straßen gibt es keine und der Besuch ist nur nach Anmeldung und per Boot oder Flugzeug möglich.

Schwarzbären (Ursus americanus, links) und Grizzlybären (Ursus arctos horribilis, unten) bietet das Schutzgebiet einen natürlichen Lebensraum.

Das Grün überwuchert verlassene Dörfer schnell (unten ganz links und rechts). Seeadler (Mitte) finden an der belebten Gezeitenzone ein üppiges Buffet.

JASPER NP

Der Jasper National Park in den Rocky Mountains gehört zu den beliebtesten Reisezielen des nordamerikanischen Kontinents. Innerhalb seiner Grenzen liegen mehr als 800 Seen, die zumeist von den umliegenden Gletschern gespeist werden. Der Lac Beauvert, ein jadegrüner Gletschersee, liegt in unmittelbarer Nähe der Stadt Jasper. Jasper ist weniger überlaufen als Banff, und auf den Trails im Hinterland erlebt man ungestört die eindrucksvolle Natur. Eine Bergbahn erschließt den viel besuchten Whistler Mountain für eine atemberaubende Rundsicht. Zahlreiche Trails führen in die einsame, unvergleichlich schöne Wildnis, wie etwa am Maligne Lake. Im Tal des Maligne River leben die seltenen Waldkaribus. Die das Areal umgebende Landschaft ist meist gebirgig-zerklüftet und besteht aus einem riesigen sensiblen Ökosystem.

Malerisch liegt das Athabasca-Tal (großes Bild), dahinter reihen sich die Rocky Mountains auf. Der Name des gleichnamigen Flusses bedeutet »wo eine Pflanze nach der anderen steht«.

Ein Elchbulle (links) markiert lautstark sein Revier, das er mit Wapitis, Maultierhirschen, Dickhornschafen, Bergziegen, Pumas, Schwarzbären und Grizzlybären, aber auch Luchsen, Wölfen und Kojoten teilen muss.

Der im Jahr 1887 gegründete Banff National Park liegt an der westlichen Grenze von Alberta und gehört seit 1984 zu dem von der UNESCO als »Kanadische Rocky Mountains« zusammengefassten Erbe der Welt. Erster Anfahrtspunkt ist oft der Ort Banff im Tal des Bow River, der auch für seine Thermalquellen bekannt ist. Die wärmste entspringt etwa vier Kilometer südlich davon im Sulphur Mountain. Westlich von Banff bilden drei Seen im Überschwemmungsgebiet des Bow River die Vermilion Lakes. Zwischen Banff und dem Lake Louise liegt am Bow Valley Parkway der Johnston Canyon, eine der spektakulärsten Schluchten des Nationalparks mit den beiden Wasserfällen Lower und Upper Falls, die sich über die Felsen stürzen. Der Bow Valley Parkway windet sich an dem 2766 Meter hohen, an eine Burg erinnernden, Castle Mountain vorbei.

Bergpanoramen wie im Bilderbuch: Three Sisters, Mount Lawrence Grassi und Ha Ling Peak (unten links). Lake Louise (ganz unten links), Castle Mountain (unten) und Bow Lake (ganz unten).

Die hier heimischen Dickhornschafe (links) wurden von der kanadischen Provinz Alberta zu deren offiziellem Repräsentationstier ernannt.

GRASSLANDS NP

Die Great Plains mit flachem Teich, unter Sturmwolken oder mit rollenden Hügeln (kleine Bilder links unten). Großes Bild: eine Kükengruppe Kaninchenkauze (Athene cunicularia).

Das Urbild des wilden nordamerikanischen Westens wird vom Grasslands National Park verkörpert. Dort stimmt es noch, während dieselbe Landschaft anderswo zu Ackerflächen wurde. Hier, direkt an der Grenze zu den USA, gedeiht typisches Präriegras ungestört auf rund 900 Quadratkilometern. Eine Mischung aus 70 Grasarten und mehr als 50 Wild-blumensorten – einzigartig unter den kanadischen Nationalparks. Passend zum intakten Ökosystem ziehen seit 2006 auch wieder Präriebisons übers Land. Hier lebt das schnellste Landtier des ganzen Kontinents, der Gabelbock, neben gefährdeten Arten wie Schwarzfußiltis, Schwarznatter oder Kaninchenkauz. Alte Tipi-Ringe und Bison-Treibpfade zeugen von früher Besiedlung. Wer es noch älter mag, besucht die großen Saurier-Fundstätten in den East Block Badlands.

Die Elchbullen (unten) in Kanada und Alaska zeichnen sich durch besonders große Geweihschaufeln aus, die eine maximale Spannweite von zwei Metern erreichen können.

Der 806 Meter hohe Gros Morne gab dem Park seinen Namen. An ihn schließt sich ein 600 Meter hoch gelegenes Kalksteinplateau an, das durch verschlungene Wasserläufe, Moorseen und Moränen charakterisiert ist. Aufgrund seiner geologischen Bedeutung erklärte die UNESCO den Nationalpark zum Welterbe. Das subarktische Klima bringt eine Tundravegetation hervor, die so weit südlich sonst nirgendwo zu finden ist und Lebensraum für Karibus, Schneehühner, Polarhasen, Eisfüchse und Luchse bietet. Die Gesteinsformationen der Long Range Mountains vermitteln wertvolle erdgeschichtliche Erkenntnisse. Ein besonderes Naturschauspiel bietet der Binnensee Western Brook Pond. Die Küstenregion zeichnet sich durch ihre Vogelartenvielfalt aus, die ebenso wie die Seehunde den Fischreichtum des Meeres zu schätzen wissen.

Unter Naturschutz gestellt wurden der Mount McKinley sowie die Gletscher, Wälder und Seen der Umgebung bereits im Jahre 1917. Damals führte noch keine Straße von Anchorage nach Fairbanks, und nur wenige Abenteurer kamen in den Genuss der Schönheiten des Parks. Nachdem 1957 der Denali Highway fertiggestellt war, entdeckten auch »Normal«-Reisende den Mount McKinley und seinen Zauber.

Prächtig wie ein Gemälde gibt sich die Landschaft rund um den Mount McKinley, der bei den Ureinwohnern der Region »der Hohe« hieß und nach dem 25. Präsidenten der USA benannt ist.

Der Park bietet unverfälschte Natur und hat sich trotz des Besucheransturms kaum verändert. Dieser paradiesische Zustand ist vor allem einem Durchfahrverbot für Personenwagen ab dem Savage River zu verdanken. Von dort kommt man im Sommer zu Fuß oder mit einem der zahlreichen Pendelbusse weiter, die zwischen dem Riley Creek Visitor Center und dem 136 Kilometer entfernten Wonder Lake verkehren.

GATES OF THE ARCTIC NP

Feinde wie den Rotfuchs (unten links) locken Sumpfohreulen (unten rechts) unauffällig von den Nestern fort. Moschusochsen (Mitte) ziehen langsam grasend durch herbstliche Tundra.

Im Norden von Alaska ragen zwei markante Berggipfel wie stumme Wächter aus der Brooks Range und bilden eine natürliche Barriere zwischen den Tälern des Südens und der grenzenlosen Weite des Nordens: vom Wissenschaftler und Entdecker Robert Marshall wurden sie Anfang des 20. Jahrhunderts Frigid Crags und Boreal genannt, aber bekannter wurden sie unter dem Namen »Gates of the Arctic«. So heißt auch der im Jahre 1980 gegründete Nationalpark, der sich nördlich der Bergriesen erstreckt – ein gewaltiges Gebiet mit Bergen, Flüssen, Seen und einer ungestümen Natur, in der nur einige Inuit leben. Diese haben am Anaktuvuk Pass im Herzen der Brooks Range eine kleine Siedlung errichtet, um dort die riesigen Karibuherden auf ihrer jährlichen Wanderung abpassen zu können. Das Indianerreservat ist mit dem Flugzeug erreichbar.

Die gewaltigen Braunbären können an den Brooks Falls aus unmittelbarer Nähe beobachtet werden, vor allem im Juli und September, wenn die ersten Lachse den Brooks River hinaufziehen.

Im Jahre 1912 kam es zu einem der heftigsten Vulkanausbrüche, den die USA bis dahin erlebt hatten. Inmitten einer wilden und zum Teil noch unerforschten Natur im Südwesten Alaska schleuderte der Novarupta ungeheure Mengen Asche in die Luft. Die Sonne verschwand hinter einem dunklen Schleier, und der gesamte Kontinent kühlte so stark ab, dass sogar in weit entfernten Staaten die Temperaturen sanken. Zurück blieb ein mehr als 20 Kilometer langer, sieben Kilometer breiter und 200 Meter tiefer Lavastreifen, aus dessen Spalten ein extrem heißer Dampf aufstieg, der sogar Zink zum Schmelzen brachte: das »Valley of Ten Thousand Smokes«, das »Tal der zehntausend Rauchsäulen«. Heute sind nur noch wenige Rauchsäulen im 1980 gegründeten Katmai- Nationalpark zu sehen. Der Park gilt auch als eines der besten Süßwasser-Angelgebiete Alaskas.

GLACIER BAY NP

Der Glacier Bay National Park, ein grenzüberschreitendes Weltnaturerbe, ist ein perfektes Beispiel dafür, wie schnell sich die Natur verändern kann. Vor knapp 250 Jahren war von der Bucht noch kaum etwas zu sehen – eine massive Eiswand verschloss den Zugang zu dem einzigartigen Gletscherparadies. Innerhalb von 100 Jahren verschob sich die Eiswand dann um 70 Kilometer landeinwärts. Der Naturschützer John Muir schrieb

Faszinierende Blütenpracht: Indian Paintbrush, blau blühende Austernpflanze, klebriger Sonnentau, Berg-Frauenschuh, Silber-Immortelle und Schatten-Schachblume (im UZS).

im Oktober 1879 in sein Tagebuch: »Hier lernt man, dass sich die Erde immer noch verändert, dass wir uns immer noch am Morgen der Schöpfung befinden; dass Berge geboren werden ...« Sieben Gletscher reichen bis an die Küste und kalben ins Meer. Auch Glacier Bay wurde 1980 zum Nationalpark erklärt. Heute noch zu etwa einem Drittel mit Eis bedeckt, gehört zum Park auch ein großer Teil Küste und Meeresgewässer.

Großes Bild: Rund 34 Kilometer misst der gigantische Margerie-Gletscher. In der Dämmerung spiegeln sich die rosa gefärbten Bergkuppen der Sheep Mountains und im südlichen Ende des Kluane Lake.

WRANGELL-ST. ELIAS NP

Diese Wildnis im südöstlichen Alaska sucht ihresgleichen: Zusammen mit dem kanadischen Kluane-Nationalpark, der jenseits der Grenze im Yukon-Territorium liegt, wird Wrangell-St. Elias seit 1980 als größter Nationalpark der USA von der UNESCO als Weltnaturerbe geführt. Zudem ist er auch einer der schönsten. Hier gibt es eine riesige Ansammlung hoher Berge, darunter den Mount St. Elias – mit 5489 Metern der zweithöchste Berg der USA nach dem Mount McKinley (6194 Meter). In diesem Naturschutzgebiet bilden mehr als 100 Gletscher das größte Eisfeld südlich des Polarkreises. Die Landschaften sind geprägt von einer verwegenen Bergwildnis mit eindrucksvollen Schluchten und reißenden Flüssen, in der es außer den beiden historischen Minenstädten McCarthy und Kenicott kaum menschliche Spuren gibt. Zur Zeit des Kupferbooms war das anders.

Eine Komposition aus verschiedensten Blautönen vereint sich am Gletschersee des Alsek-Gletschers. Die eiskalte Luft schneidet glasklare Konturen durch die Landschaft.

Links: Eine massive Eiswand markiert den Endpunkt des Hubbard-Gletschers. An der Stirnseite ist er über zehn Kilometer breit.

Der westlich von Seattle auf der Olympic Peninsula gelegene Olympic National Park hat aufgrund seiner geografischen Lage eine ganz eigene Flora und Fauna hervorgebracht. In den feuchten Urwäldern sind kirchturmhohe Nadelbaumriesen zu Hause, deren Stämme einen Umfang von bis zu sieben Metern erreichen. Den Rekord hält der »Big Cedar Tree« mit einem Durchmesser von 20 Metern. Dreizehn Pflanzenarten sind

In Wasserfällen und Bächen sammelt sich das viele Wasser des üppig grünen Regenwalds. Dort leben auch die Roosevelt-Wapitis, deren Schutz ein Hauptgrund für die Gründung des Parks war.

nur in dieser Region heimisch. Der Regenwald mit seinen Sitkafichten, Hemlock- und Riesentannen, Douglasien, Breitblattahorn- und Riesenlebensbäumen beheimatet Wapitis, Pumas, Schwarzbären und Biber. Das Hochgebirge der fast kreisrunden Olympic Mountains im Inneren des Parks bildet eine Gletscherlandschaft von erlesener Schönheit. Elf große Flusssysteme entspringen hier und bieten ein ideales Biotop für Fische.

MOUNT RAINIER NP

Von dichten Fichtenwäldern und alpinen Bergwiesen umgeben, ragt der mächtige Mount Rainier, ein aktiver Vulkan, aus der imposanten Gebirgslandschaft der Cascade Range empor. Der englische Seefahrer George Vancouver benannte den Berg nach seinem Freund Peter Regnier, einem britischen Marineoffizier. Die Indianer nannten den Berg »Ta-ho-ma« – »Wettermacher« –, weil er angeblich sein eigenes Wetter produziert. Von Paradise, dem Zentrum dieses Nationalparks, führen zahlreiche Wanderwege in die Bergwildnis, im Sommer mit bunter Blütenpracht. Die Paradise Valley Road kommt Autofahrern gelegen. Seit 1899 ist das Gebiet ein Nationalpark, ungefähr zehn Prozent davon sind von Eis bedeckt. Zu den attraktiven Gletschern gehören der Nisqually und der Emmons Glacier. Im Spätsommer können die Paradise-Gletscherhöhlen besichtigt werden.

Der beeindruckende Mount Rainier brach zuletzt in den 1850er-Jahren aus. Mit 26 Gletschern samt spektakulären Eishöhlen liegt er als schlafender Riese friedlich unter stets wechselndem Himmel.

Im Sommer leuchten die Bergwiesen in blau-weiß-roter Blütenpracht von wilden Lupinen, Bärengras und Indian Paintbrush (links).

REDWOOD NP

Einst war der Küstenmammutbaum (Sequoia sempervirens) in ganz Nordamerika verbreitet. Heute gibt es nur noch einen geringen Bestand an der amerikanischen Westküste. Zum Schutz dieser zum Teil über 100 Meter hohen Urzeitriesen wurden mehrere State Parks eingerichtet. Drei davon (Jedediah Smith, Del Norte Coast Redwoods und Prairie Creek Redwoods) bilden seit 1968 den Redwood National Park. Etwa ein Drittel der Parkfläche von 446 Quadratkilometern besteht aus Sequoia-Wäldern, in denen sich auch der 111 Meter hohe Nugget Tree, der höchste Baum der Welt, findet. Die imposanten Bäume werden in der Regel 500 bis 700, im Extremfall sogar bis zu 2000 Jahre alt. In den Höhenlagen wachsen auch andere Riesen wie Sitkafichten, Hemlocktannen, Douglasien, Breitblattahorn und Kalifornischer Lorbeer.

Pink blühende Rhododendren sind den Baumriesen im Prairie Creek State Park ein farbenprächtiges Unterholz. Selbst in nährstoffarmen Böden gedeihen sie widerstandsfähig.

In den Mischwäldern leben Pumas, Stinktiere, Roosevelt-Wapitis und Weißwedelhirsche sowie Graufüchse, Schwarzbären, Otter und Biber; so auch der kleine Schwarzbär (links).

YOSEMITE NP

Der Yosemite National Park in der Sierra Nevada zählt zu den schönsten Granitplateaus der Erde. Eiszeitliche Gletscher haben diese Landschaft mit ihren ausgekerbten Tälern, Bergkegeln, Gletscherseen und Wasserfällen gestaltet. Zahlreiche Monolithfelsen prägen das Tal des Merced River. Besonders eindrucksvoll ist der knapp 2700 Meter hohe Half Dome, das Wahrzeichen des Parks. In kaum einer anderen Region der Welt konzentrieren sich derart viele hohe Wasserfälle. Die Yosemite Falls sind mit 740 Meter Höhe die zweitgrößten Wasserfälle Amerikas. Die Vegetation ist äußerst vielfältig, mit 37 Baumarten, darunter über 3000 Jahre alte Mammutbäume. Zwar wurden Grizzlybären und Wölfe ausgerottet, doch Schwarzbären, Pumas, Erd- und Backenhörnchen, Fischmarder, Maultierhirsche, Pfeifhasen sowie Vielfraße und viele Vogelarten leben hier noch.

Die Gebirgslandschaft dieser UNESCO-Welterbestätte, zu der ausgedehnte Nadelwälder und kristallklare Gletscherseen gehören, ist eine der eindrucksvollsten Hinterlassenschaften der Eiszeit.

Der Tenaya Lake (links) wurde durch den Tuolumne-Gletscher gebildet und liegt 2484 Meter über dem Meeresspiegel.

Der erste Blick vieler Besucher ins Yosemite Valley ist der spektakuläre »Tunnel View«. Links lockt der schroffe Felsen El Capitan ehrgeizige Bergsteiger, rechts sieht man die Bridalveil Falls.

WHITE MOUNTAINS NF

Ein dichter, bunter Mischwald zieht sich über die Grenze von New Hampshire bis Maine – der Nationalforst der White Mountains. Schon seit 1918 steht die dreiteilige Region unter Schutz und bietet Wanderern, Kletterern und auch Wintersportlern viel Raum. Mehrfach erweitert, erstreckt sich der White Mountain-Nationalforst heute über eine Fläche von rund 3200 Quadratkilometer. Mitten hindurch verläuft der Fernwanderweg Appalachian Trail. Besonders beliebt ist der reizvolle Park, weil er nah an den Küstenstädten Neuenglands und nur zwei Stunden von Boston entfernt liegt. Mit mehr als sechs Millionen Besuchern im Jahr schlägt er alle anderen Nationalparks der USA deutlich an Beliebtheit. Damit die Natur keinen zu großen Schaden nimmt, sind innerhalb des Parks sechs große Wilderness Areas ausgewiesen, in denen ursprüngliche Flora und Fauna Vorrang haben.

KINGS CANYON NP, SEQUOIA NP

Zum Sequoia und Kings Canyon National Park gehören eine eindrucksvolle Hochgebirgslandschaft im Süden der Sierra Nevada und die legendären Mammutbäume. Aus dem schroffen Gebirgszug ragt der 4418 Meter hohe Mount Whitney empor, der höchste Berg der USA außerhalb Alaskas. Hier werden die Mammutbäume nicht ganz so hoch wie die Redwoods im nördlichen Kalifornien, dafür erreichen sie aber einen Durchmesser von bis zu elf Metern. Verbunden werden die zwei Nationalparks durch den Generals Highway: Diese einzige Asphaltstraße führt auch durch den Giant Forest, in dem man alle Wachstumsphasen der Baumriesen studieren kann, die sogar die letzte Eiszeit überlebten. Der mächtigste Baum hier ist der »General Sherman« mit einer Höhe von 83,8 Metern und einem Umfang am Boden von 31,1 Metern. Er ist der größte lebende Baum der Erde.

Einige methusalemalte (über 4000 Jahre) Langlebige Grannen-Kiefern zieren die Hänge der White Mountains. Mit den kahlen Stämmen sparen sie Energie für die grünen Baumkronen.

Die Bergseen unterhalb des Leaning Tower (unten links) und des Painted Lady (links) spiegeln malerisch deren majestätische Gipfel und die umliegenden Felsen.

Kernstück des Nationalparks, der 1872 gegründet wurde, ist das über 2000 Meter hoch gelegene Yellowstone-Plateau, das von bis zu 4000 Meter hohen Bergriesen umgeben wird. Der vulkanische Ursprung dieser Landschaft ist heute noch zu erkennen: fossile Waldgebiete zeugen von den Lavaströmen und Ascheregen, die vor 600 000 Jahren zum letzten Mal über der Region niedergingen. Dass die Erde aber noch keineswegs zur Ruhe gekommen ist, beweisen die vielen kochend heißen Quellen, Fumarolen und Geysire. Bekannt ist vor allem der Old Faithful, der etwa jede Stunde eine 60 Meter hohe Fontäne in die Höhe schießt. Auch die Quellseen mit vielfarbigem kochenden Wasser, die zerplatzenden Schlammblasen und die heißen Dämpfe aus den Felsspalten zeugen von den nach wie vor unter der Erdoberfläche waltenden Kräften.

Die vielfältige Tierwelt des Nationalparks birgt neben dem Grizzly als »König der Wälder« auch Wölfe, Bisons, Wapitis und Büffel. Letztere kämpfen ihr Territorium gern aus.

Der gigantische Grand Canyon von Yellowstone, mit den Lower Yellowstone Falls und dem Yellowstone River.

Die Grand Prismatic Spring, die größte Thermalquelle der USA, ist nach ihrer Farbenvielfalt benannt, die von bunten Einzellern im bis zu 71 Grad heißen Wasser herrührt.

GRAND TETON NP

Der Grand Teton National Park gehört zu den schönsten Naturlandschaften des US-amerikanischen Westens. Er wurde 1929 gegründet und liegt im Nordwesten von Wyoming, südlich von Yellowstone. Zu diesem Park zählen die rund 4000 Meter hohen Gipfel der Teton Range, die sich wie Zähne aus dem zerklüfteten Land erheben, und das lang gestreckte Tal des Snake River. Der höchste Berg ist der Grand Teton mit 4198 Metern. Einer der bekanntesten Gipfel ist der Mount Moran. Das sehenswerte Jackson Hole ist von malerischen Seen wie dem Jackson Lake und dem romantisch gelegenen Jenny Lake umgeben. Am Snake River grasen Elche und Hirsche; Murmeltiere und Adler kann man entlang des malerischen elf Kilometer lange Trails durch den Cascade Canyon entdecken, der zu abgeschiedenen Wasserfällen führt.

Im Sommer sind heftige Gewitter über den Gipfeln der Tetons ein häufiger Anblick. Die danach durch die Wolken brechende Sonne zaubert optimales Licht auf die dichten Wildblumenwiesen.

Die unglaublichen Farben eines herbstlichen Gewitters strahlen über die Landschaft an der Südgabel des Snake Rivers im Swan Valley von Idaho.

CANYONLANDS NP

Die Canyonlands im südlichen Utah gehören zu den aufregendsten Landschaften der Erde. Das heutige Schutzgebiet, das in der ersten Hälfte des 20. Jahrhunderts nur Indianern und geübten Reitern zugänglich war, wurde 1964 zum Nationalpark erklärt. Viele Wanderwege führen in die Schluchten und Täler. Sie erschließen eine märchenhafte Welt aus buntem Gestein. Wie ein grünes Band ziehen sich Green River und Colorado durch die Felsengebilde. Vom Grandview Point Overlook hat man einen atemberaubenden Blick auf die Schluchten der Flüsse. Beim Needles Visitor Center beginnen Wege, die an den Nadeln im Süden vorbeiführen. Überall kann man noch die Überreste von Steinhäusern der Pueblo-Indianer sehen. Im Maze District gibt es viel unberührte Natur zu bewundern, da dieser Teil so abgeschieden liegt, dass kaum Besucher vordringen.

Von den Aussichtspunkten des Parks überblickt man spektakuläre Sandsteinformationen, so auch am White Rim Trail und den Green River Canyonlands.

Der im Südteil des Parks gelegene Mesa Arch ist sein Wahrzeichen. Viele Besucher wundern sich jedoch über seine geringe Spannweite von 27,4 Metern.

BRYCE CANYON NP

Orgelpfeifen gleich erheben sich die roten Felstürme des Bryce Canyon aus dem steinigen Boden. Die farbenprächtigen Kalksteinformationen, von Wind und Wetter in Jahrmillionen geschaffen, tragen fantasievolle Namen wie Thor's Hammer, Queen's Castle, Gulliver's Castle, Hindu Temples und Wall Street. Nirgendwo sonst, nicht einmal im Grand Canyon, war die Natur so launisch wie hier. John Wesley Powell erforschte den Canyon als erster Weißer um das Jahr 1870. Seinen Namen verdankt der spätere Nationalpark Ebenezer Bryce, der bald nach Arizona weiterzog, weil er in den verwinkelten Schluchten manchmal wochenlang nach seinen Rindern suchen musste. Seit 1924 ist der einzigartige Bryce Canyon mit seinem bizarren Wald aus Sandsteinsäulen ein Nationalpark.

ZION NP

Der Zion Canyon Nationalpark liegt im südlichen Utah und fasziniert mit hohen Plateaus, tiefen Schluchten und klobigen Tafelbergen. In das farbenreiche Gestein grub sich der Virgin River und formte den Zion Canyon, der seinen biblischen Namen den Mormonen verdankt, die in diesem Gebiet zuerst siedelten. Auch den imposanten Felsformationen gaben sie biblische Bezeichnungen wie East und West Temple, Great White Throne. Seit 1919 ist Zion ein Nationalpark. Am Virgin River, einem Nebenfluss des Colorado, führt eine asphaltierte Straße durch den Canyon und zum 13 Kilometer entfernten Temple of Sinawava. Von dort erreicht man den Weeping Rock, einen bewachsenen Felsüberhang, sowie den 370 Meter hohen Angel's Landing, einen besonders markanten Felsklotz.

Über 30 Kilometer erstreckt sich der Rand des Paunsaugunt-Plateaus mit seinen Felssäulen. Schräg einfallendes Licht hebt die unterschiedlichen Sedimentschichten im Sandstein besonders hervor.

Der Zion Canyon birgt zwischen steil abfallenden Wänden ein saftig grünes Flusstal. Besonders spektakulär ist der Blick vom Felsen Angels Landing aus.

1540 erblickte der Spanier López de Cárdenas als erster Europäer das grandiose Panorama des Grand Canyon. Doch bis zur exakten Kartografierung des Canyons sollte es noch bis zur Mitte des 19. Jahrhunderts dauern. Seine Entstehungsgeschichte ist noch immer nicht ganz erforscht. Wahrscheinlich begann der Fluss sich vor ungefähr sechs Millionen Jahren seinen Weg durch das Felsplateau zu suchen. Wind und Wetter trugen verliehen den Felswänden ihre bizarren Formen. Hier gefundene Fossilien vermitteln wichtige Informationen über das Leben der Urzeit. Im Canyon können bei Temperaturen von bis zu 50 Grad nur einige sehr widerstandsfähige Pflanzen und Tiere überleben. So existieren hier diverse Kakteenarten und Dornbüsche, Klapperschlangen, Schwarze Witwen und Skorpione. Im Fluss finden sich einige wenige Fischarten.

Ausblick vom Toroweap Overlook am North Rim. In den unterschiedlichen, oft rötlich schimmernden Gesteinsschichten spiegeln sich die Perioden der Erdzeitalter.

Die gigantische Schlucht, die der Colorado River im Nordwesten von Arizona in Millionen von Jahren in den Stein gegraben hat, bietet einen eindrucksvollen Einblick in die Erdgeschichte.

ORGAN PIPE CACTUS NM

Organ-Pipe-Kakteen sind in den USA nur in und um diesem Park an der Grenze zu Mexiko zu finden. Gemeinsam mit zahlreichen anderen Kakteenarten, auch dem mächtigen Kandelaber-Kaktus, und niedrigen Trockenbüschen bieten sie Vögeln, Schlangen und Echsen ausreichend Schatten und Wohnstätte in der heißen Wüste. Mit weniger als 20 Zentimeter Regen im Jahr ist dies einer der rauesten Lebensräume Nordamerikas. Dennoch überziehen jedes Frühjahr wieder zarte Blütenteppiche die trockene, sandige Yuma-Wüste – dieses Zusammenspiel macht die Region zum UNESCO-Biosphärenreservat. Menschen wie Tiere fühlen sich am wohlsten, wenn die Hitze des Tages nachlässt. Und wer auf einem der Zeltplätze übernachtet, entdeckt bald einen der intensivsten Sternenhimmel des Kontinents.

SAGUARO NP

Das zweigeteilte Naturschutzgebiet – 1994 zum Nationalpark erklärt – liegt im Süden von Arizona in den Tucson Mountains. Innerhalb der Parkgrenzen findet man eine besonders dichte und schöne Ansammlung von Saguaro-Kakteen. Diese mächtigen Pflanzen werden oft bis zu 15 Meter hoch. Das Gewicht eines ausgewachsenen Saguaros kann bis zu 15 Tonnen erreichen. Jede der kleinen Blüten blüht nur einen einzigen Tag lang. Bestäubt werden sie von Fledermäusen. Das getrocknete Fruchtfleisch ist sehr schmackhaft und wird von den Papago-Indianern als Delikatesse geschätzt. Die Straße Cactus Forest Drive windet sich 18 Meilen weit in den Kakteenwald hinein, der Wanderweg Tanque Verde Ridge Trail führt zum Gipfel des Mica Mountain, (2641 Meter), dem höchsten Gipfel der Rincon Mountains.

Selbst blühende Büsche stehen manchmal zwischen den Kakteen. Mit etwas Glück sind neben Echsen auch Wüsten-Dickhornschafe anzutreffen – sie kennen die versteckten Wasserlöcher.

Frisch gefallener Schnee auf den Four Peaks Mountains bildet einen reizvollen Kontrast zur trockenen Wüstenheimat der Kandelaber- oder Saguaro-Kakteen. Sie überstehen auch frostige Nächte.

Aus der Hochprärie im südwestlichen South Dakota ragt eine mondähnliche Felslandschaft mit steinernen Türmen und Tafelbergen empor. Seit 1978 ist das Gebiet Nationalpark. Der ungefähr 48 Kilometer lange Badlands Loop führt zu den interessantesten Aussichtspunkten des Parks. Im nördlichen Teil, der sogenannten North Unit, hat man am Big Badlands Overlook einen ausgezeichneten Ausblick auf The Wall – die mächtige Felsbarriere. Am Windows Overlook beginnen die Naturlehrpfade. Der Fossil Exhibit Trail führt durch fossilienreiches Gebiet. Die Fossilien im Park sind nach den Erkenntnissen der Wissenschaft bis zu 35 Millionen Jahre alt. Im südlichen Gebiet des Parks, der zum Großteil unerschlossen und deshalb schwieriger zugänglich ist, präsentiert sich die Natur von ihrer urwüchsigen Seite.

Einige der spektakulärsten Anblicke des Nationalparks sind die scharfkantigen Gipfel, die steil aus der Prärie ragen. Die verschiedenen Farbschichten zeigen die Beschaffenheit aus Ton oder Lehm.

Durch Erosion sind fast perfekte Sandsteinpyramiden entstanden. Unten tummeln sich heute Bisons, Dickhornschafe und Präriehunde.

BAXTER SP

Der beliebte Fernwanderweg Appalachian Trail, der sich an der Ostküste der USA entlangzieht, endet im Norden mit dem 1606 Meter hohen Baxter Peak auf Mount Katahdin. Hier soll nach indianischer Überlieferung der Sturmgott Pamola hausen. Doch eher friedlich wirken die Berge, umgeben von malerischen Seen und Sümpfen und von Bächen und Wasserfällen durchsetzt. Das lieben die vielen Biber des Waldes, ebenso wie Otter, Waschbären und Elche. Weißwedelhirsche und Schwarzbären gehören zu den größten Tieren, denen Besucher begegnen. Sie genießen die »für immer ursprünglich« belassene Landschaft, wie es Maines einstiger Gouverneur Percival Baxter gewünscht hatte. Er kaufte das Land und machte es 1931 zum Schutzpark. Un so gibt es hier weder geteerte Straßen noch Elektrizität, und slebst der Gebrauch von Mobiltelefonen ist im Park verboten.

ACADIA NP

Der im Jahre 1919 gegründete Acadia National Park ist einer der meistbesuchten Nationalparks der USA. Besonders im Herbst, wenn das Laub der ungezählten Bäume in allen Farben leuchtet, strömen die Besucher auf Mount Desert Island. Die Verfärbung der Blätter im Herbst ist ein nationales Ereignis, über das man sich sogar per Telefon und im Internet informieren kann. Im Acadia National Park ist sie besonders intensiv. Eine Fahrt über die asphaltierte Park Loop Road und auf den Cadillac Mountain hinauf führt am Sand Beach zum Thunder Hole, wo der Atlantik durch tiefe Felsenlöcher rauscht, und zum Jordan Pond, einem weiten und stillen See. Befestigte Kutschenstraßen führen in das bewaldete und verwunschene Hinterland. Dort hört man oft den geheimnisvollen Ruf des Loon, eines Vogels, der in Maine auch »Nachtigall des Nordens« genannt wird.

Blassrosa verschwindet der Mount Katahdin im Morgenlicht fast vor den den kräftigen Herbstfarben des Waldes am Penobscot River (links). Zu der Zeit nehmen Elche auch gern ein Bad (unten).

Das Panorama der akadischen Küste gliedert sich in reizvolle Kontraste (links). Ein neugieriges Reh lugt aus einem Feld großer grüner Farne auf der Isle au Haut (unten).

GREAT SMOKY MOUNTAINS NP

Der Great-Smoky-Mountains-Nationalpark ist das größte Urwaldgebiet im Osten der USA und eines der populärsten Schutzgebiete. Berühmt ist er wegen des häufigen Nebels, der die Berge umhüllt wie Rauch – daher auch der Name. Die hohe Feuchtigkeit ist das Resultat einer üppigen Vegetation und vieler Niederschläge. Das bereits 1934 zum Nationalpark erklärte Gebiet weist 16 Gipfel über 1800 Meter Höhe auf sowie ein Flusssystem mit einer Gesamtlänge von 3000 Kilometern und zahlreiche Wasserfälle. Das wohl älteste Gebirge mit seinen Wäldern beherbergt eine reiche Artenvielfalt. Allein 130 Baumarten findet man hier, in deren Schutz Schwarzbären, Rotwölfe, Weißwedelhirsche, Grauhörnchen und viele andere Tiere leben. Bis ins 19. Jahrhundert waren die Great Smoky Mountains die Heimat der Cherokee-Indianer, die um 1830 vertrieben wurden.

Wer die Wolkenberge über den Great Smoky Mountains sieht, versteht den Namen sofort. Die hier erhaltene Urwaldlandschaft und deren Tier- und Pflanzenvielfalt sind einmalig.

Zahlreiche Wasserfälle wie dieser (links) entstehen nur im Frühling nach der Schneeschmelze, der Roaring Fork River fließt dagegen ganzjährig.

OKEFENOKEE NWR

»Zitternde Erde« bedeutet der Name Okefenokee – das kann jeder nachempfinden, der seine Füße auf den weichen Torfmoorboden gesetzt hat. Jahrtausendelang fischten und jagten Georgias Ureinwohner in diesem Feuchtgebiet, zuletzt fanden hier kriegerische Seminolen Zuflucht. Doch seit ihrer Vertreibung um Mitte 1840 sind die Sümpfe vor allem Flora und Fauna vorbehalten. Ein großflächiges Trockenlegen miss-

Alligatoren und Zierschildkröten leben zwischen Seerosenfeldern; Reihenfedernjunge warten im sicheren Nest auf Futter; unten wachsen fleischfressende Kannenpflanzen und Schwertlilien.

lang, nur wenige Menschen leben hier als eigenbrötlerische »Swampers«. Das enorme Schutzgebiet mit rund 1630 Quadratkilometern umfasst den Großteil der Okefenokee-Sümpfe. Durchflossen vom Suwannee River, ist es eines der größten intakten Süßwasser-Ökosysteme. Das konnte auch ein wochenlanger Waldbrand nicht ändern. Seine Besucher kommen nach wie vor zum Paddeln und Angeln und Jagen.

Das komplexe Ökosystem der Everglades wird zunehmend durch intensive Landwirtschaft, immens hohen Trinkwasserverbrauch benachbarter Städte sowie durch rücksichtslosen Fischfang gefährdet. So ist die einzigartige Tier- und Pflanzenwelt trotz intensiver Bemühungen noch immer extrem bedroht. Allein in den letzten 50 Jahren sind 90 Prozent der Vogel- und 80 Prozent der Fischarten in den Everglades ausgestorben. Die

Der Loxahatchee River durchkreuzt die Everglades, welche Heimat von Flussottern, Alligatoren, Reihern, Florida-Panthern (von oben) und den drolligen Karibik-Manatis (links unten) sind.

endlosen Riedgrassavannen werden unterbrochen von Bauminseln, den Hammocks, die mit Zypressen, Pinien und Mahagonibäumen bestanden sind. Zur Küste hin bieten die Mangrovenwälder einen idealen Lebensraum für Mikroorganismen, Amphibien, Schnecken und Fische. Viele Reiherarten schätzen den Fischreichtum der Mangrovensümpfe. Insgesamt findet man in den Everglades ca. 1000 Pflanzen- und 700 Tierarten.

EL VIZCAÍNO BR, LAGUNA SAN IGNACIO

Etwa in der Mitte der Halbinsel Baja California erstreckt sich entlang der Pazifikküste ein einzigartiger mariner Lebensraum mit den Lagunen von Ojo de Liebre und San Ignacio sowie mehreren Küstenseen. Zwischen Dezember und März tummeln sich hier unzählige Grauwale. Rund 8000 Kilometer haben sie von ihrem Sommerquartier, der arktischen Beringsee, zurückgelegt, um sich hier zu paaren und die Jungen zur Welt zu brin-

Im Biosphärenreservat wächst die Kaktusart Cochal; Hausgimpeln, Wölfen, blauen Felsenleguanen, Goldköpfchen und Squirrels (von oben) bietet das Reservat Schutz und Lebensraum.

gen. Fast die Hälfte aller Grauwale weltweit wird in den Gewässern der Baja California geboren. Fünf von den sieben noch existierenden Meeresschildkrötenarten, darunter auch die gefährdete Suppenschildkröte, kommen hier vor. Für nahezu 200 Vogelarten, darunter viele endemische, sind die Küstengebiete ein wichtiger Raum zum Überleben. Tausende Zugvögel finden alljährlich den Weg hierher, um zu überwintern.

INSELN IM GOLF VON KALIFORNIEN

Der Golf von Kalifornien ist ein rund 1100 Kilometer langes und 90 bis 230 Kilometer breites Nebenmeer des Pazifischen Ozeans. Er erstreckt sich zwischen der Küste Westmexikos und der Halbinsel Baja California. Unter Schutz gestellt wurden neun Areale mit einer Gesamtfläche von rund 18 000 Quadratkilometern, davon rund drei Viertel marines Gebiet. Von Nord nach Süd sind dies die folgenden Biosphärenreservate, Schutzge-

Blaufußtölpel sitzen unbeeindruckt auf den spitzen Kakteen (großes Bild), von denen einige Arten Höhen von bis zu 25 Meter erreichen können.

biete und Nationalparks: Oberer Golf mit Delta des Colorado, Inseln des Golfs von Kalifornien, Insel San Pedro Mártir, El Vizcaíno, Bahía de Loreto, Cabo Pulmo, Cabo San Lucas, Islas Marías und Isla Isabel. Dort kommen fast 200 Vogel-, mehr als 30 Meeressäuger- und rund 890 Fischarten vor, davon 90 endemische. Die Vegetation besteht aus zahlreichen Sukkulenten und Kakteen wie dem Säulenkaktus Pachycereus pringlei.

BARRIERERIFF VON BELIZE

Das Great Blue Hole (großes Bild) nahe dem Lighthouse Reef war einst der Eingang zu unterirdischen Höhlen, der durch den ansteigenden Meeresspiegel in ein blaues Loch verwandelt wurde.

Das größte Korallenriffsystem des Atlantiks bildet ein hochkomplexes Ökosystem. Dazu gehören ein über 250 Kilometer langes Barriereriff, drei große küstenfernere Atolle und hunderte »Cays«, weit verstreute Inseln, auf denen über 170 Pflanzenarten wachsen. Mit ihren Mangrovenbeständen, Sandstränden und Lagunen bieten sie hervorragende Lebensbedingungen für teilweise gefährdete Vogelarten wie Rotfußtölpel, Prachtfregattvögel oder Noddiseeschwalben. In den rund 1000 Quadratkilometer großen sieben Schutzgebiete und Nationalparks, mit diversen Rifftypen aus rund 65 verschiedenen Korallenarten, leben neben fast 250 Wasserpflanzenarten fast 350 Molluskenarten, Schwämme, Krebstiere und ungefähr 500 Fischarten, sowie stark gefährdete Meeresbewohner wie Seekühe oder Echte und Unechte Karettschildkröten.

Der Gefleckte Adlerrochen, einem Ufo unter Wasser gleichend, kann insgesamt mit seinem langen, peitschenartigen Schwanz eine Länge von mehr als drei Metern erreichen.

Die Inselgruppe des Turneffe-Atolls im nördlichen karibischen Meer formt das größte der drei Belize vorgelagerten Atolle und gilt als das größte Meeresreservat in ganz Belize. Es ist knapp 50 Kilometer lang und 16 Kilometer breit, mit einer Gesamtfläche von 525 Quadratkilometern. Das Ökosystem des Atolls ist bedeutend: das Gebiet ist weitgehend von Mangroven bedeckt, während seine inneren Lagunen ausgeprägte Seegrassysteme aufweisen. Die Strände im Osten dienen Schildkröten und Krokodilen als wichtige Nistplätze. Das weitläufige Riff beherbergt mehr als 260 Fischarten. Hierzu zählen unter anderem der vom Aussterben bedrohte Goliath Grouper aus der Gattung der Zackenbarsche, sowie der ebenfalls bedrohte große Hammerhai. Die Turneffe Islands zählen nicht umsonst zu den bestentwickelnden Inselgruppen der Karibik.

GUANACASTE NP

Das rund 100 000 Hektar große Gebiet im Nordwesten Costa Ricas besteht aus drei Nationalparks und kleineren Schutzzonen und reicht von der Pazifikküste über die gut 2000 Meter hohen Berge des Inlands bis in die Tiefländer auf der karibischen Seite. Die Küstengewässer, Inseln, Sandstrände und Felsküsten ebenso wie Bäche und Flüsse in Gebirgs- und Vulkanlandschaften mit dem noch immer aktiven Schichtvulkan Rincón de

Jaguare, Tree Frogs, Kolibris, Tamanduas – eine Gattung der Ameisenbären – und Greifschwanz-Lanzenotter (im UZS) bereichern die Farbpalette des tropischen Regenwaldes.

la Vieja umfassen 37 Feuchtgebiete, Mangrovenwälder und tropischen Regen- sowie Trockenwald. Rund 60 000 Hektar misst dieses letzte große intakte tropische Trockenwaldgebiet, das in ganz Zentralamerika verblieben ist – es zählt weltweit zu den größten geschützten Waldgebieten dieser Art. In den unterschiedlichen Lebensräumen gedeihen insgesamt rund 230 000 Tier- und Pflanzenarten.

Tree Frogs, die Laubfrösche Zentralamerikas, treten hier in den schönsten Farben auf (rechte Bildreihe). Links: Panama-Stummelfußfrösche, grüner Glasfrosch und unverkennbar der Lemurenfrosch.

Der Nationalpark um den Vulkan Arenal in Costa Rica ist Teil einer rund 200 000 Hektar großen Schutzzone und beheimatet einen der aktivsten Vulkane der Erde. Der 1633 Meter hohe Feuerspucker galt lange Zeit als erloschen, bis er 1968 plötzlich ausbrach und eine ganze Siedlung verheerend vernichtete. Seit 1981 ist er tatsächlich immer wieder aktiv. In der direkten Umgebung des Vulkans ist kaum Vegetation vorhanden. Dafür heizt der Vulkan heiße Quellen, beliebt ist die von Tabacon Der umliegende Nationalpark bietet außerdem zahllosen Tier- und Pflanzenarten ein wichtiges Refugium. Sehr vielseitig ist auch die vorzufindende Landschaft um das Vulkangebiet herum: Wasserläufe, der Arenal-Stausee, Sekundärwälder und verschiedenes Gestein vulkanischen Ursprungs bestimmen ein vielfältiges Landschaftsbild.

Ruhig und idyllisch sieht er aus, der Arenal-Vulkan, inmitten der ihn umgebenden Natur (kleines Bild links).

BRAULIO CARRILLO NP

Costa Rica hütet einen enormen Schatz an biologischen Reichtümern: sagenhafte 500 000 Arten, vier Prozent aller Spezies, die auf der gesamten Erde vorkommen. Und besonders groß ist die Artenvielfalt im Nationalpark Braulio Carrillo nördlich der Hauptstadt San José. Der 1978 gegründete Park deckt ein Gebiet von über 47 500 Hektar ab. Das vorwiegend aus Primärwald bestehende Areal erstreckt sich von nahezu Meereshöhe

Exotische Dschungelbewohner: blaue Rotfußhonigsauger, knallrote Passionsblumen, Glasflügelschmetterlinge, Regenbogenschlangen und die Leguane – Drachen der Gegenwart (im UZS).

bei La Selva bis hinauf zum Vulkan Barva (2906 Meter). Seiner Inaktivität zu verdanken ist es, dass sich Tier-und Pflanzenwelt ungestört und ohne äußere Einflüsse entwickeln konnten. Mitten in dieser unermesslichen Artenvielfalt trifft man hier zum Beispiel auf den seltenen und farbenprächtigen Göttervogel, den Quetzal, dessen Nahuatl-Namen übersetzt etwa »leuchtende Schwanzfedern« bedeutet.

COCOS ISLAND NP

Berühmt sind die Kokosinseln zunächst wegen dem angeblich dort versteckten Schatz von Piraten wie William Dampier, Benito Bonito oder Henry Morgan. Ihr Schatz ist jedoch ganz klar der Cocos Island Nationalpark. Dieser liegt etwa 550 Kilometer vor der Küste Costa Ricas und ist die einzige Insel im östlichen Pazifik, die einen tropischen Regenwald besitzt. Aufgrund der Lage am nördlichen äquatorialen Gegenstrom ereignen sich unter Wasser durch Kontakte mit dem umliegenden Meeresökosystem wichtige biologische Prozesse. Unter den diversen Meereslebewesen sind vor allem Haie, Tunfische und Delphine. Auf der Insel selbst ist vorwiegend Berglandschaft anzutreffen, mit vielen Strömen, die sich mancherorts in spektakulären Wasserfällen über die Klippen stürzen. Der Park beheimatet einige endemische Spezies tropischer Flora und Fauna.

Rotfußtölpel (Sula sula) haben erst als ausgewachsene Vögel das rosa-blaue Schnabelgesicht. Die Küken starten zunächst mit einer schwarzen Maske ins Leben.

Ein Schwarm von Weißspitzenriffhaien umkreist hungrig aussichtsreiche Futterstellen (ganz links) und der skurril geformte Rotlippen-Fledermausfisch ruht am Boden (links).

LA AMISTAD NP

Die bunte Vogelwelt von La Amistad besteht unter anderem aus Veilchenohrkolibris, scharlachroten Quetzals und Hoffmannspechten (von oben nach unten).

Rund 800 000 Hektar misst dieses einzigartige Schutzgebiet, das sich in der zentralen Cordillera de Talamanca vom Süden Costa Ricas in den Westen Panamas erstreckt. Zwischen Meeresniveau und rund 3800 Meter Höhe bildeten sich diverse Lebensräume und unterschiedlichste Landschaften heraus. Den größten Teil des Reservats bedeckt tropischer Regenwald, der hier seit 25 000 Jahren wächst. Oberhalb des Tieflands finden sich Nebelwälder und subalpine Páramo-Gebiete mit Sträuchern und Gräsern sowie Regionen mit immergrünen Eichen, Mooren und Seen. Dank seiner topografischen und klimatischen Unterschiede sowie seiner geografischen Lage an der Schnittstelle von Nord- und Südamerika wartet der Park mit einer in ihrer Vielfalt einzigartigen Tier- und Pflanzenwelt auf. Heute leben dort noch rund 10 000 Angehörige indigener Gruppen.

Ein weiblicher Grüner Anolis in Habachtstellung. Von den Saumfingerechsen gab es einst fast 400 verschiedene Arten, von denen heute nur noch 52 erhalten sind.

Der Soberanía Nationalpark liegt nur etwa 25 Kilomter von der Metropole Panama City entfernt, entlang des Panamakanals und Gatunsees. Der Chagres Fluss durchquert den Nationalpark und bietet zahlreichen Pflanzen- und Tierarten Lebensraum. Unter diesen sind Jaguare, Tapire, Agutis, Faultiere und Waschbären und bekannte Affenarten. Unter den 130 Amphibien-und Reptilienarten und den 520 Vogelarten befinden sich auch sehr seltene, so der vom Aussterben bedrohte Sperberadler (Morphnus guianensis) und der kolumbianische Nachtaffe (Aotus lemurinus). Auf verschiedenen Wanderwegen wie El Charco, der beliebte Camino del Oleoducto, Camino de la Plantación und Camino de Cruces kann man den Nationalpark gut erkunden. Im Südosten grenzt der Park an den Nationalpark Camino de Cruces, der noch näher bei Panama City liegt.

DARIÉN NP

Im Osten Panamas erstreckt sich das 600 000 Hektar große Biosphärenreservat von der Pazifik- bis fast an die Karibikküste und die Gebirge der Region, deren höchster Gipfel, der Cerro Tacarcuma, 1845 Meter hoch ist. Es umfasst verschiedenste Habitate von Sand- und Felsstränden über Mangroven- und Süßwassersümpfe bis zu diversen Regenwaldformen. Sie gelten als die vielfältigsten Ökosysteme im tropischen Amerika. Hier gedeihen seltene Orchideen und 40 verschiedene endemische Pflanzenarten. An dieser geografischen Nahtstelle treffen die südlichen und nördlichen Verbreitungsgrenzen von Tierarten beider Amerikas aufeinander. Allein 450 verschiedene Vogelarten sind hier heimisch. Auch vom Aussterben bedrohten Spezies wie Harpyie, Tapir, Jaguar und Puma bietet der Darién Schutz. Das unberührte Gebiet wird von den indigenen Ethnien Kuna, Emberá und Wounaan als Lebensraum genutzt.

COIBA NP

Durch die Ausweisung des über 400 000 Hektar großen Areals vor der Pazifikküste Panamas werden der Regenwald der Insel Coiba und weiterer 38 kleinere Inseln im Golf von Chiriquí sowie deren vorgelagerte Meeresräume geschützt. Die seit Jahrtausenden vom Festland abgetrennten Inseln sind für die biologische Forschung von Interesse, weil sich in der hiesigen Pflanzen- und Tierwelt eine Vielzahl von neuen Arten und Unterarten ausgebildet hat. Zu diesen endemischen Formen zählen etwa unter den Nagetieren das Coiba-Aguti sowie Unterarten des Brüllaffen, des Opossums und des Weißwedelhirschs. Darüber hinaus ist Coiba die letzte Zufluchtsstätte für bedrohte Tierarten, die aus anderen Regionen Panamas mittlerweile ganz verschwunden sind, wie etwa der Würgadler und der Hellrote Ara. Eine besondere Artenvielfalt bietet auch die Meereswelt des Schutzgebietes.

Der Swainson-Tukan (unten) ernährt sich vor allem von Früchten. Den großen Schnabel braucht er jedoch zur Regulierung der Körpertemperatur.

Die Unterwasserwelt offenbart die fantastische Vielseitigkeit der Meeres- und Riffbewohner: Schwärme von Adlerrochen (unten), Kugelfische (ganz links) und Büschelbarsche (Mitte).

Tropische Regenwälder und trockenste Wüsten, vergletschertes Hochgebirge und gigantische Wasserfälle – all das findet sich in der südlichen Hälfte des Doppelkontinents, zum Beispiel im Schutzgebiet Zentralamazonien, in der chilenischen Atacama-Wüste, im Nationalpark Los Glaciares in Patagonien oder im Iguaçu-Nationalpark an der Grenze von Argentinien und Brasilien. Dazu weit draußen im Südpolarmeer Südgeorgien und die Südlichen Sandwich-Inseln, die schon fast zur Antarktis gehören. Angesichts dieser großen ökologischen und biologischen Vielfalt wundert es nicht, dass man in Südamerika fast 250 Nationalparks zählt.

SAN CIPRIANO RESERVE

Es geht ums nackte Überleben, um nichts anderes. Das ist das Ziel aller Pflanzen und Tiere, auch im Naturreservat San Cipriano an der Pazifikküste Kolumbiens, einem der feuchtesten Gebiete der Erde. Um dem Tod von der Schippe zu springen, wird getrickst und getäuscht. Manche Pflanzen färben ihre jungen, zarten Blätter, die von den Tieren besonders gerne angeknabbert werden, giftrot oder fäulnisbraun. Andere Pflanzen tra-

Flora und Fauna verschmelzen im San Cipriano Reserve zu einem exotischen Gesamtkunstwerk: rote Bromelien, Orchideen, ein Buntleguan, Taranteln und Glasfrösche.

gen ihre Blätter so filigran zerbissen wie Brüsseler Spitze. Es gibt Vögel, die sich ihr Federkleid mit einem giftigen Tausendfüßler abreiben, um damit die Parasiten zu verscheuchen. Und es gibt den schrecklichen »Mörderbaum«, árbol asesino. Diese grausame Schmarotzerpflanze wächst von oben an gesunden Bäumen herab und umschließt sie dabei vollständig, bis sie im Stamm ihres Mörders verschwunden sind.

MALPELO ISLAND

Die nur 3,5 Quadratkilometer große Insel Malpelo liegt rund 500 Kilometer von der kolumbianischen Pazifikküste entfernt und gehört zu einem Meereskorridor, der weitere Welterbestätten wie die Galapagosinseln, Coiba und die Kokosinsel miteinander verbindet. Dank ihrer vielfältigen Unterwasserlandschaft sind die Gewässer um Malpelo ein beliebtes Tauchrevier. Durch den Einfluss von Meeresströmungen und der Gestalt des Meeresbodens hat sich hier ein komplexes Ökosystem herausgebildet. Die Gewässer dienen als Fortpflanzungsgebiet für zahlreiche Meerestiere. Besonders zahlreich vertreten sind die Haie. Außerdem gibt es hier Adler- und Mantarochen, Seepferdchen, Thunfische, Barrakudas, Bonitos, Snapper, Meeresschildkröten und Seesterne. An Land brüten Gabelschwanzmöwen, Hawaii-Sturmvögel und eine Kolonie Maskentölpel.

Perfekt synchronisiert zischen die Schwärme Roter Schnapper durch die Tiefen des Ozeans. Zu ihrer Beute zählen neben Plankton auch kleine Fische und Krebstiere, die sie blitzschnell packen.

Am Meeresgrund tummeln sich Schleimfische, von denen es mannigfaltige Vertreter ihrer Art gibt. Den wohlwollenderen Namen haben sie als Blennis.

Nicht nur in der Savanne, auch im Urwald gibt es die »Big Five«, die fünf spektakulärsten Tiere, die man unbedingt gesehen haben muss. Während man auf Safaris relativ leicht Löwe, Elefant, Nashorn, Büffel und Leopard zu Gesicht bekommt, bleiben die »Großen Fünf« des Dschungels aber meist im Dickicht verborgen – selbst im 10 000 Quadratkilometer großen Yasuni-Nationalpark im Amazonas-Tiefland, der als eines der Gebiete mit

Zwei der »Big Five« des Dschungels sind Boa und Ozelot, aber auch Haubenkauz, Wollaffe, Zweifarbenfischer, Totenkopfäffchen und Krokodilteju leben im Yasuni-Nationalpark.

der größten Artenvielfalt weltweit gilt. Er liegt im Osten Ecuadors, zwischen den Flüssen Napo und Curaray. Seinen Namen hat er vom Fluss Yasuní, einem Nebenfluss des Napo, der das Gebiet durchfließt. Jaguare, Ozelots, Boas, Kaimane und Ameisenbären leben hier zu Hunderten, wenn nicht Tausenden. Doch man sieht sie nur mit sehr viel Glück, weil sich zwei Drittel des Lebens in den Baumkronen abspielen.

GALÁPAGOS-INSELN

Charles Darwin machte bei seinem Besuch auf den Galápagos-Inseln bahnbrechende Beobachtungen. Ihm fiel auf, dass sich die Finken ein und derselben Art auf jeder der 14 Hauptinseln je nach deren Topografie und Nahrungsangebot unterschiedlich entwickelt hatten. Und Darwin folgerte daraus das Naheliegendste und Gotteslästerlichste: dass die Schöpfung kein definitiver Akt war, sondern sich alle Lebewesen ihrer Umge-

Lebende Evolutionsgeschichte: Galápagos-Riesenschildkröten (links); Darwinfink, Prachtregattavogel, Rote Klippenkrabbe, Galapagosalbatross, Blaufußtölpel und Landleguan (im UZS).

bung ständig anpassen und dabei der Klügste, Wandlungsfähigste und Fitteste überlebt – dies gilt nicht nur im Tierreich. Galápagos ist kein Paradies. Die meisten Inseln sind staubtrockene, gottverlassene Lavabrocken, schütter bewachsen von Heidekraut und vereinsamten Opuntienkakteen. Scheinbar seit dem Anbeginn aller Tage liegen hier die gelbgrünen Landleguane wie Bonsaidinosaurier unter den Opuntien.

Dicht gedrängt geht es zu beim Schwarm aus Schwarzstreifen-Grunzern und Gelbschwanz-Doktorfischen (ganz links); ein Galapagos-Seelöwe (links) tunnelt sich seinen Weg.

RÍO ABISEO NP

Niemand weiß wirklich, welche unentdeckten archäologischen Schätze der Urwald an der Ostflanke der Anden noch hütet. Eines aber ist unzweifelhaft: Es müssen unermessliche Schätze sein. Eine Ahnung von diesen Reichtümern hat man in den vergangenen Jahren im Nationalpark Río Abiseo im Nordosten Perus bekommen. 1983 wurde das Gebiet wegen der einzigartigen Vielfalt seiner Flora und Fauna von der peruanischen Regierung unter Schutz gestellt. Zwei Jahre später begannen Archäologen mit seiner Erforschung – und haben seither nicht weniger als 36 Stätten entdeckt, die noch aus der Zeit vor den Inkas stammen. Darunter sind Fundamente geschmückter Gebäude, Reste imposanter Rundbauten und ein Begräbniskomplex. Das alles war Grund genug für die UNESCO, den Nationalpark zum Kultur- und Naturerbe der Menschheit zu erklären.

Ein Refugium für zahlreiche und seltene Tierarten bietet der Nationalpark Río Abiseo, so etwa für den Andenfelsenhahn, der auch der Nationalvogel von Peru ist.

Lautstark ihr Revier verteidigen können diese beiden Baumbewohner gut. Ganz links: der Andenklippenvogel oder Rote Felsenhahn gehört zur Gattung der Schreivögel und links ein Vertreter der Roten Brüllaffen.

HUASCARÁN NP

Majestätisch ragt der schneebedeckte Gipfel des 6768 Meter hohen Nevado Huascarán, des höchsten Bergs von Peru, in dem nach ihm benannten Nationalpark auf. Die Landschaft der Cordillera Blanca fasziniert durch gigantische Gletscher, stille Bergseen, tiefe Schluchten und reißende Wildbäche. Neben dem Huascarán gibt es hier 26 weitere Sechstausender. Trotz des kalten Klimas mit bis zu -30°C im Winter gibt es hier Vegetation bis in etwa 4000 Meter Höhe – seltene Kakteenarten und die weltgrößte Bromelie Puya raimondii. Die hier lebenden Säugetiere, vor allem der Brillenbär, der Puma, das Vikunja, der Weißwedelhirsch und der Nördliche Andenhirsch, haben sich optimal an die Gegebenheiten angepasst. Besonders spektakulär unter den über 100 Vogelarten sind der Veränderliche Bussard, der Andenkondor und der größte Kolibri Picaflor Gigante.

Der Nationalpark erstreckt sich zwischen den verschneiten Gipfeln der Cordillera Blanca in über 6000 Meter Höhe. Top of the tops: der massive Nevado Huascarán.

Der glasklare Gebirgssee Laguna 69 (links) liegt am Fuße des Berges Nevados Pisco. Wer seine etwas versteckte Lage aufsucht, wird mit der Aussicht auf einen türkisen Edelstein belohnt.

MANÚ NP

Wer glaubt, alle Geheimnisse des Planeten Erde seien längst gelüftet, kennt den Manú-Nationalpark im Südosten Perus nicht. Fast 20000 Quadratkilometer ist dieses Naturwunder groß, das sich vom Hochgebirge der Anden bis in den Regenwald des Amazonas erstreckt, und eine Vielfalt von Tier- und Pflanzenarten enthält. Geschätzte zehn Prozent von ihnen sind vollkommen unbekannt. Um sie zu schützen, sind vier Fünftel des Nationalparks zur absoluten Tabuzone erklärt worden. Aber auch das, was besucht werden kann, verschlägt jedem die Sprache. Nicht nur überall sonst vom Aussterben bedrohte Tiere wie den Schwarzen Kaiman oder den Riesenotter sieht man hier, sondern auch Pumas, Ozelots, Andenschakale, Kurzohrfüchse, Wickelbären, Springaffen und andere Tiere, denen die Wissenschaft noch gar keinen Namen gegeben hat.

Der abgeschiedene Park am Übergang vom Ostabfall der peruanischen Anden zum Amazonastiefland ist eine Region der Superlative der Tier- und Pflanzenarten. Unten: der Otorongo Lake.

Zahlreich vertreten sind im Park Primaten wie das Totenkopfäffchen (links), aber auch anderen Säugetieren wie dem marderartigen Jaguarundi (ganz links) bietet das Gebiet Schutz.

Wie am Tag der Apokalypse sehen die gigantischen Salzseen im Hochland von Bolivien aus, allen voran der Salar de Coipasa und der Salar de Uyuni auf rund 3650 Metern Höhe. Vor 40 000 Jahren waren sie Teil eines riesigen, vor Leben strotzenden Sees. Doch dann verdunstete das Wasser, und zurück blieb nichts als Salz, Kalk und Gips. Mehr als zehn Billionen Tonnen Salz soll es allein im 10 000 Quadratkilometer großen Salar de Uyuni geben, dem größten Salzsee der Erde. Lächerliche 25 000 Tonnen werden davon jedes Jahr mühselig abgebaut, meist in Familienbetrieben. Sie schlagen das Salz mit Pickeln aus der Kruste, trocknen es über Holzkohlefeuern und füllen es in Fünfzig-Kilo-Säcke – nicht ahnend, dass der Salar de Uyuni noch einen viel wertvolleren Schatz hütet: riesige Vorkommen von Lithium, dem hochbegehrten Rohstoff für die Elektroindustrie.

Die Solar de Uyuni (großes Bild) ist mit mehr als 10 000 Quadratkilometern die größte Salzpfanne der Erde. »Weißes Meer« sagen die Einheimischen zu ihr, dabei kann sie auch lila leuchten.

Farbige Lagunen (von oben): die Lagunas Hedionda, Colorado und Cañapa. Dramatisch zeigen sich auch die Farben über dem Grasland in der Sonne (links).

CANAIMA NP

Canaima – in der Sprache der hier lebenden Kamarokoto-Indianer verkörpert dieser Name die finstere Gottheit, die alles Böse in sich vereinigt – der zweitgrößte Nationalpark Venezuelas besticht dagegen durch seine Naturschönheit. Erosion ist für das Wunder von Canaima im Süden Venezuelas verantwortlich: eine der spektakulärsten Landschaften Südamerikas, in der mehr als 100 Tafelberge wie die Tische der Titanen in den

Giganten der Wasserfälle: der Salto Sapo (links) und der Salto Ángel (Mitte). Orchideen und Bromelien (2. und 4. Bild), Brüllaffen und Kapuzineräffchen (1. und 3. Bild) sind hier zu Hause.

Himmel ragen. Sie sind die Überreste eines gewaltigen Gebirgsstocks, der vor Jahrmillionen aus Granit und Sandstein bestand. Doch dann trug die Erosion den Sandstein fort, und übrig blieben die steinernen Giganten, auf deren Hochplateaus eine einzigartige, vollkommen isolierte Flora und Fauna überlebt hat – und an deren Flanken die höchsten Wasserfälle der Erde fast 1000 Meter in die Tiefe rauschen.

Der Auyantepui-Tafelberg in der Großen Savanne Venezuelas. Das Wort tepui bedeutet in der indigenen Sprache der Pemón so viel wie »Haus der Götter«.

IWOKRAMA RESERVE

Der Grüne Hundskopfschlinger (großes Bild) ist hier genauso zu Hause wie der Wickel- oder Honigbär und die Fransenlippenfledermaus (von oben).

Prinz Charles von England ist der berühmteste Naturfreund unter allen Blaublütigen dieser Erde. Was liegt da näher, als ihn zum Schutzherrn einer der kostbarsten Naturräume dieser Welt zu machen? Seit der Prinz im Jahr 2000 den Iwokrama-Dschungel in Guyana besucht hat und aus dem Staunen nicht mehr herauskam, ist er der Pate dieser einzigartigen Wildnis. Sie zählt zu den letzten jungfräulichen Urwaldgebieten der Erde und beherbergt eine unfassbar große Zahl an Pflanzen und Tieren. Das Gebiet ist von tropischem Flachlandwald bedeckt, dessen hohe tropische Bäume ein dichtes Blätterdach 20 bis 30 Meter über dem Boden weben. Nirgendwo sonst findet man auf so engem Raum mehr Fische und Fledermäuse als hier, und kaum irgendwo ist die Chance, einen Jaguar oder eine Baumboa zu sehen, größer als in Iwokrama.

Indianer nutzen das Gift, das die farbenfrohen Frösche ausscheiden, um kleine Tiere zu erlegen. Eigentlich dient es dem Blauen Pfeilgiftfrosch aber zur Abwehr gegen Feinde.

Die Guyana-Festlandplatte im Nordosten Südamerikas ist eine der ältesten Erdformationen. Knapp 15 Millionen Hektar des Landes bedeckt heute noch ursprünglicher Regenwald. Im Jahr 1998 wurden die drei wichtigsten Schutzgebiete Surinames in einem 1,6 Millionen Hektar großen Korridor, dem Zentralen Naturreservat, zusammengefasst. Zum breiten Spektrum seiner unterschiedlichen Landschaftsformationen zählen auch Inselberge, die den Regenwald weit überragen. In den Wäldern der Berg- und Tiefländer wurden bisher rund 6000 Pflanzenspezies bestimmt. Neben Regenwäldern gibt es hier auch Sumpfwälder und Savannen; auf Granitaustritten wächst Trockenvegetation. Bisher wurden knapp 700 Vogel-, fast 2000 Säugetierarten sowie rund 150 Reptilien- und 100 Amphibienarten erfasst. In den Gewässern tummeln sich 500 Fischspezies.

SCHUTZGEBIET ZENTRALAMAZONAS

Das Kerngebiet des riesigen Regenwaldparks ist der 2,3 Millionen Hektar große Jaú-Nationalpark. Das Reservat wurde im Jahr 2000 Weltnaturerbe, 2003 folgte die Erweiterung zum Complexão de Conservação del Amazonas Central. Der Río Jaú bildet mit dem Río Negro ein Schwarzwasser-Ökosystem und hat dort den Igapó-Überschwemmungswald entstehen lassen. Schwarzwasserflüsse sind durch gelöste Huminsäuren und organische

Bäume und Buschwerk bieten Schutz und Lebensraum für den Nasenbär, die Hühnervögel Hoatzin, die Totenkopfäffchen und Tapire (kleine Bilder). Im Fluss: rosa Amazonasdelfine (oben links).

Schwebstoffe dunkel gefärbt und sedimentarm. Hier leben Riesenotter, Flussmanati, Arrauschildkröte und Mohrenkaiman. Im Mamirauá-Reservat erstrecken sich große nährstoffreiche Weißwasserüberflutungsgebiete – Weißwasserflüsse besitzen trübes, mineralstoffreiches Wasser. Das Schutzgebiet beherbergt 120 Säugetierarten, darunter den Rosa und den Grauen Flussdelfin, über 450 Vogelarten und 300 Fischarten.

INSELRESERVAT FERNANDO DE NORONHA

Das Inselreservat Fernando de Noronha/Rocas-Atoll liegt nur etwas südlich des Äquators. Die Hauptinsel Fernando de Noronha besteht aus vulkanischen Gesteinen, auf denen ein einzigartiger atlantischer Inselwald wächst. Um die Hauptinsel verteilen sich 21 weitere Inseln. Das Rocas-Atoll besteht aus Korallenriffen, die sich um die Gipfel eines submarinen Gebirges gebildet haben. Das einzige Atoll im südlichen Atlantik bietet mit seinen natürlichen Bassins und flachen Lagunen bei Ebbe ein faszinierendes Schauspiel. Zum Inselreservat gehört auch ein Meeresschutzgebiet: Die Küstengewässer sind sehr nährstoffreich, viele Fische nutzen das Gebiet als Laichplatz. Die Inseln des südatlantischen Archipels sind zudem die wichtigste Zwischenstation für viele Wale auf ihrer Wanderung. Sie sind Lebensraum unzähliger tropischer Seevögel, auch Zugvögel.

Die Buchten mit den türkis leuchtenden Küstengewässern von Fernando de Noronha Island bieten zahlreichen TIeren ideale Lebensbedingungen (großes Bild).

Am Meeresgrund tummeln sich unter anderem die hübsch gezeichneten Franzosen-Kaiserfische (links).

PANTANAL SCHUTZGEBIET

Es gibt ein Land, das alle menschliche Vorstellungskraft übersteigt. Die Regenzeit ab November verwandelt dieses Land in ein Meer, weil Flüsse, Seen und Lagunen allen Grund überschwemmen. Doch nach ein paar Monaten macht die Sonne aus dem Meer wieder dürres Land. Von seinen Bewohnern verlangt es den größten Einfallsreichtum, um zu überleben. So gibt es hier Ameisen, die sich zu Abertausenden zu Kugeln zusam-

Buntes Treiben im Pantanal: Wasserschweine (gr. Bild), Grünflügelaras, Schwarze Brüllaffen, ein Riesentukan, ein Kaiman, Riesenotter und teppichgroße Seerosenblätter (im UZS).

menklammern, um sich einen Fluss hinuntertreiben zu lassen und irgendwann wieder anzulanden. Es gibt Fische, die sich nur von Früchten ernähren, und Schmetterlinge, die die Tränen der Krokodile trinken. Und ein Frosch lässt sich im Schlamm von der Sonne einbacken, um dann beim ersten Regen ein neues Leben zu beginnen. Dieses Land existiert nicht nur in der Fantasie. Es ist der Pantanal tief im Südwesten Brasiliens.

CHAPADA DOS VEADEIROS UND EMAS NP

Der Cerrado ist das zweitgrößte Ökosystem Brasiliens. Trotz eher trockenen Klimas zeichnet es sich durch die höchste Biodiversität aller tropischen Savannen aus. Geografisch gehört der Cerrado zum Brasilianischen Bergland, und so sind weite Teile der Region von Hochplateaus geprägt, unterbrochen von Abbruchkanten und Flusstälern. Der knapp 2400 Quadratkilometer große Nationalpark Chapada dos Veadeiros erstreckt sich über die höchsten Abschnitte. Zahlreiche seltene Tierarten wie Pampasahirsche, Affen und Königsgeier sind hier heimisch. Insgesamt wurden 45 Säugetierarten, über 300 Vogelarten sowie rund 1000 Schmetterlingsarten erfasst. Der 1300 Quadratkilometer umfassende Nationalpark Emas wurde nach den Nandus (portug. »ema«) benannt. Im offenen Grasland mit seinen Termitenhügeln leben auch Riesenameisenbären.

Im Kontrast zur Trockenheit der Savannen prägen auch Wasserfälle das Landschaftsbild. Knapp außerhalb von Chapada dos Veadeiros stürzt der Rio Raizama in einen Canyon.

Termitenhügel (ganz links) und ein einheimischer Pampashirsch (links) ragen ab und an aus der endlosen Weite empor.

SÜDÖSTLICHE ATLANTISCHE WÄLDER

Die atlantischen Regenwälder Brasiliens gelten als bedroht: Nur noch sieben Prozent des Bestandes sind erhalten. Ein großer Teil dieses Restes wächst im Südosten. Ein weiterer Teil der Regenwälder an der Costa do Descobrimento im Nordosten genießt ebenfalls Welterbestatus. Die atlantischen Wälder wachsen in einer reizvollen Landschaft mit bewaldeten Bergen, reißenden Flüssen, tiefen Wasserfällen und flachen Sumpfgebieten. In dem aus 25 Schutzzonen bestehenden, insgesamt knapp 5000 Quadratkilometer großen Areal gedeihen viele seltene und endemische Pflanzen. In manchen Abschnitten wurden mehr als 450 Baumarten pro Hektar identifiziert – die Biodiversität ist hier größer als in Amazonien. Auch die Fauna ist vielfältig: So leben hier allein rund 120 Säugetierarten (darunter Jaguar, Otter, Ameisenbär) und rund 350 Vogelgattungen.

Die Baumkronen der Regenwälder bilden ein nahezu geschlossenes Blätterdach, unter welchem die seltenen und absolut schützenswerten Goldenen Löwenäffchen leben.

Ein Knäuel Nördlicher Spinnenaffen (links). Die Primaten nennen das am besten erhaltene und flächenmäßig größte atlantische Regenwaldgebiet in Südostbrasilien ihr Zuhause.

IGUAÇU NP

Jedes Jahr verlangte Boi, der Himmelsherr, von den Guaraní-Indianern im gemeinsamen Grenzgebiet Brasiliens, Argentiniens und Paraguays eine Jungfrau als Tribut aus Rachsucht wegen einer verschmähten Liebe. Die Guaraní taten, wie befohlen, doch einmal floh die Jungfrau vor ihrem sicheren Tod. Und Boi zerschmetterte sie in rasender Wut mit einem Hieb seiner Pranke. Seither klafft eine riesige Schlucht in der Erde, durch die der Río Paraná 80 Meter in die Tiefe stürzt, um dabei die Cataratas del Iguazú zu formen, die wunderbarsten Wasserfälle der Welt. Fast drei Kilometer lang ist dieses Amphitheater aus tosendem Wasser, die spektakulärste Naturattraktion Südamerikas. Tagelang kann man durch die Cataratas del Iguazú wandern, dabei ständig neue Wasserfälle entdecken und heimlich dabei dem grausamen Gott Boi danken.

Im Vogelpark kann man unter anderem den Bunttukan (Ramphastos dicolorus), den Kolibri oder den Schwarzmaskenguan (Pipile jacutinga) bewundern (Bildreihe von oben).

Bis zu 80 Meter stürzen die gigantischen Wasserfälle von Iguaçu in die Tiefe. Die einzelnen Fälle sind durch kleinere Gesteinsinseln getrennt.

TORRES DEL PAINE NP

Lady Florence Dixie, eine der mutigsten viktorianischen Abenteurerinnen, reiste 1879 nach Patagonien, streifte im äußersten Süden Chiles und Argentiniens durch die lebensfeindliche Wildnis aus Eis und Wind und stand eines Tages vor drei Granitnadeln, die sich dem Himmel entgegenreckten. Es waren die Torres del Paine, die Wahrzeichen des gleichnamigen Nationalparks, die bis zum heutigen Tag genauso beeindruckend sind, wie sie Lady Florence einst beschrieb: »Ihre weißen Gletscher mitsamt den herumschwirrenden Wolkenfetzen spiegelten sich in makelloser Weise im bewegungslosen See, dessen kristallklares Wasser das glänzendste Blau trug, das ich jemals gesehen habe. Der Anblick war einzigartig, der Geist von Stille und Einsamkeit so eindrücklich, dass ich während einer langen Zeit wie verzaubert dastand.«

Dramatisches Licht scheint bei Morgensonne auf die kantigen Gipfel der Cuernos del Paine am Lago Pehoé. Sie sind für ihre herausfordernden Wander- und Kletterwege berühmt.

Beim Anblick der gigantischen Bergketten kann man die Namensgebung nachvollziehen: Paine heißt in der Sprache der Tehuelche-Indianer himmelblau, die Torres del Paine also »Türme des blauen Himmels«.

Die 13 Gletscher des Parks sind Teil des Patagonischen Eisfelds aus 47 großen Gletschern. Hinzu kommen 200 kleinere, nicht direkt mit dem Feld verbundene Gletscher. Der bekannteste unter ihnen ist der Perito-Moreno-Gletscher, der in den Lago Argentino kalbt. Als einer der wenigen noch wachsenden Gletscher schiebt er seine Zunge langsam auf eine Halbinsel zu, wobei er alle drei bis vier Jahre einen Seitenarm des

Traumhaft, das Panorama des Monte Fitz Roy und Cerro Torre. Sie liegen Im Herzen der patagonischen Anden, in einem Gebiet spektakulärer Naturlandschaften.

Sees abschnürt. Der Wasserspiegel steigt auf bis zu 30 Meter an. Hält die Eismauer dem enormen Druck nicht mehr stand, sprengen die Wassermassen einen Teil der Gletscherfront und bahnen sich ihren Weg in den See. Ebenfalls Bestandteil des Parks sind der Upsala- und der Spegazzini-Gletscher. Weitere landschaftliche Höhepunkte stellen die über 3000 Meter hohen Granitgipfel des Cerro Torre und des Monte Fitz Roy im Norden dar.

Am Fuße des Perito Moreno (ganz links) und anderer Gletscher im Nationalpark weiden Guanakos (Lama guanicoe) mit ihren Jungen (links).

SÜDGEORGIEN, SÜDLICHE SANDWICH-INSELN

Zwischen der Südspitze Südamerikas, der Antarktischen Halbinsel und Südgeorgien erwartet den Reisenden das berüchtigtste Meeresgebiet der Erde. Ganzjährig toben hier Winde bis zu Orkanstärke rund um den antarktischen Kontinent. Wenn die Verhältnisse sich zum Schlechteren ändern, muss man resistent gegen Seekrankheit sein – oder leidensbereit. Die Belohnung winkt nach Tagen schwankender Fahrt, wenn man an der Ostküste Südgeorgiens, im Windschatten der Insel, anlandet: riesige Kolonien von Königspinguinen, See-Elefanten und Pelzrobben, nistende Albatrosse, verlassene, vor sich hinrostende Walfangstationen vor der Kulisse des vergletscherten Hochgebirges. Weiter im Osten, noch abgelegener, verlieren sich im subantarktischen Atlantik die Südlichen Sandwich-Inseln, eine Kette geologisch junger, vulkanischer Eilande.

So ungeschickt ihre Gangart oft wirken mag, auf den glatt gefrorenen Eisbergen sind die Kehlstreifpinguine absolut Herr der Lage.

Dramatisch baut sich eine Wetterfront vor dem Südzipfel der Südgeorgischen Inseln auf.

ABISKO NP

Länsstyrelsen Norrbotten
Stationsgatan 5, 97186 Luleå / Schweden
www.sverigesnationalparker.se

Der 1909 gegründete Nationalpark schützt rund 200 km nördlich des Polarkreises ein 77 km² großes Gebiet im Grenzgebirge zu Norwegen.

HIGHLIGHTS: Abisko gehört weltweit zu den Orten, an denen sich am besten Nordlichter beobachten lassen. Optimal ist der Blick von der Aurora Sky Station auf dem Nuolja, die man von Abisko aus mit dem Sessellift erreicht.

TIPPS: In Abisko beginnt der Fernwanderweg Kungsleden, der durch den gesamten Park führt und mit Hütten zum Übernachten gut erschlossen ist. Wer lieber einmal mit einem Hundeschlitten fahren möchte, wendet sich an Abisko Dogsled, www.abiskodogsled.com

PRAKTISCHE INFORMATIONEN: Die Anreise erfolgt mit dem Auto über die E10 bis Abisko. Unterkunft: STF Touristenstation Abisko, www.svenskaturistforeningen.se

ABRUZZEN, LATIUM UND MOLISE NP

Ente Parco Nazionale d'Abruzzo, Lazio e Molise, Viale Santa Lucia, 67032 Pescasseroli (AQ) / Italien
www.parcoabruzzo.it

Der rund 497 km² große Nationalpark wurde 1922 gegründet. Er liegt hauptsächlich in der Provinz L'Aquila in den Abruzzen.

HIGHLIGHT: Die Società Cooperativa Camosciara organisiert zweitägige Touren ab Civitella Alfedana zu Örtlichkeiten in der Camosciara, an denen Bären oder Wölfe gesichtet werden können, www.camosciara.com.

TIPPS: Das landschaftlich schöne, pflanzenreiche Val Fondillo entdeckt man auf einer insgesamt vierstündigen Wanderung durch Wälder und Wiesen vom Sägewerk zwischen Opi und Villetta Barrea (SS83) auf den Monte Amaro.

PRAKTISCHE INFORMATIONEN: Der Nationalpark ist frei zugänglich. Die Anreise mit dem Auto erfolgt über die SS83 und SS479. Unterkunft: Grand Hotel del Parco, 67032 Pescasseroli, www.grandhoteldelparcoabruzzo.it

ACADIA NP

Route 233 Mc Farland Hill
Bar Harbor, Maine 04609 / USA
www.nps.gov/acad/

Der einzige Nationalpark Neuenglands bietet eine reizvolle Mischung aus zerklüfteten Küsten und Bergvegetation. Vom Gipfel des Cadillac Mountain aus können Besucher einen der frühesten Sonnenaufgänge der USA sehen: Mit seinen 466 m gilt der Gipfel als höchster Punkt der US-Ostküste.

HIGHLIGHTS: Schon vom Auto aus lässt sich der Park über die panoramareiche Park Loop Road erkunden. Doch nicht nur an den View Points lohnt sich das Aussteigen, es zweigen auch zahlreiche Wanderwege vom Loop ab, etwa zum Sand Beach. Mit etwas Glück treffen Wanderer auf Seeadler, Stachelschweine oder Elche. Die von Gletschern geformte Landschaft rund um den See Jordan Pond mit polierten Felsen zaubert tagsüber farbenfrohe Naturbilder.

TIPPS: Der historische Leuchtturm Bass Harbor Head ist ein Erlebnis. Auch lohnt sich ein Stopp in der Felskluft Thunder Hole, in der sich die Wellen tosend brechen.

PRAKTISCHE INFORMATIONEN: Anreise: Nächster Flughafen ist Hancock County Airport, per Auto geht es von der Interstate 95 ab Bangor nach Ellsworth. Das Visitor Center liegt rund 5 km vor Bar Harbor. Verschiedene Shuttlebusse verbinden von Juni bis Oktober die Sehenswürdigkeiten gratis. Unterkunft: Hotel Balance Rock Inn, Tel. (207) 288-2610, www.balancerockinn.com

AÏR UND TÉNÉRÉ NATURRESERVATE

Direction du Projet Conservation des ressources naturelles dans l'Aïr et le Ténéré
Iférouane, B.P. 312 Arlit / Niger
whc.unesco.org/en/list/573

Das 1988 deklarierte Naturschutzgebiet gehört zum UNESCO-Weltnaturerbe. Es erstreckt sich im Niger auf 77 360 km² Fläche im Westen der Wüste Ténéré du Tafassasset sowie im Nordosten des Aïr-Gebirges. In der Ténéré liegt am Fuß der Berge ein strenges Schutzgebiet für die seltene Mendes-Antilope, das nicht zugänglich ist. Dieses nimmt rund ein Sechstel der Gesamtfläche ein.

HIGHLIGHTS: Die faszinierende Landschaft ist geprägt von der felsigen Mondlandschaft des Aïr-Gebirges sowie der Wüstenlandschaft der Ténéré mit ihren teils vielen Metern hohen Dünen. Besonders beeindruckend ist der Kontrast am Übergang vom Gebirge in die Wüste. Am feuchteren Südwestabhang des Aïr ist die Landschaft grüner, dort leben auch größere Säuger wie Mufflons und Wildesel.

TIPPS: Felsbilder aus dem 8. bis 4. Jahrtausend v. Chr. finden sich bei Tiguidit und bei Arakaou in der Übergangszone von Ténéré und Aïr.

PRAKTISCHE INFORMATIONEN: Die Anreise erfolgt über die Städte Agadez oder Arlit, beide an der N25 gelegen und mit Binnenflughäfen ausgestattet. Mehrtägige Fahrten in die Naturreservate werden von speziellen Reiseveranstaltern angeboten. Unterkunft: Camps im Naturschutzgebiet.

ALDABRA-ATOLL

Seychelles Tourism Board
BelOmbre, PO Box 1262, Victoria
Mahé / Seychellen
www.seychelles.travel

Das zu den Seychellen gehörende Aldabra-Atoll im Indischen Ozean ist mit einer Lagunenfläche von 224 km² und 155,4 km² Landfläche auf insgesamt 46 Inseln eines der größten Atolle der Welt. Es steht unter strengem Naturschutz und ist UNESCO-Welterbe.

HIGHLIGHTS: Besonders faszinierend sind die Aldabra-Riesenschildkröten, die vorwiegend auf Grande Terre leben, einer der vier Hauptinseln von Aldabra.

TIPPS: Die Lagune weist eine artenreiche Unterwasserwelt mit teils seltenen Korallen auf. Dort leben u. a. Schwarzspitzenhaie, Delfine, Wale und Seekühe.

PRAKTISCHE INFORMATIONEN: Das Aldabra-Atoll ist 1150 km von der Hauptinsel Mahé entfernt. Die Anreise erfolgt nur per Schiff, ein Besuch ist nur als Ausflug und unter strengsten Auflagen möglich. Von Mahé aus gibt es auch Flüge zur Insel Assumption, die rund 30 km südöstlich des Atolls liegt.

AMAZONIEN: ZENTRALAMAZONAS-NATURSCHUTZKOMPLEX

Parque Nacional do Jaú
ICM Bio Instituto Chico Mendes
EQSW 103/104 Bloco C
70.670-350 Brasilia DF / Brasilien
www.icmbio.gov.br

Das Naturschutzgebiet gehört zu den größten Brasiliens und liegt etwa 200 km nördlich von Manaus im Amazonasbecken im Norden Brasiliens (seit 2000 Weltnaturerbe). 2003 wurde der Nationalpark um einige angrenzende Naturschutzgebiete zum Zentralamazonas-Naturschutzkomplex mit einer Fläche von 52 000 km² erweitert.

HIGHLIGHTS: Im zeitweise überschwemmten Regenwald des Naturschutzkomplexes lebt eine Vielzahl von Säugetieren und Reptilien.

TIPPS: Bootstour von Manaus: zuerst auf dem Rio Negro nach Novo Airao, dann auf dem Jaú-Fluss in den Nationalpark, um Flussdelfine und Seekühe zu beobachten. www.pantanal-pocone.net/de/manaus.

PRAKTISCHE INFORMATIONEN: Anreise von Manaus mit dem Auto nach Novo Airao. Unterkunft: Pousada Bela Vista, www.pousada-belavista.com

LA AMISTAD NP UND NATURSCHUTZGEBIET TALAMANCA

Ministerio de Ambiente Panamá
Calle Broberg Panamá C-0843-00793 / Panama www.anam.gob.pa

Der 4188 km² große Nationalpark liegt jeweils etwa zur Hälfte in Costa Rica und in Panama. Er besteht überwiegend aus Regen- und Nebelwald (Weltnaturerbe seit 1983).

HIGHLIGHTS: Im Park leben über 260 Arten von Amphibien und Reptilien. Auch seltene Säugetiere kann man hier beobachten (Tapir, Puma, Jaguar, Stinktier).

TIPPS: Ein besonderes Erlebnis ist eine viertägige geführte Trekkingtour auf den Cerro Kamuk (3549 m), den zweithöchsten Berg Costa Ricas. Von der panamaischen Seite des Parks gibt es ausgewiesene Wanderwege zu Wasserfällen, die man ohne Führer machen kann.

PRAKTISCHE INFORMATIONEN: Anreise von San José aus mit Auto; von Panama-Stadt aus mit Flugzeug nach David, weiter per Auto zum Park (Ranger Station Las Nubes). Unterkunft: Finca Lerida, www.fincalerida.com

ANDASIBE-MANTADIA NP

Parc National Andasibe/Mantadia
B. P. 15, Andasibe Gare TCE
Moramanga 514 / Madagaskar
www.parcs-madagascar.com

Der 155 km² große Nationalpark im Osten Madagaskars umfasst den Nationalpark Mantadia und das Spezialreservat Analamazaotra. Der Park ist durch einen Waldkorridor mit dem Nationalpark Zahamena verbunden. Als Teil der Atsinanana-Regenwälder gehört er zum UNESCO-Welterbe.

HIGHLIGHTS: Auf mehrstündigen geführten Wanderungen durch den Park entdeckt man zahlreiche Tiere, darunter Aye-Aye, Indri und andere Lemurenarten, Chamäleons sowie über 100 Vogelarten.

TIPPS: Die zahlreichen Orchideen im Park blühen zwischen Oktober und Februar.

PRAKTISCHE INFORMATIONEN: Die Anreise erfolgt per Auto über die RN 2. Die Parkverwaltung und der Eingang zum Reservat sind von der RN 2 aus leicht zu erreichen, für den Mantadia-Park muss man Transporte bei Veranstaltern oder im Hotel buchen. Unterkunft: Vakôna Forest Lodge, Moramanga, www.hotelvakona.com.

ANDRINGITRA NP

Parc National Andringitra
B.P. 07, Lot H III 50, Ambohitsoa
303 Ambalavao / Madagaskar
www.parcs-madagascar.com

Der 312 km² große Nationalpark erstreckt sich im Südosten Madagaskars in einer Gebirgslandschaft zwischen 650 m und 2658 m Höhe. Als Teil der Atsinanana-Regenwälder gehört der Park mit den zahlreichen endemischen Tier- und Pflanzenarten zum UNESCO-Welterbe.

HIGHLIGHTS: Eine dreitägige Tour führt auf dem 28 km langen Rundweg Imarivolanitra durch Regenwald und alpine Flora auf den Gipfel des Pic Boby.

TIPPS: Auf dem rund vierstündigen Rundweg Asaramanitra sieht man Orchideen, Chamäleons und einen 300 m hohen Wasserfall.

PRAKTISCHE INFORMATIONEN: Die Anreise erfolgt per Geländewagen über die RN7 und weiter ab Ambalavao oder über Vohitsaoka auf einer Piste. Bei den Parkeingängen kann man Führer engagieren und sich informieren. Unterkunft: Camp Catta im Park, www.campcatta.com.

ARENAL NP

SINAC, Oficina Central, San José
Avenida 15 Calle 1° / Costa Rica
www.sinac.go.cr

Der 121 km² große Park wurde 1991 gegründet. Er liegt im Norden des Landes und erstreckt sich östlich des Pan American Highway bis in das Gebiet um den Vulkan Arenal (1633 m) in Höhenlagen von 400 bis 1755 m.

HIGHLIGHTS: Der Vulkan Arenal war zuletzt 2011 aktiv; mit neuen Ausbrüchen ist jederzeit zu rechnen. Sehr fotogen ist der Rotaugenlaubfrosch.

TIPPS: Den Dschungel aus der Vogelperspektive erleben: Der Sky Walk führt über bequeme Wege, Hängebrücken, Aussichtspunkte etc. durch den Wald (3,6 km, ca. 3 Stunden). Oder in einer Gondel der Sky Tram über das Grün gleiten.

PRAKTISCHE INFORMATIONEN: Anreise von San José aus über die Fernstraße Nr. 1 (Pan American Highway), dann Straße nach Fortuna de San Carlos und weitere 16 km bis einem Parkplatz, von dort aus mehrere kurze Wanderwege. Hotels entlang der Straße (www.visitcostarica.com).

ARTHUR'S PASS NP

Arthur's Pass National Park Office
SH 73, Arthur's Pass Village / Neuseeland
www.doc.govt.nz

Der Nationalpark schützt auf Neuseelands Südinsel ein 1145 km² großes Gebiet in den Southern Alps. Diese bilden das Rückgrat der Südinsel und dessen große Landschaftsscheide: Im Osten dominieren Bergsüdbuchen, im Westen Regenwälder mit Steineichen und Eisenholz.

HIGHLIGHTS: In und um Arthur's Pass Village kann man auf kurzen Wanderungen den Unterschied zwischen den Vegetationen beobachten, u. a. auf dem 3,4 km langen Arthur's Pass Walking Track (Westen) und dem 1,1 km langen Old Coach Road Walk (Osten).

TIPPS: Eine atemberaubende Fahrt durch den Park bietet der TranzAlpine-Zug von KiwiRail auf seinem Weg von Christchurch nach Greymouth (www.tranzscenic.co.nz).
PRAKTISCHE INFORMATIONEN: Die Anreise erfolgt per Auto über die malerische Straße SH73, die im Park über den 920 m hohen Arthur's Pass führt.
Unterkunft: Arthur's Pass Alpine Motel
www.arthurspass.net

ATACAMAWÜSTE

Región de Atacama
Corporacíõn Nacional Forestal CONAF
Paseo Bulnes 285, Santiago / Chile
www.conaf.cl/conaf-en-regiones/atacama/

Die Atacamawüste ist eines der trockensten Gebiete der Erde. Sie erstreckt sich auf etwa 1200 km Länge vom Süden Perus bis etwa nach Copiapó im Norden Chiles (ca. 800 km nördlich von Santiago de Chile). Die Atacama liegt von Osten her im Regenschatten der Anden, im Westen verhindert der kalte Humboldtstrom das Entstehen von Regenwolken. Die Landschaft ist geprägt von Salzseen und teilweise noch aktiven Vulkanen.
HIGHLIGHTS: Der größte Salzsee Chiles, der Salar de Atacama, liegt in einer Senke zwischen der Cordillera Domeyko im Westen und der Andenkordillere im Osten. Daneben befindet sich einer der aktivsten Vulkane des Landes, der Volcán Láscar (5592 m).
TIPPS: Von San Pedro de Atacama aus können Trekkingtouren ins Valle de la Luna (Tal des Mondes) oder ins Valle de la Muerte (Tal des Todes) unternommen werden, mit fantastischen Salz- und Steinformationen.
PRAKTISCHE INFORMATIONEN: Von Santiago de Chile mit dem Flugzeug nach Calama, von dort mit Bus oder Auto (auf Ruta 23) nach San Pedro de Atacama (Salar de Atacama). Unterkunft: Hotel Poblado Kimal, www.poblado.kimal.cl

ATHERTON TABLELANDS

Queensland Government, Department of National Parks, 60 Mount Nebo Road
The Gap Qld 4061 / Australien
www.nprsr.qld.gov.au

Die Atherton Tablelands erstrecken sich als nördlichster Teil der Great Dividing Range als Hochland südwestlich von Cairns im Bundesstaat Queensland.
HIGHLIGHTS: Die Tablelands sind extrem vielfältig, neben Agrarlandschaften finden sich z. B. tropische Regenwälder mit spektakulären Wasserfällen. Lake Barrine und Lake Eacham sind bei vulkanischen Explosionen entstandene Maare. Bei Yungaburra gibt es ein botanisches Highlight: eine bizarre Würgefeige, den Curtain Fig Tree im gleichnamigen Nationalpark (2 km²).
TIPPS: Ein Erlebnis ist die anderthalbstündige Fahrt auf atemberaubender Strecke von Cairns nach Kuranda mit der historischen Kuranda Scenic Railway (www.ksr.com.au).
PRAKTISCHE INFORMATIONEN: Mit dem Auto von Cairns über die National Route 1 bis Atherton (ca. 100 km).
Unterkunft: Atherton Hinterland Motel.

AUYUITTUQ NP

Pangnirtung, Nunavut X0A 0R0 / Kanada
www.pc.gc.ca/eng/pn-np/nu/auyuittuq/index.aspx

Der Name des im Nunavut-Territorium liegenden Auyuittuq-Nationalparks bedeutet »Land, das niemals schmilzt«. Die 19 089 km² große Permafrostregion in der Baffin Bay hat die höchsten Gipfel im Arktischen Schild und ist seit1976 Nationalpark.
HIGHLIGHTS: Eine natürliche Route durch den zu rund 85 Prozent aus Fels und Eis bestehenden Nationalpark bietet der Akshayuk-Pass. Dieser – die Penny Ice Cap in der Mitte durchschneidende – Pass bildet den Zugang zu einer grandiosen Bergwelt mit von Gletschern gespeisten Flüssen und Seen. Hier findet man die höchsten Gipfel des Kanadischen Schilds. Thor Peak und Mount Asgard gelten als Traumziele für Kletterer. In den Küstenfjorden leben Meerestiere wie Narwale und Robben.
TIPPS: Die Saison für Expeditionen auf die Eiskappe dauert von Mitte März bis Ende April – danach ist das Eis zu brüchig. Ende Juni und im Juli ist der Park wegen seiner Blütenpracht und der vielfältigen Meereswelt besonders empfehlenswert.
PRAKTISCHE INFORMATIONEN: Anreise mit dem Boot oder Motorschlitten über Pangnirtung, 38 km südlich des Parks, oder über Qikiqtarjuaq, 34 km nordöstlich des Parks. Visitor Centre in Pangnirtung.
Unterkunft: Auyuittuq Lodge, Pangnirtung, www.pangnirtunghotel.com

BADLANDS NP

25216 Ben Reifel Road
Interior, South Dakota 57750 / USA
www.nps.gov/badl/

Die Erosion durch Wind und Wasser schliff in Süd-Dakota über Millionen Jahre bizarre Formen in den Felsen: Kuppenförmige Härtlinge (»Buttes«), Spitzen (»Spires«) und türmchenartige Fialen (»Pinnacles«) entstanden als imposante Naturskulpturen. Um diese und die vielen fossilen Fundstätten zu schützen, wurden die 987 km² großen Badlands 1978 zum Nationalpark erklärt.
HIGHLIGHTS: In dieser Landschaft tummeln sich heute Bisons, Dickhornschafe, Präriehunde und Schwarzfußiltisse. Doch viele Fossilienfunde zeigen, dass hier schon vor Tausenden von Jahren urzeitliche Nashörner und Säbelzahntiger lebten.
TIPPS: Die schönste Strecke durch den Park erschließt die rund 80 km lange Badlands Loop Road, mit Glück zeigen sich große Bisonherden. Von der Straße aus führen zahlreiche Wanderpfade ab, vom kurzen Door Trail bis zum langen Castle Trail.
PRAKTISCHE INFORMATIONEN: Die Anreise mit dem Auto erfolgt über die Interstate 90 und den Highway 240 durch Wall oder über den State Highway 44 und den Highway 377 durch Interior. Der Park ist ganzjährig geöffnet. Das Ben Reifel Visitor Center liegt am Highway 240.
Unterkunft: Badlands Inn & Camping, Tel. (877) 386-4383, www.cedarpasslodge.com

BAKO NP

Sarawak Forestry Coproration
Lot 218, KCLD
Jalan Tapang, Kota Sentosa
93250 Kuching, Sarawak / Malaysia
www.sarawakforestry.com

Der 27 km² große Nationalpark liegt im malaysischen Teil Borneos auf einer Halbinsel im Südchinesischen Meer nur knapp 40 km von Kuching entfernt. Er schützt eine vielfältige Flora sowie eine artenreiche Fauna, darunter Nasenaffen, Bartschweine, Warane und über 150 Vogelarten.
HIGHLIGHTS: Durch den Park führen 16 markierte Wege, davon der längste rund 10 km durch Regenwald, Busch und Sumpfwald zum Strand von Telok Limau, an dem Campen erlaubt ist.

TIPPS: Die endemischen Nasenaffen sieht man am besten frühmorgens oder spätnachmittags in den Mangroven von Telok Assam sowie entlang der Wege nach Telok Delima und Telok Paku.
PRAKTISCHE INFORMATIONEN: Die Anfahrt erfolgt nur per Boot vom Parkeingang in Kampung Bako zum Parkzentrum in Telok Assam. Unterkunft: Lodges im Park, http://ebooking.com.my/

BANDHAVGARH NP

Bandhavgarh Tiger Reserve
Madhya Pradesh
Umaria 484661 / Indien
www.mpforest.org/bandhavgarh.html

Der in Zentralindien gelegene Nationalpark ist ein ehemaliges Jagdgebiet der Maharadschas von Rewa. Der 466 km² große Park mit seiner hügeligen Landschaft, die von Grasgebieten, Sümpfen und Salwäldern geprägt wird, gehört zu den wichtigsten Schutzgebieten des Bengali-Tigers.
HIGHLIGHTS: Im Park leben noch etwa 50 Tiger. Mit hoher Wahrscheinlichkeit kann man sie hier noch in freier Wildbahn beobachten. Tigersafaris sind hier deshalb ein Muss.
TIPPS: Außer Tigern kann man hier auf Safaris auch das seltene Schuppentier beobachten. Es gibt auch die Gelegenheit, auf Elefanten zu reiten.
PRAKTISCHE INFORMATIONEN: Anreise mit dem Flugzeug nach Jabalpur, von dort per Auto nach Umaria und zum Parkeingang (30 km von Umaria). Unterkunft: Camp Aranyaa, www.camparanyaa.com

BANFF NATIONAL PARK

Banff, Alberta T0L 0C0
www.pc.gc.ca/pn-np/ab/banff/index.aspx
www.banfflakelouise.com / Kanada

Der erste Nationalpark Kanadas wurde im Jahr 1885 gegründet. Mehrfach erweitert, erstreckt sich das knapp 130 km westlich von Calgary rund um den Bergsee Lake Louise gelegene Naturparadies heute auf einer Fläche von 6641 km².
HIGHLIGHTS: Gewaltige Gletscher, verschwiegene Bergtäler, kristallklare Flüsse – vor allem im Hinterland des in seinen wichtigen Zentren Banff und Lake Louise sowie entlang eines Großteils der insgesamt rund 1500 km langen Wanderwege oft überlaufenen Nationalparks gibt es noch eine unberührt, geradezu paradiesisch anmutende Natur. Die Landschaft wird geprägt von Bergwiesen und Nadelwäldern, oberhalb der Baumgrenze gedeihen Buschweiden, Sträucher, Moose und Flechten. Zur Fauna des Parks gehören über drei Dutzend Arten größerer Säugetiere. Während die Elche feuchte Talwiesen bevorzugen, suchen Waldkaribus und Hirsche (Weißwedel-, Wapiti- und Maultierhirsche) gerne Lichtungen auf. In den höheren Berglagen begegnen einem Schneeziegen und Dickhornschafe. Auch Bären gibt es im Park – vor allem Schwarzbären, aber auch etliche Grizzlybären. Letztere sind größer als ihre Artgenossen und unterscheiden sich von diesen auch durch einen Buckel im Schulterbereich. Ausgangspunkt für Exkursionen im Park ist das unterhalb des Cascade Mountain am Trans-Canada Highway (Highway 1) gelegene Banff mit seinen vornehmen Hotels, exklusiven Restaurants, Boutiquen und heißen Quellen. Anlässlich der Jubiläumsfeierlichkeiten zum 125-jährigen Bestehen des Parks 2010 wurde der Banff Legacy Trail eröffnet, eine 26 km lange, landschaftlich reizvolle, von Wanderern, Radfahrern und Inlineskatern viel frequentierte Strecke, die meist parallel zum Trans-Canada Highway verläuft und die nahe gelegene Stadt Canmore mit dem Park verbindet.
TIPPS: Eisenbahnfreunde können mit dem Royal Canadian Rockies Experience, einem nostalgischen Luxuszug, von Calgary und Banff aus durch das imposante Felsengebirge reisen (www.royalcanadianpacific.com). Ein besonderes Erlebnis ist auch eine Übernachtung im legendären Banff Springs Hotel, das heute von der kanadischen Hotel- und Resortkette The Fairmont betrieben wird. Zu dieser gehört auch das weltberühmte Grandhotel Chateau Lake Louise, von dem aus man einen überwältigenden Blick auf den See hat. Nicht versäumen sollte man eine Fahrt auf dem Icefields Parkway, einer der schönsten Panoramastraßen der Welt. Gebaut wurde der 1940 eingeweihte Highway eigens für den Ausflugsverkehr, deshalb gibt es viele Haltebuchten für Naturbeobachter. Aber schon zuvor nutzten First Nations und Pelzhändler die auch als »Weg der Wunder« bezeichnete Route. Als erster Höhepunkt der Fahrt beeindruckt der malerische Bow Lake unterhalb zweier Gletscher mit seiner stillen Schönheit. Über den Bow Pass (Bow Summit), mit 2088 m Höhe der höchste Punkt der Panoramastraße, geht es in die Täler des Saskatchewan River. Jenseits des Sunwapta Pass warten die Eisfelder des Athabasca Glacier, die zum Columbia Icefield gehören: Das sich zwischen dem 3747 m hohen Mount Columbia im Westen und dem 3491 m hohen Mount Athabasca im Osten erstreckende, mit mehr als 325 km² Fläche größte Eisfeld der Rocky Mountains ist die Hauptattraktion der Route.
PRAKTISCHE INFORMATIONEN: Anreise über Calgary mit Auto, Bus oder Bahn nach Banff, am schnellsten auf dem Trans-Canada Highway. Visitor Centres in Banff, 224 Banff Avenue, und Lake Louise, Samson Mall. Unterkunft in Banff: The Fairmont Banff Springs, 405 Spray Avenue, www.fairmont.com/banffsprings; in Lake Louise: Fairmont Chateau Lake Louise, 111 Lake Louise Dr., www.fairmont.com/lakelouise. Im Park selbst gibt es 13 mit dem Fahrzeug erreichbare Campingplätze.

BARRINGTON TOPS NP

Office of Environment and Heritage
Sydney CBD, Level 14, 59-61 Goulburn Street / Australien
www.environment.nsw.gov.au

Das 745 km² große Schutzgebiet um den Mount Barrington (1555 m) rund 300 km nördlich von Sydney liegt im Bundesstaat New South Wales. Es ist Teil der Gondwana Rainforests of Australia World Heritage Area und ein Naturdenkmal der UNESCO-Welterbeliste.
HIGHLIGHTS: Eukalyptus- und Regenwälder überziehen die Berghänge, wo Koalas, viele Känguruarten und Schnabeltiere heimisch sind.
TIPPS: Einen prächtigen Rundblick bietet Careys Peak Lookout (1544 m). Dorthin gelangt man vom Little Murray Campground über den Barrington Trail. Von Oktober bis Mai darf hier geangelt werden, die gefangenen Forellen kann man auf einem der ausge-

wiesenen Picknickplätze grillen.
PRAKTISCHE INFORMATIONEN: Anreise über die Orte Dungog, Gloucester oder Scone. Übernachtung im Park auf rund zehn Campingplätzen.

BAXTER STATE PARK

64 Balsam Drive
Millinocket, Maine 04462 / USA
www.baxterstateparkauthority.com

Im Piscataquis County in Maine gelegen, im Jahr 1931 eingerichtet, untersteht der Park nicht der Verwaltung des Bundesstaats, sondern wird als eigenständige Einrichtung betrieben. Mit einer Fläche von rund 848 km² ist der nach seinem Stifter, dem Gouverneur Percival P. Baxter, benannte Park, gemessen an einer jährlichen Besucherzahl von rund 65 000 Personen, eher wenig frequentiert.
HIGHLIGHTS: Wanderungen entlang der kieferbewachsenen Hänge des 1606 m hohen Mount Katahdin sind Pflicht in diesem Park. Unterwegs sind Schwarzbären, Kojoten oder Elche zu sehen, Biber, Otter und Waschbären belegen die zahlreichen Seen und Sümpfe, in die auch das Wasser umliegender Wasserfälle strömt.
TIPPS: Besucher mit guter Kondition schaffen auch den knapp 17 km langen Hunt Trail bis zum Gipfel des Mount Katahdin. Ebenso lohnen Wanderungen zum Peak Baxter (1605 m) und dem malerischen Grand Lake Matagamon.
PRAKTISCHE INFORMATIONEN: Die Anreise mit dem Auto erfolgt über die Interstate 95 und die Route 157 durch Millinocket (Süden) oder Patten (Norden). Der Park ist ganzjährig geöffnet und unterhält neun Campingplätze. Besucher sollten viel Trinkwasser und Nahrungsmittel mitbringen. Unterkunft: Katahdin Inn, Tel. (877) 902-4555, www.katahdininnandsuites.com

BAYERISCHER WALD NP

Nationalparkverwaltung Bayerischer Wald, Freyunger Straße 2
94481 Grafenau / Deutschland
www.nationalpark-bayerischer-wald.de

Der 243 km² große Nationalpark Bayerischer Wald bildet zusammen mit dem tschechischen Nationalpark Šumava das mit 900 km² größte Waldschutzgebiet Mitteleuropas.
HIGHLIGHTS: Ab der Weißen Brücke bei Lindberg führt eine 11 km lange Wanderung durch die faszinierende Urwaldwildnis in der Höllbachgspreng auf den 1305 m hohen Aussichtsberg Großer Falkenstein.
TIPPS: Bei den Nationalparkzentren Lusen und Falkenstein lässt sich von Auerhahn bis Luchs und Braunbär die (einstige) Tierwelt der Region in weitläufigen Freigehegen beobachten.
PRAKTISCHE INFORMATIONEN: Der Park ist rundum zugänglich, Anreise mit dem Auto zum NPZ Lusen über die B533, zum NPZ Falkenstein über die B11/E53. Unterkunft: Biohotel Pausnhof, www.pausnhof.de

BARRIERERIFF VON BELIZE

MBRS Coastal Resources Multicomplex Building, Princess Margaret Drive,
PO Box 93, Belize City / Belize
www.belize.gov.bz

Die sieben Schutzgebiete mit insgesamt 963 km² umfassen 12 % des Barriereriffs im Karibischen Meer vor der Ostküste Belizes. Es wurde 1996 als Naturdenkmal in die UNESCO-Welterbeliste aufgenommen.
HIGHLIGHTS: Die Küstenlandschaft besteht aus Atollen, Sandbänken, Mangrovenwäldern, Lagunen und Ästuaren. Hier leben Meeresschildkröten, Rundschwanzseekühe und Spitzkrokodile.
TIPPS: Azurblau und kreisrund – aus der Vogelperspektive sieht das durch Jacques Cousteau berühmt gewordene »Great Blue Hole« fast künstlich aus. Es handelt sich dabei um eine submarine Einsturzhöhle rund 70 km vor der Küste.
PRAKTISCHE INFORMATIONEN: Per Flugzeug von Miami, Cancun, Flores oder San Pedro Sula nach Belize City. Von dort mit Kleinflugzeugen auf eine der Inseln (z. B. San Pedro oder Cayo Caulker) und mit Booten zu den Tauchgründen.

BERCHTESGADEN NP

Nationalparkverwaltung Berchtesgaden
Doktorberg 6, 83471 Berchtesgaden / Deutschland
www.nationalpark-berchtesgaden.de

Das rund 208 km² große Schutzgebiet ist Deutschlands einziger Nationalpark in den Alpen und zudem ein UNESCO-Biosphärenreservat. Es schützt eine beeindruckende alpine Landschaft, die von rund 600 m am Königssee bis zu 2713 m Meereshöhe am Gipfel des Watzmanns reicht.
HIGHLIGHTS: Im Nationalpark leben Steinadler, die man mit etwas Glück im Klausbachtal beobachten kann. Die rund 14 km lange Wanderung beginnt an der Nationalpark-Informationsstelle Klausbachhaus in Ramsau und führt ins österreichische Weißbach. Zurück fährt man mit dem Almerlebnis-Bus.
TIPPS: Den Park durchzieht ein 260 km langes Netz von Wanderwegen. Der schönste Weg zur Watzmann-Ostwand führt jedoch mit dem Elektroboot von Schönau aus über den Königssee zur Anlegestelle St. Bartholomä. Die Boote fahren ganzjährig mehrmals täglich, Fahrplan unter www.seenschifffahrt.de
PRAKTISCHE INFORMATIONEN: Der Nationalpark ist über die umliegenden Gemeinden rundum zugänglich, Anreise mit dem Auto nach Berchtesgaden über die A8 und B20. Das Informationszentrum »Haus der Berge« liegt in der Hanielstr. 7 in Berchtesgaden. Unterkunft: Alpenhotel Zechmeisterlehen in Schönau am Königssee, www.zechmeisterlehen.de

BIAŁOWIEŻA NP

Białowieski Park Narodowy
Park Pałacowy 11, 17-230 Białowieża / Polen, www.bpn.com.pl

Der 105 km² große polnische Nationalpark schützt zusammen mit dem angrenzenden, 1771 km² großen weißrussischen Nationalpark Belaweschskaja puschtscha den letzten Tiefland-Urwald Europas. Beide Parks gehören als Biosphärenreservat zum UNESCO-Welterbe.
HIGHLIGHTS: König des Urwalds und der 8500 Tierarten im Nationalpark ist der Wisent. Auf einer geführten Tour kann man den mächtigen Tieren nahekommen.
TIPPS: Rund 3 km außerhalb von Białowieża können an der Hauptstraße Hajnówka-Białowieża in Freigehegen Wisente, Tarpane, Luchse und andere Waldbewohner beobachtet werden.
PRAKTISCHE INFORMATIONEN: Das 47 km² große strenge Schutzgebiet ist nur im Rahmen von Führungen zu besichtigen.

Die Anreise mit dem Auto erfolgt über die Landstraße 689 nach Białowieża. Unterkunft: Apartamenty Carskie, Białowieża, www.carska.pl

BIOKO SCHUTZGEBIETE

Ministerio de Pesca y Medio Ambiente
C/La romda 51/5 Barrio Chino
Malabo, Bioko Norte / Äquatorialguinea
www.guineaecuatorialpress.com

Auf der zu Äquatorialguinea gehörenden Insel Bioko liegen der 330 km² große Nationalpark Pico Basilé im Norden bei der Hauptstadt Malabo und die 510 km² große Reserva Científica de la Caldera de San Carlos im Süden.
HIGHLIGHTS: Die Reserva Científica de la Caldera de San Carlos ist weitaus unberührter als der Nationalpark im Norden. Im dichten Regenwald leben hier Primaten wie Meerkatzen, Stummelaffen und Drill. Das Moka Wildlife Center am Rand des Reservats organisiert Touren durch das Gebiet.
TIPPS: Der 2000 gegründete Nationalpark Pico Basilé erstreckt sich ab 800 m Höhe im zerklüfteten Gebiet des 3011 m hohen Pico Basilé, auf den eine Straße hinaufführt. Die Zufahrt erfolgt von der Straße zwischen Malabo und Santiago de Baney aus.
PRAKTISCHE INFORMATIONEN: Die Anreise erfolgt per Mietwagen oder Taxi von Malabo aus. Unterkunft: Moka Wildlife Center, Moka, www.bioko.org/ecotourism

BRAULIO CARRILLO NP

SINAC, Oficina Central, San José
Avenida 15 Calle 1° / Costa Rica
www.sinac.go.cr

Der 476 km² große Park wurde 1978 gegründet. Er liegt im zentralen Hochland der Cordillera Central Costa Ricas zwischen den aktiven Vulkanen Poas (2708 m) und Irazú (3432 m).
HIGHLIGHTS: Der Park schützt die enorme Artenvielfalt des tropischen Regenwaldes: 6000 Pflanzenarten, 500 Vogelarten (darunter Quetzal und Tukane) und 150 Säugetierarten (u.a. Jaguar, Tapir, Weißschulterkapuziner).
TIPPS: An klaren Tagen kann man vom leicht erreichbaren Gipfel des Irazú (Straße bis in die Gipfelregion) bis zum Atlantik und zum Pazifik sehen. Im Osten des Parks kann man in der offenen Gondel einer Seilbahn zusammen mit einem Guide über den Wald gleiten (Rainforest Tram Alantic, Details unter www.rainforestadventure.com).
PRAKTISCHE INFORMATIONEN: Anreise von San José aus nach Osten über den Guápiles Highway (ca. 50 km), der mitten durch den Park führt (www.visitcostarica.com).

BRYCE CANYON NP

Bryce Canyon, Utah 84764-0201 / USA
www.nps.gov/brca/

Sie sehen aus wie Totempfähle oder Reste von Stalaktiten. Hunderte von langen dünnen Felsnadeln ragen im Bryce Canyon-Nationalpark wie eine Armee aus dem Steinboden, teilweise bis zu 60 m hoch. Im Gegensatz zum Grand Canyon hat hier nicht ein Flusslauf die Formationen in den Sandstein geschnitzt. Der Bryce Canyon trägt seinen Namen Canyon eigentlich zu Unrecht, denn hier haben Wind und Wetter in 60 Millionen Jahren langer Arbeit den Sandstein derart bearbeitet, dass von einst stolzen Felsen nur noch dünne Gesteinssäulen, die sogenannten »Hoodoos«, geblieben sind.
HIGHLIGHTS: Einen schönen Überblick über die Landschaft bekommen Besucher, wenn sie am Sunset Point stehen. Je nach Tageszeit ergeben sich von hier aus wundervolle Farbspiele auf die Gesteinsnadeln. Sie leuchten dann nicht nur in warmen Farben, sondern zeigen noch einmal ihr gesamtes Spektrum an Rottönen. Von zartem Apricot über Lachsfarben und Ockergelb bis hin zu strahlendem Rot reicht die Palette der Töne dann, bevor das Gestein sich in den nächtlichen Schatten begibt. Dass die Felsen dieses Spektrum an Rottönen bedienen können, liegt an dem hohen Anteil an Eisen und Mangan im Gestein. Es zeigt sich übrigens auch bei Sonnenaufgang. Das morgendliche Schauspiel fangen die Besucher am besten am Sunrise Point ein. Von hier aus beginnt ein hübscher Wanderweg hinab in den Queen's Garden, in dem so manche Steinfigur sogar einen Namen bekommen hat, eine heißt etwa Queen Victoria. Von hier aus bieten sich auch Abstecher zur Formation Thor's Hammer oder der Felsenge namens Wall Street an. Frühe indianische Bewohner hinterließen an manchen Ecken der Felsenlandschaft ihre Felszeichnungen. Als Überlebenskünstler in dieser Landschaft haben sich die Limber Pines herausgestellt, deren starke Wurzeln selbst an schwierigstem Untergrund Halt finden. Während Besucher häufig auf den Goldmantel-Ziesel treffen, der sich lange Tunnel in den Untergrund des Parks gräbt, gehört schon etwas Glück dazu, auch mal einem Rotluchs oder einem Puma zu begegnen. Wapitis und Gabelhirsche haben sich hier ebenso angesiedelt wie Präriehunde, Schwarzbären und Kondore, auch Tigersalamander und Leguane sonnen sich hier auf warmen Felsen.
TIPPS: Insgesamt ist der 146 km² große Park von einem Netz aus Wanderwegen durchzogen, die von gut 2 km bis zu 35 km Länge reichen. Eine sehr gute Sicht auf das Parkpanorama bietet auch der Bryce Point, der über den Bryce Trail mit dem gut 4,5 km entfernten Sunrise Point verbunden ist. Populär aber sind auch Spaziergänge über den Navajo Loop Trail oder der Rim Trail, beide führen an den schönsten Gesteinsformationen vorbei. Besucher, die lieber mit dem Auto den Park erkunden möchten, wählen am besten den Scenic Drive. Die knapp 30 km lange Strecke offenbart an 13 Aussichtspunkten immer wieder fantastische Blicke in die Weite und Tiefe.
PRAKTISCHE INFORMATIONEN: Anreise: Der Park ist mit dem Auto oder Bus vom Bryce Canyon Airport über den Highway 63 von Norden aus erreichbar. Von Süden aus führt der Weg durch Cedar City oder den Zion National Park. Die wichtigsten Sehenswürdigkeiten des Parks sind über Shuttlebusse gratis erreichbar, der Park ist ganzjährig geöffnet und verfügt über zwei Campingplätze. Das Visitor Center liegt an der Kreuzung Highway 12/63. Unterkunft: Bryce Canyon Lodge, www.xanterra.com

BUKIT BARISAN SELATAN NP

Balai Besar Taman Nasional Bukit Barisan Selatan, Jl. Ir. H. Juanda No. 19 Km 1
Tanggamus, Kota Agung 35751 / Indonesien www.indonesia.travel/en

Der Nationalpark liegt im Süden Sumatras und umfasst 3650 km². Er gehört zur UNESCO-Welterbestätte »Tropische Regenwälder von Sumatra« und steht auf der Roten Liste des bedrohten Welterbes.

HIGHLIGHTS: Das Schutzgebiet erstreckt sich von der Küste ins Gebirge. Durch die Regen- und Mangrovenwälder streifen Elefanten, Nashörner, Sumatra-Tiger und Malaienbären.
TIPPS: Auf einem Dschungel-Trekking lassen sich Rekorde der Pflanzenwelt in Augenschein nehmen. In den Regenwäldern blüht die weltweit größte Orchidee sowie die Riesenrafflesie mit der weltweit größten Blüte. Birdwatcher können nach dem seltenen Sumatra-Laufkuckuck Ausschau halten. Ausgangsorte für solche Exkursionen sind Way Titias oder Danau Ranau am gleichnamigen See im Norden des Parks.
PRAKTISCHE INFORMATIONEN: Der Park ist abgelegen und schwierig zu erreichen. Organisierte Ausflüge sind empfehlenswert. Per Flugzeug nach Bandar Lampung, dann mit dem Bus nach Kota Agung oder Liwa, dort einige Hotels. Zugangsgenehmigung erforderlich.

BUNAKEN NP

NSTO, PO Box 1253, Manado 95000
North Sulawesi / Indonesien
www.north-sulawesi.com

Das Schutzgebiet liegt am äußersten Nordostzipfel Sulawesis und umfasst rund 750 km². Es erstreckt sich größtenteils auf Meeresgebiete rund um die 8 km² kleine, halbmondförmige Insel Bunaken und ihre Nachbarinseln, die alle vulkanischen Ursprungs sind.
HIGHLIGHTS: Das geschützte Meeresgebiet ist für seine außerordentlich hohe biologische Diversität bekannt. Korallen, Fische, Seeigel und Schwämme kommen hier in atemberaubender Vielfalt vor. Das sehr klare Wasser – bis zu 40 m Sichtweite – begünstigt die Beobachtung der marinen Lebenswelt.
TIPPS: Das Gebiet ist ein bekanntes Paradies für Sporttaucher. Tauchsafaris von Booten aus bietet z. B. Manado Safari Tours (www.manadosafaris.com) an.
PRAKTISCHE INFORMATIONEN: Anreise über Manado. Die Insel Bunaken ist touristisch sehr gut erschlossen, Dutzende Hotels vor Ort.

CANAIMA NP

Ministerio del Poder Popular para Ecosocialismo, Hábitat y Vivienda
Avenida Francisco de Miranda
Caracas / Venezuela
www.mvh.gob.ve

Der zweitgrößte Nationalpark Venezuelas mit einer Fläche von 30000 km² liegt im Südosten des Landes im Bundesstaat Bolivar. Charakteristisch für die Landschaft sind die hohen Tafelberge (Tepuis) aus Sandstein mit spektakulären Wasserfällen.
HIGHLIGHTS: Der Salto Ángel, höchster Wasserfall der Welt, stürzt vom Auyan-Tepui 979 m in die Tiefe.
TIPPS: Von der Ortschaft Canaima aus starten Touren per Boot und zu Fuß durch den Regenwald zu einem Aussichtspunkt am Salto Ángel. Es empfiehlt sich, vorab eine Rundreise von 4 bis 5 Tagen zu buchen (z.B. www.quinta-palomar.de/tour_salto-angel_venezuela.htm).
PRAKTISCHE INFORMATIONEN: Anreise mit dem Flugzeug von Caracas nach Ciudad Bolívar, von dort mit einem Kleinflugzeug nach Canaima, Unterkunft: Waku Lodge, www.wakulodge.com

CANYONLANDS NP

2282 SW Resource Blvd.
Moab, Utah 84532 / USA
www.nps.gov/cany/

Es ist der Landstrich der steilen Täler. So weit das Auge reicht, liegt Utahs größter Nationalpark als zerfurchtes Labyrinth mit vielen Schluchten vor dem Betrachter. Die Flüsse Green River und Colorado River teilen den 1366 km² großen Nationalpark auf, in dem sich sogar Spuren prähistorischer Besiedelung finden. Die Felsmalereien im südlichen Teil des Parks stammen mit großer Wahrscheinlichkeit von den nomadischen Ureinwohnern, den Fremont. Später folgten die Anasazi, sie richteten sich in den Felsnischen Höhlen ein und bauten Mais an. Auf sie folgten die Navajos, die schließlich im 18. Jahrhundert von den Europäern fast vertrieben wurden.
HIGHLIGHTS: Mit Island in the Sky befindet sich ein dreieckiges Areal im Norden, das sich vor allem durch hohe Trockenheit auszeichnet. Wanderwege führen hier zu den schönsten Panoramapunkten, etwa zu The Neck, der einen grandiosen Ausblick auf die Felsformationen und die beiden Flüsse offenbart, die sich hier in Schlaufen durchs Tal winden. Kennzeichnend für diesen Teil des Parks ist vor allem der White Rim, eine fast gleißend weiß leuchtende Gesteinsschicht, die sich als helles Band durch die Felsen zu ziehen scheint. Leuchtend orange hingegen ist der lang gestreckte Felsbogen Mesa Arch, wenn ihn die ersten Sonnenstrahlen des Tages in helles Licht tauchen. Nicht versäumen sollten Besucher auch einen Abstecher zum Upheaval Dome, einem kraterähnlichen Gebilde, das vielleicht sogar durch einen Meteoriteneinschlag entstanden sein könnte. Aber auch ganz kleine Krater, wie etwa False Kiva, beeindrucken mit ihrer fast kreisrunden Form. Das zweite Teilgebiet des Parks, The Needles, ist benannt nach den vielen Sandsteintürmchen, die hier wie Minarette in die Höhe zu wachsen scheinen. Besonders schön zeigen sie sich etwa im Chesler Park. Von hier aus führt ein Wanderweg zum Druid Arch, der aussieht wie ein Steintor aus einem Asterixfilm. Mehrere Felsbögen machen diese Landschaft hier besonders fotogen, darunter die Formation Angel Arch. Der Newspaper Rock hingegen ist eher für seine Details bekannt. Hier finden sich prähistorische Zeichnungen ebenso wie Graffitis und Kratzbildchen von Touristen. Die abgelegene Parkregion The Maze gilt als Distrikt mit labyrinthähnlichen Gängen. Hier zeigt sich die Vielfalt der Erdtöne in den verschiedenen Sedimentschichten. Allerdings gehört dieser Teil des Parks auch zu den am schlechtesten erreichbaren Regionen und hat sich so auch ein Stück Unberührtheit bewahrt. Einen Abstecher wert ist außerdem der nahe gelegene Horseshoe Canyon. Dort wurden die vielleicht ältesten und schönsten Felsmalereien der USA gefunden.
TIPPS: Das weiße Gesteinsband von Island in the Sky gilt auch als Wegweiser für Jeeps, denn entlang des White Rim zieht sich der rund 120 km lange White Rim Trail, für den Autofahrer gute zwei Tage einplanen sollten. Zu den kurzen Trails für Fußgänger zählt der etwa 1 km lange Mesa Arch Trail, der zu dem gleichnamigen Felsbogen führt – am besten zum Sonnenaufgang oder Sonnenuntergang. Ein empfehlenswerter Wanderweg im Bereich The Needles ist vor allem der Confluence Overlook Trail, der auf knapp 10 km Länge zu einem Aussichtspunkt führt, von dem aus sich der Zusammenfluss von Colorado River und

Green River gut beobachten lässt.
PRAKTISCHE INFORMATIONEN: Die Anreise erfolgt bis Grand Junction, von dort aus weiter über den Highway 313 nach Island in the Sky oder den Highway 211 nach Needles. Der Park ist ganzjährig geöffnet und unterhält Campingplätze und eine Ranger Station in Maze. Das Visitor Center befindet sich im Needles-Teil. Unterkunft: Aarchway Inn, www.aarchwayinn.com

CHAPADA DOS VEADEIROS NP

Parque Nacional da Chapada dos Veadeiros, ICM Bio Instituto Chico Mendes
EQSW 103/104 Bloco C,
70.670-350 Brasilia DF / Brasilien
www.icmbio.gov.br

Der Park mit einer Fläche von 655 km² liegt im Cerrado, im Savannengebiet Zentralbrasiliens, etwa 250 km nördlich der Hauptstadt Brasilia. Es handelt sich um ein Hochland mit teilweise zerklüfteten Flussläufen. 2001 wurde der Park zusammen mit dem Emas-Nationalpark zum Weltnaturerbe erklärt.
HIGHLIGHTS: Im Park kann man einige bedrohte Tierarten beobachten, z.B. den für das Cerrado typischen Pampashirsch sowie den Sumpfhirsch.
TIPPS: Bei einer Wanderung durch das Tal des Rio Preto kommt man an Wasserfällen (mit Aussichtsplattform) und Canyons vorbei. Es empfiehlt sich, eine Rundreise zu buchen (www.aventuradobrasil.de).
PRAKTISCHE INFORMATIONEN: Anreise von Brasilia mit dem Auto (Straße BR-010) nach Alto Paraíso de Goiás. Unterkunft: Pousada Casa Rosa, www.pousadacasarosa.com.br

CHITWAN NP

Chitwan National Park, Headquaters
Kasara, 00001 Chitwan / Nepal
www.chitwannationalpark.gov.np

Der 1973 gegründete Chitwan-Nationalpark im Süden Nepals – seit 1984 UNESCO-Welterbe – ist der älteste im Land. Auf einer Fläche von 932 km² leben hier mehr als 700 Tierarten. Flora und Fauna gehören zu den reichhaltigsten und außergewöhnlichsten im gesamten asiatischen Raum.
HIGHLIGHTS: Der Bengal-Tiger ist hier der König des Dschungels. Seine Population ist seit der Gründung des Nationalparks wieder angewachsen. Mit viel Glück kann man die Wildkatzen sowie Nashörner, die andere Attraktion des Parks, auf einer geführten Safari vom Rücken eines Elefanten aus beobachten.
TIPPS: Das dienstälteste Resort, die Tiger Tops Tharu Lodge (www.tigertops.com/tharu-logde), ist bekannt für seine Safaris. In Sauraha findet seit 2004 jährlich vom 26. bis 30. Dezember ein Elefantenfestival statt, wo man den Dickhäutern u.a. beim Wettrennen und Fußballspielen zusehen kann.
PRAKTISCHE INFORMATIONEN: Anreise mit dem Flugzeug nach Bharatpur, dann per Bus oder Taxi nach Kasara (20 km). Unterkunft: Hotel Seven Star, www.hotelsevenstar.com.np

CHOBE NP

Botswana Parks and Reserves Reservation Office, Department of Wildlife and National Parks, PO Box 131
Gaborone / Botsuana

Der gut 10 000 km² große Chobe-Nationalpark im Norden Botsuanas ist dank des Wechsels von trockenen und Überschwemmungslandschaften Refugium einer höchst artenreichen Fauna: fast alle Großwildarten, Gazellen, Antilopen, Zebras u.a., dazu über 400 Vogelarten.
HIGHLIGHTS: Im Park ist eine der größten Elefantenpopulationen Afrikas anzutreffen (bis zu 50 000).
TIPPS: Bei einer Bootsfahrt auf dem Chobe River lassen sich zahlreiche Tiere beobachten, die zur Tränke an den Fluss kommen (www.theberiversafaris.com).
PRAKTISCHE INFORMATIONEN: Per Flugzeug von Gaborone nach Kasane oder Maun, von Kasane zum Sedudu Gate, von Maun zum Mababe Gate. Im Park gibt es drei Campingplätze, Lodges nur außerhalb, z.B. Chobe Safari Lodge http://underonebotswanasky.com/camps/chobe-safari-lodge.php

(ISLA DEL COCO) NP

SINAC, Oficina Central, San José
Avenida 15 Calle 1° / Costa Rica
www.sinac.go.cr

Die etwa 24 km² große unbewohnte Kokos-Insel liegt 550 km von der Westküste Costa Ricas entfernt im Pazifischen Ozean. Der knapp 2000 km² große Park wurde 1997 als Naturdenkmal in die UNESCO-Welterbeliste aufgenommen. Geschützt sind die Insel und die umgebenden Meeresflächen bis zu einer Entfernung von 15 km.
HIGHLIGHTS: Die Kokosinsel ist die einzige Insel im Ostpazifik, die von einem tropischen Regenwald bedeckt ist. Kokospalmen sind trotz des Namens eher selten (www.isladelcoco.go.cr).
TIPPS: Die Unterwasserwelt erfreut sich unter erfahrenen Sporttauchern größter Beliebtheit. Diverse Delfine, Haie, Rochen und Meeresschildkröten lassen sich hier beobachten.
PRAKTISCHE INFORMATIONEN: Tauchkreuzfahrten starten in Puntarenas, angeboten von www.underseahunter.com. Die Überfahrt (raue See!) dauert etwa 35 Stunden.

COIBA NP

Ministerio de Ambiente Panamá
Calle Broberg, Panamá C-0843-00793
Panama www.anam.gob.pa

Der 2701 km² große Park (seit 2005 Weltnaturerbe) umfasst die Insel Coiba (503 km²), die überwiegend von Regenwald bewachsen ist, die restliche Fläche ist Pazifischer Ozean. Die Insel liegt etwa 50 km vor der Südküste Panamas im Golf von Chiriquí im Pazifik.
HIGHLIGHTS: Es gibt hier eine Vielzahl von Fischen und Meeressäugern – z.B. Haie, Wale und Delfine (über 50 Arten), die man in Inselnähe beobachten kann.
TIPPS: Ein besonderes Erlebnis ist das Schnorcheln in der Unterwasserwelt am Riff unweit vom Strand. Auf einer Bootstour kann man Delfine und Wale beobachten (Juli bis Oktober).
PRAKTISCHE INFORMATIONEN: Ein Besuch ist nur nach Anmeldung bei der Umweltbehörde ANAM möglich. Es empfiehlt sich deshalb, eine mehrtägige Inseltour zu buchen (www.sommer-fern.de). Von Panama-Stadt aus per Auto nach Santa Catalina, von dort mit der Fähre nach Coiba. Unterkunft: Hotel Sol y Mar, www.solymarpanama.com

COMOÉ NP

Office Ivoirien des Parcs et Réserves
Direction de zone nord-est

BP 101 BOUNA06 BP Côte d'Ivoire / Elfenbeinküste www.oipr.ci

Der 11 495 km² große Comoé-Nationalpark ist der größte seiner Art in Westafrika und gehört zum UNESCO-Welterbe. Er erstreckt sich im Nordosten von Côte d'Ivoire in der Region Zanzan nahe der Grenze zu Burkina Faso zu beiden Seiten des Flusses Comoé.

HIGHLIGHTS: Der Park schützt eine große Vielfalt von Pflanzenarten in diversen Vegetationszonen. Eine Besonderheit sind die Gebiete mit tropischem Regenwald, der in der Regel weiter südlich wächst.

TIPPS: Bei einer Bootsfahrt sieht man Krokodile sowie an den Ufern Flusspferde und zahlreiche Vogelarten. Elefanten halten sich vorwiegend in den Wäldern im Süden des Gebiets auf, Büffel und Affen bevorzugen die Savannen.

PRAKTISCHE INFORMATIONEN: Die Anreise erfolgt per Auto und Bus, am problemlosesten organisiert über Veranstalter für Spezialreisen. Unterkunft: in den Ortschaften in Parknähe (Kakpin, Gansée) oder in einer Safari-Lodge in Kafola.

CONNEMARA NP

Connemara National Park
Letterfrack, County Galway / Irland
www.connemaranationalpark.ie

Der 29,57 km² große Nationalpark im County Galway schützt seit 1980 Moore, Heide, Wiesen, Wälder und Berge, von denen einige zur Bergkette Twelve Bens gehören.

HIGHLIGHTS: Direkt am Besucherzentrum beginnt die rund 7 km lange, ca. dreistündige Rundwanderung auf den 445 m hohen Diamond Hill. Auf dem höchsten Berg im Park reicht der Blick bis zur Küste und zu den zwölf Gipfeln der Twelve Bens.

TIPPS: Die Ranger des Nationalparks bieten regelmäßig kostenlose Führungen zu verschiedenen Themen an, die am Besucherzentrum beginnen. Für Kinder besonders interessant ist die Aasfresser-Führung.

PRAKTISCHE INFORMATIONEN: Der Eingang zum Park befindet sich in Letterfrack Village an der N59 Richtung Clifden. Unterkunft: Letterfrack Lodge Hostel/Besucherzentrum, www.letterfracklodge.com.

CRADLE-MOUNTAIN-LAKE-ST.-CLAIR NP

Parks and Wildlife Service, GPO Box 1751
Hobart 7001, Tasmanien / Australien
www.parks.tas.gov.au

Der 1614 km² große Nationalpark im zentralen Hochland Tasmaniens gehört zum UNESCO-Welterbe Tasmanische Wildnis. Er schützt eine vielfältige Landschaft mit zahlreichen seltenen Pflanzen- und Tierarten, u. a. Schuppenfichte und Tasmanische Blatteibe, Filander, Beutelteufel und viele Pilzarten.

HIGHLIGHTS: Vom Cradle Mountain bis zum Lake St. Clair im Süden verläuft durch den Park der ca. 65 km lange Fernwanderweg Overland Track. Die rund einwöchige Tour führt durch eine unberührte Landschaft mit Regen- und Eukalyptuswäldern, Buttongras-Mooren und Bergwiesen.

TIPPS: Im Park sind unterschiedlich lange Wanderungen möglich, lohnend ist die Tagestour auf dem Marian Lookout Walk vom Waldheim Chalet auf den Cradle Mountain (1545 m).

PRAKTISCHE INFORMATIONEN: Die Anreise erfolgt per Auto über die C136/C132. Unterkunft: Hütten im Park, www.parks.tas.gov.au.

DAINTREE NP

Queensland Parks and Wildlife Service (QPWS) , William McCormack Place
5B Sheridan Street, PO Box 2066
Cairns QLD 4870 / Australien
www.nprsr.qld.gov.au/parks/daintree/

Der Park nördlich von Cairns ist seit 1988 Bestandteil der Wet Tropics World Heritage Area im nördlichen Queensland, die den größten Teil der noch verbliebenen Tropenwälder Australiens umfasst. Sie zeichnen sich durch hohe Biodiversität aus (viele Farnpflanzen). Der Park besteht aus der Mossman Gorge Section (565 km²) und der räumlich getrennten kleineren Cape Tribulation Section (170 km²).

HIGHLIGHTS: Neben Ausflügen zum Great Barrier Reef (Undine Reef) bieten sich in Cape Tribulation Wanderungen von der Küste auf die von Regenwald bedeckten Berge an (z.B. Mount Sorrow Ridge Trail).

TIPPS: Vom Mossman Gorge Center aus führen Angehörige der Kuku Yalanji auf dem Ngadiku Dreamtime Walk durch den Regenwald und geben eine Einführung in die traditionelle Aborigines-Kultur (www.mossmangorge.com.au).

PRAKTISCHE INFORMATIONEN: Anreise per Flugzeug nach Cairns (ca. 100 km). Mit Auto oder Bus auf dem Cook Highway nach Mossman bzw. via Fähre über den Daintree River zum Cape Tribulation. Übernachtung auf Campingplatz (Noah Beach) oder in Mossman, Port Douglas, Cooktown.

DANUM-TAL

Yayasan Sabah Group
Likas Bay, PO Box 11623
88817 Kota Kinabalu / Malaysia
www.ysnet.org.my

Die 438 km² große Danum Valley Conservation Area liegt in Malaysia im Norden Borneos. Der primäre Regenwald des Danum-Tals weist allein mehr als 200 Baumarten auf. Hier leben Orang-Utans, Borneo-Zwergelefanten, Sumatra-Nashörner und Nasenaffen sowie über 300 Vogelarten.

HIGHLIGHTS: Eine zwei- bis dreitägige Wanderung führt durch den Dschungel auf den 1093 m hohen Gunung Danum. Die erforderlichen Führer organisiert u. a. Borneo Nature Tours, www.borneonaturetours.com.

TIPPS: Touren, Unterkunft und Lehrveranstaltungen bietet auch das wissenschaftliche Field Center an (www.danum-valley.info). Am Zentrum verläuft zudem ein Lehrpfad durch den Regenwald.

PRAKTISCHE INFORMATIONEN: Die Anfahrt erfolgt per Auto über eine private Holzfällerpiste, die kurz nach Lahad Datu Richtung Kunak von der A5 abzweigt. Unterkunft: Borneo Rainforest Lodge, www.borneonaturetours.com

DARIÉN NP

Ministerio de Ambiente Panamá
Calle Broberg, Panama C-0843-00793 / Panama www.anam.gob.pa

Der Park (seit 1981 Weltnaturerbe) liegt im Südosten Panamas an der Grenze zu Kolumbien und ist 5970 km² groß. Tropischer Regenwald, Sumpfgebiete und Flüsse sorgen für eine große Artenvielfalt.

HIGHLIGHTS: Der Park ist bekannt für seine Reptilien- und Amphibienarten. Bei einer Bootsfahrt auf dem Fluss Tuira kann man u.a. das Spitzkrokodil beobachten.
TIPPS: Von der Station Cana (im Park) werden geführte Trekkingtouren durch den Regenwald angeboten, bei denen man Jaguare und Klammeraffen zu sehen bekommt. An den Küsten bekommt man Meeresschildkröten zu Gesicht (www.anconexpeditions.com/tours/tours).
PRAKTISCHE INFORMATIONEN: Anreise von Panama City per Auto auf der Panamericana nach Yaviza, von dort mit dem Boot nach El Real (Ausgangsort für Touren) oder per Kleinflugzeug zur Station Cana. Dort gibt es auch eine Logde: www.anconexpeditions.com/about-us/our-lodges

DENALI NP

Denali Park, Alaska 99755-0009 / USA
www.nps.gov/dena/

Sein schneebedeckter, weißer Gletscher ragt malerisch in den klaren blauen Himmel: Nordamerikas höchster Gipfel, der Mount McKinley mit seinen 6194 m Höhe, beherrscht das Panorama im Denali-Nationalpark. Sogar dessen Name stammt von diesem Berg, denn in der Sprache der Ureinwohner bedeutet Denali »der Hohe«.
HIGHLIGHTS: Der Denali-Nationalpark ist eines der größten subarktischen Schutzgebiete der Erde und wartet mit weiten Gebieten hochalpiner Tundra ebenso auf wie mit borealen Nadelwäldern. In dem mehr als 24 000 km² großen Gebiet hat sich ein einzigartiges Wildnisparadies erhalten, mit einer ganz ursprünglichen Tier- und Pflanzenwelt. Eine Straße führt mitten hindurch, sie misst mehr als 150 km und ist von Mitte Mai bis Mitte September passierbar. Doch nur der erste Teil ist für Privatverkehr zugelassen. Ansonsten verkehren Pendelbusse. Im Nationalpark leben Grizzlybären, Elche, Wölfe und Karibus, ebenso wohl fühlen sich Vielfraße, Schneehasen und Luchse. Biber stauen kleine Flussläufe zu Marschlandschaften, und Pfeifhasen setzen ihre hohen Töne in die Luft, wenn sie Gefahr wittern. Murmeltiere und Erdhörnchen leben in den höheren Lagen, während Elche bevorzugt durch die Wälder und riesige Herden von Karibus durch die Tundra ziehen. Schneehühner und Sperberenten überwintern im Park ebenso wie Grauhäher. Besonders schön ist die Region im Frühjahr, wenn der Permafrostboden taut und sich über Nacht ein Teppich aus Wildblumen darauf ausbreitet.
TIPPS: Manche Bäume stehen etwas schief, was die Kartografen zur Namensgebung Drunken Forest angeregt hat. Etwas später beginnt beim Sable Pass die Tundra, statt zwergwüchsiger Bäume ducken sich hier Büsche entlang der Flussläufe. Der Blick darauf ist vom Polychrome Pass besonders hübsch, ebenso wie auf die Alaska-Schneeschafe, die sich oft an den Berghängen tummeln. Die lange Straße führt direkt zum Wonder Lake mit seinen Wasservögeln am Ende des Parks. Im Winter lockt die Region auch mit Hundeschlitten- und Skiwandertouren. Im Sommer steht neben Wandern und Bergsteigen zudem Angeln auf dem Programm oder eine Wildwasserrafting-Tour zum Nenana River ganz im Osten des Parks.
PRAKTISCHE INFORMATIONEN: Die Anreise erfolgt von Anchorage über den Glenn Highway und George Parks Highway. Von Fairbanks führt die Route 3 zum Park. Im Sommer stoppt die Alaska Railroad täglich am Bahnhof Denali, im Winter nur an Wochenenden. Nächste Flughäfen sind Anchorage, Fairbanks und Talkeetna. Das Eingangstor zum Park und das Visitor Center finden sich bei Denali, es wird auch von Tour- und Shuttlebussen angesteuert. Unterkunft: Denali Lodge, Tel. (855) 683-8600, www.denalialaska.com/grande-denali-lodge/

DJA-WILDTIERRESERVAT

Ministère des Forêts et de la Faune
Immeuble Minitériel No 2
Yaoundé / Kamerun
www.minfof.gov.cm

Der 5260 km² große Nationalpark ist ein UNESCO-Biosphärenreservat und gehört zum UNESCO-Welterbe. Er liegt im Südosten Kameruns in einer Schleife des Flusses Dja.
HIGHLIGHTS: Der Park schützt primären Regenwald mit über 1500 Pflanzenarten, in dem u. a. Gorillas und Waldelefanten leben. Die einzigartige Naturlandschaft lässt sich nur zu Fuß erkunden.
TIPPS: Um eine Vielzahl der teils sehr scheuen Tiere erspähen zu können, sollte man sich Zeit nehmen und mindestens eine Woche einplanen.
PRAKTISCHE INFORMATIONEN: Die Anreise erfolgt per Wagen und in der Trockenzeit per Bus von Yaoundé in die Dörfer Lomie oder Somalomo. Die Treks mit Führer und Träger in das Schutzgebiet organisiert man am besten über spezialisierte Reiseveranstalter in Yaoundé. Unterkunft: Zelte im Park.

(COTO DE) DOÑANA NP

Parque Nacional de Doñana
El Acebuche, 21760 Matalascañas (Huelva) / Spanien
www.magrama.gob.es

Der knapp 543 km² große Nationalpark liegt am rechten Ufer des Guadalquivir in dessen Ästuar am Atlantischen Ozean im Südwesten Spaniens. Das Biosphärenreservat gehört zum UNESCO-Welterbe.
HIGHLIGHTS: Am Besucherzentrum El Acebuche bei Matalascañas starten rund 70 km lange, vierstündige Geländewagentouren durch die verschiedenen Habitate des Gebiets.
TIPPS: Sanlucar de Barrameda ist Ausgangspunkt für dreistündige Bootsfahrten auf dem Guadalquivir in das Nationalparkgebiet, www.visitasdonana.com.
PRAKTISCHE INFORMATIONEN: Der Park ist außer über die Wege bei den Besucherzentren El Acebuche, La Rocina (A 483, KM 16) und Palacio del Acebrón (A 483, KM 16) nur im Rahmen von Führungen zugänglich. Die Anreise mit dem Auto erfolgt über die A483 und A494. Unterkunft: Hotel La Malvasía, El Rocio, www.lamalvasiahotel.com.

DONAUDELTA BR

Rezervatia Biosferei – Delta Dunarii
Str. Portului 34A, 820243 Tulcea / Rumänien www.ddbra.ro

Das 4178 km² große Biosphärenreservat schützt den Großteil des Donaudeltas am Schwarzen Meer. Rund 3446 km² liegen in Rumänien und gehören zum UNESCO-Weltnaturerbe, die restlichen 732 km² erstrecken sich in der Ukraine.

HIGHLIGHTS: In der strengen Schutzzone lebt am Rosca-See Europas größte Kolonie von Rosapelikanen sowie u. a. Reiher und Störche. Pelikane sieht man zudem am Furtuna-See bei Maliuc.
TIPPS: Besser als von Tulcea aus gelangt man über die nur per Boot erreichbaren Ortschaften mit örtlichen Führern ins Delta. Sulina bietet zudem Strand am Schwarzen Meer.
PRAKTISCHE INFORMATIONEN: Das Reservat ist nur mit Genehmigung der Reservatsverwaltung zugänglich. Die Anreise erfolgt über Tulcea und weiter mit Booten zu verschiedenen Orten bzw. per Schiff auf der Donau. Unterkunft: Pensiunea Lake House, Tulcea, www.sincrondelta.ro

DORRIGO NP

Dorrigo Rainforest Centre
Dome Road, PO Box 170, Dorrigo, NSW, 2453 / Australien
www.nswnationalparks.com.au

Das 120 km² große Schutzgebiet liegt westlich von Coffs Harbour im Bundesstaat New South Wales. Es ist Teil der Gondwana Rainforests of Australia World Heritage Area und ein Naturdenkmal der UNESCO-Welterbeliste.
HIGHLIGHTS: Das Schutzgebiet erlaubt einen erstklassigen Einblick in die hiesigen Regenwälder mit reichhaltigem Tierleben.
TIPPS: Einfache Tagestouren zu Fuß sind vom Dorrigo Rainforest Centre aus möglich. Dort befindet sich auch der hölzerne Skywalk Boardwalk in luftiger Höhe (mit Geländer), der auch Nicht-Schwindelfreien einen fantastischen Blick aus der Vogelperspektive über den Urwald bietet.
PRAKTISCHE INFORMATIONEN: Von Sydney aus mit dem Auto 550 km über Urunga und weiter auf dem Waterfall Way bis 4 km vor Dorrigo, dort nach rechts zum Dorrigo Rainforest Centre mit Infos, Shop, Kunst und touristischen Angeboten.

DOVREFJELL-SUNNDALSFJELLA NP

Dovrefjell nasjonalparkstyre
Postboks 987, 2626 Lillehammer / Norwegen www.nasjonalparkstyre.no

Der 1693 km² große Nationalpark erstreckt sich in der Tundralandschaft der Gebirgsregion des Dovrefjell zwischen 900 und 2286 m Höhe. Er bewahrt Europas letztes intaktes Hochgebirgsökosystem und bildet zusammen mit den angrenzenden Landschaftsschutzgebieten und einer Fläche von rund 4367 km² Norwegens größtes Schutzgebiet.
HIGHLIGHTS: Auf der 2286 m hohen Snøhetta belohnt eine fantastische Aussicht alle Mühen des Aufstiegs. Eine Tagestour ist ab der DNT-Hütte Snøheim (1474 m, nur mit dem Bus ab Hjerkinn erreichbar) auf gut markieren Wegen möglich.
TIPPS: Im Park lebt eine der größten Moschusochsenherden weltweit, die Tiere sind jedoch scheu. Am besten kann man sie auf Safaris beobachten, wie sie z. B. Mountain Experience ab Dombås organisiert, www.dombasmotel.com.
PRAKTISCHE INFORMATIONEN: Die Anreise mit dem Auto erfolgt auf der E6 Dombås-Oppdal und der E136 Dombås-Åndalsnes, entlang der Strecken hat man Zugang zum Park. Besucherzentren finden sich in Dombås, Folldal und Oppdal. Unterkunft: Camping, urige Holzhütten und eine Gastwirtschaft bietet Furuhaugli Turisthytter an der E6 zwischen Dombås und Hjerkinn, www.furuhaugli.no/de/

DREI ZINNEN

Naturparkhaus Drei Zinnen
Dolomitenstr. 1, 39034 Toblach / Italien www.provincia.bz.it

Der rund 119 km² große Naturpark erstreckt sich zwischen Pustertal, Sextental, Höhlensteintal und der Provinz Belluno im Nordosten der Dolomiten.
HIGHLIGHTS: Rund vier Stunden dauert die Wanderung rund um die markanten Drei Zinnen. Beliebter Einstiegspunkt ist die Auronzo-Hütte (2320 m). Sie ist von Toblach aus mit dem Bus 445 erreichbar.
TIPPS: Insgesamt rund sieben Stunden dauert die anspruchsvolle, aber landschaftlich sehr schöne Rundwanderung vom Fischleinboden (Bus ab Sexten-Moos, 1453 m) über das Büllejoch zur Drei-Zinnen-Hütte (2407 m) und durch das Altensteintal zurück zum Fischleinboden.
PRAKTISCHE INFORMATIONEN: Der Naturpark ist frei zugänglich. Die Anreise mit dem Auto erfolgt über die E66, SS49, SS51 und SS52. Unterkunft: Tschurtschenthaler-Hof, Sexten, www.hofschenke.it.

DZANGA-NDOKI NP

Ministère de l'Environnement et de l'Ecologie, B.P. 850
Zentralafrikanische Republik / Bangui

Der rund 1200 km² große Nationalpark liegt im Südwesten der Zentralafrikanischen Republik. Zusammen mit den angrenzenden Nationalparks Lobéké in Kamerun und Nouabalé-Ndoki in der Republik Kongo gehört er zum 7463 km² großen Schutzgebiet Sangha Trinational (TNS), einem UNESCO-Welterbe. Der Nationalpark besteht aus dem 495 km² großen Dzanga-Park im Norden und dem 725 km² großen Ndoki-Park im Süden. Dazwischen liegt das 3359 km² große Dzanga-Sangha-Waldreservat als Pufferzone.
HIGHLIGHTS: Im Dzanga-Park lebt eine dichte Population von Flachlandgorillas, die man am besten auf der Dzanga-Lichtung sieht.
TIPPS: Eine Bootsfahrt auf dem Kadeï bei Bayanga bietet eine andere Perspektive auf den Regenwald und die Gelegenheit, zahlreiche Vögel zu sehen.
PRAKTISCHE INFORMATIONEN: Die Anreise erfolgt per Kleinflugzeug oder Geländewagen nach Bayanga mitten im Park. Unterkunft: Lodge in Bayanga.

EAST RENNELL

Ministry of Environment, Conservation and Meteorology, PO Box 21
Honiara, Solomon Islands / Salomonen
whc.unesco.org/en/list/854

Die 875 km² große Insel Rennell im Westpazifik gehört zu den Salomonen und ist das größte erhobene Korallenatoll der Welt. Im Südosten der Insel wurden das 370 km² große Gebiet rund um den Lake Tegano sowie ein drei Seemeilen breiter Meeresstreifen an der umliegenden Küste als UNESCO-Welterbe East Rennell deklariert.
HIGHLIGHTS: Der 155 km² große Brackwassersee Lake Tegano ist der größte See der pazifischen Inselwelt. Dort und in der umliegenden bewaldeten Karstlandschaft leben einige endemische Tierarten, darunter eine giftige Seeschlangen- und vier Vogelarten.
TIPPS: Ein bei Vogelfreunden beliebter Waldspaziergang führt vom Thugago Beach an der Südwestküste in 1,5 Stunden zum Lake Tegano.

PRAKTISCHE INFORMATIONEN: Die Anreise erfolgt per Flugzeug. Unterkunft: KiaKoe Lakeside Lodge, Lake Tegano.

ÉCRINS NP

Parc National des Ecrins, Domaine de Charance, 05000 Gap / Frankreich
www.ecrins-parcnational.fr

Der 1973 gegründete Nationalpark liegt zwischen 800 und 4102 m Höhe in alpiner und hochalpiner Landschaft. Er umfasst eine 1784 km² große Fläche mit einer 918 km² großen Kernzone.

HIGHLIGHTS: Der 4102 m hohe Barre des Ecrins ist der südlichste Viertausender der Alpen. Die Zweitagestour beginnt beim Refuge Cézanne, Anfahrt von der N 95 bis l'Argentière-la-Bessé, dann Richtung Aile Froide bis zur Hütte.

TIPPS: Ca. 1,5 km außerhalb des Bergdorfes Théus stehen die rund 100 Demoiselles Coiffées, bizarr geformte Erdpyramiden oder Feenkamine. Anfahrt über die D900B und D53.

PRAKTISCHE INFORMATIONEN: Der Nationalpark liegt zwischen Briançon, Gap und Le Bourg d'Oisans, die Anreise mit dem Auto erfolgt über die A51, RN 85 und RN94 sowie die A43. Unterkunft: Refuge du Gioberney, Vallée du Valgaudemar, www.refuge-du-gioberney.com

EDUARDO ABAROA NR

Reserva Nacional de Fauna Andina Eduardo Avaroa, Calle Francisco Bedregal No 2904, La Paz / Bolivien
www.sernab.gob.bo

Der Reservat mit einer Fläche von 18 812 km² befindet sich im bolivianischen Hochland im Südwesten des Landes, zwischen 4000 und 6000 Meter Meereshöhe. Die Region ist geprägt von weiten Hochebenen mit salzhaltigen Seen und einigen Geysirfeldern und wird flankiert von der Cordillera Occidental mit dem Vulkan Licancabur (5920 m) an der Grenze zu Chile.

HIGHLIGHTS: Im bolivianischen Hochland kann man mehrere Flamingoarten (James-Flamingo, Anden-Flamingo, Chile-Flamingo) beobachten. Auch der Nandu, der größte Laufvogel Südamerikas, ist hier anzutreffen.

TIPPS: Von Uyuni aus kann man Touren mit dem Geländewagen ins Reservatsgebiet unternehmen: zu einigen Seen, u.a. Laguna Verde, Laguna Blanca (Flamingobeobachtung), zu Geysirfeldern (z.B. Sol de Mañana) und in die Salvador-Dalí-Wüste. Buchung bei www.rutaverdebolivia.com/de/uyuni-tours.php

PRAKTISCHE INFORMATIONEN: Anreise mit dem Flugzeug von La Paz nach Potosi, von dort mit dem Auto nach Quentena Chico (ca. 600 km Landstraße), Übernachtungsmöglichkeit in einfachen Unterkünften (Hostales).

EGMONT NP

Taranaki / Egmont National Park Visitor Centre, 2879 Egmont Rd., PO Box 462 New Plymoutz 4340 / Neuseeland
www.doc.govt.nz

Der 342 km² große Nationalpark erstreckt sich an der Westküste von Neuseelands Nordinsel über die Region des 2518 m hohen erloschenen Vulkans Taranaki (Mount Egmont). Im Regenwald des Areals leben über 40 teils gefährdete Vogelarten, wie der Nördliche Streifenkiwi.

HIGHLIGHTS: Besonders lohnend sind vom Egmont-Besucherzentrum aus der Summit Track auf den Gipfel sowie der dreitägige Pouakai Track zur Pouakai Range. Unterwegs sieht man u. a. die Dieffenbach-Lavaklippen und den Ahukawakawa-Sumpf.

TIPPS: Beim Dawson Falls Besucherzentrum rauschen die 18 m hohen Dawson Falls (Te Rere o Noke) hinab. Der Spaziergang zum Wasserfall kann zu einer Wanderung durch den Regenwald ausgedehnt werden.

PRAKTISCHE INFORMATIONEN: Die Anreise erfolgt per Auto über Egmont, Pembroke oder Manaia Road. Unterkunft: Dawson Falls Lodge im Park www.dawsonfallsmountainlodge.kiwi.nz

EL VIZCAÍNO UND LAGUNA SAN IGNACIO

SEMARNAT, Periférico 5000, Col. Insurgentes Cuicuilco, Delegación Coyoacán, C.P. 04530, México, D.F / Mexiko
www.inecc.gob.mx

El Vizcaíno ist ein 24 931 km² großes Biosphärenreservat in der Mitte der Halbinsel Niederkalifornien. Es schließt an der pazifischen Küste zwei Schutzgebiete für Wale ein, darunter die Lagune von San Ignacio, die 1427 km² groß ist (beide seit 1993 UNESCO-Weltnaturerbe).

HIGHLIGHTS: Die Lagunen bieten Schutz für Grauwale und Blauwale, Seehunde und Nördliche See-Elefanten. Hier sind außerdem vier bedrohte Arten von Meeresschildkröten heimisch.

TIPPS: Am Südende der Lagune liegt Campo Cortez, dort Unterkunft in kleinen Hütten, Verpflegung in der Haupthütte (www.bajaecotours.com).

PRAKTISCHE INFORMATIONEN: Highway Nr. 1 durchquert das Gebiet, vom Ort San Ignacio ca. 60 km auf lokaler Straße zur Lagune. In San Ignacio und östlich der Lagune je eine Flugpiste.

EMAS NP

Parque Nacional das Emas
ICM Bio Instituto Chico Mendes
EQSW 103/104 Bloco C
70.670-350 Brasilia DF / Brasilien
www.icmbio.gov.br

Das Parkgebiet (seit 2001 Weltnaturerbe) mit einer Fläche von 1320 km² erstreckt sich auf der Hochebene Serra dos Caiapós am Rande des Savannengebiets von Zentralbrasilien (Cerrado) und südwestlich der Hauptstadt Brasilia. Die Hochebene besteht überwiegend aus offenem Grasland, nur ein Viertel ist bewaldet.

HIGHLIGHTS: In dem meist unbewaldeten Gelände der Hochebene trifft man den Mähnenwolf an, die größte Wildhundart Südamerikas.

TIPPS: Bei einer Fotosafari bekommt man in den freien Ebenen den größten südamerikanischen Vogel, den Nandu, gut vor die Linse (www.brasilienportal.ch).

PRAKTISCHE INFORMATIONEN: Anreise von Cuiabá mit dem Auto (Straße BR-364) nach Mineiros. Unterkunft: Hotel Dallas, www.dallashotel.com.br

ENDLA NR

Endla looduskaitseala, Tooma küla, Jõgeva vald, Jõgeva maakond / Estland
www.rmk.ee

Das rund 250 km² große Naturreservat schützt seit 1985 ein bedeutendes Süßwassersystem mit verschiedenen Arten von Feuchtgebieten.

HIGHLIGHTS: Von Tooma führt eine 7 km

lange Rundwanderung zum Männikjärve-Moor, zum Fluss Mustjõgi und zum Männikjärve-See. Beeindruckend ist der 1,3 km lange Plankenweg durch das Moor.
TIPPS: Im Naturreservat darf man auf den Straßen mit dem Auto fahren, für einen Geländewagen ist eine Erlaubnis über das Besucherzentrum erforderlich.
PRAKTISCHE INFORMATIONEN: Das Besucherzentrum im Dorf Tooma ist mit dem Auto von Jõgeva aus auf der Landstraße zu erreichen, aber nur mit Voranmeldung unter Tel. +(372) 5341 9205 zu besichtigen. Unterkunft: Camping an ausgewiesenen Stellen im Park.

ETOSCHA NP

Namibia Wildlife Resorts
Private Bag 13378, Windhoek 9000 / Namibia, www.nwr.com.na/index.php/national-parks/etosha

Der gut 22 000 km² große Nationalpark rund 500 km nördlich von Windhoek beherbergt eine artenreiche Tierwelt. Etwa ein Viertel des Parks nimmt die Etosha-Salzpfanne ein.
HIGHLIGHTS: Der Park ist ebenfalls Big-Five-Country. Beleuchtete Wasserlöcher in unmittelbarer Nähe der Camps sowie geführte Nacht-Safaris bieten Gelegenheit zur bequemen Beobachtung nachtaktiver Tiere (z.B. Onkaukuejo Camp).
TIPPS: In der Ongava Game Reserve kann man sich bei geführten Buschwanderungen auf die Spur von Nashörnern begeben.
PRAKTISCHE INFORMATIONEN: Mit dem Auto von Windhoek auf der B1 bzw. C38 zum östlichen (Von Lindequist Gate) bzw. südlichen Eingang (Anderson Gate). Innerhalb des Parks fünf staatliche Camps (z. B. Onkoshi Camp www.etoshanational-park.org/de/unterkunft/onkoshi), teils auch per Kleinflugzeug erreichbar.

EVERGLADES NP

40001 State Road 9336
Homestead, Florida 33034-6733 / USA
www.nps.gov/ever/

»Fluss aus Gras« nannten die Ureinwohner diesen Landstrich, was von sehr genauer Beobachtungsgabe zeugt. Obwohl die Everglades auf den ersten Blick wie ein Sumpfgebiet aussehen, sind sie doch eigentlich ein ganz langsam fließender Fluss. Er ist hier bis zu 80 km breit, mit Gras bewachsen und an vielen Stellen nur wenige Zentimeter tief. Dabei fließt er ganz gemächlich mit einer Geschwindigkeit von nur 1 m in der Stunde.
HIGHLIGHTS: Was auf den ersten Blick öde und gleichförmig aussieht, versteckt eine spannende Tier- und Pflanzenwelt. Wasser und Schilf wechseln sich hier in kleinen Einheiten ab, Sägegras wuchert auf kleinen Inseln. Mitten in dieser grünblauen Idylle erheben sich mit Harthölzern bewachsene kleine Inseln – diese Hammocks sind typisch für die Region. Dort gedeiht Mahagoni, aber auch Zypressen mögen nasse Füße. Nahe der Meeresküste erhöht sich die Salzkonzentration im Wasser stark, hier haben sich dichte Mangrovenwälder angesiedelt, durch die wie durch ein Labyrinth kleine Wasserwege führen.
Eine solch scheinbar undurchdringbare Naturlandschaft ist ein Paradies für Tiere. Die Everglades sind die einzige Region der Erde, in der sowohl Krokodile als auch Alligatoren leben. Und leider auch eine Schlangenart: Der Tigerpython wurde illegal aus Asien eingeführt und gefährdet heute die Kleinsäugerbestände im Nationalpark. So sind dort heute kaum noch Opossums und Waschbären zu finden. Dafür ist das Vorkommen an Schildkrötenarten reich – manche der Exemplare wiegen stattliche 300 kg und kommen zur Eiablage an die Strände. Doch sie sind vergleichsweise klein gegen einen anderen Meeresbewohner – Seekühe zupfen im Salzwasser oder vor dem Schutzgebiet unermüdlich Seegras in ihre großen Mäuler. Besonders beliebt jedoch sind die Sümpfe bei Vogelfreunden, vor allem im Winter. Dann sind die Wasserstände niedrig, und die Tiere lassen sich entsprechend gut beobachten. Braun- und Weißpelikane leben das ganze Jahr über hier, ebenso wie Reiher und Weißkopfseeadler.
TIPPS: Um den Park zu erkunden, bieten sich Besuchern viele Möglichkeiten. So führen Holzplankenwege nur wenige Meter über dem Sumpf entlang und bieten schöne Einblicke in die Geheimnisse zwischen den Gräsern. Leicht ist der Otter Cave Walk, der direkt am Parkeingang beginnt, ebenso der Tree Snail Hammock Nature Trail.
Vom 800 m langen Anhinga-Trail lassen sich mit etwas Glück Otter und Alligatoren bewundern – vielleicht sogar die Schlangenhalsvögel. Während er durch Marschland führt, spazieren Besucher des 11 km langen Pineland Trails durch ein Dickicht kleiner Palmetto-Pflanzen. Und der 2,6 km lange Snake Bight Trail führt entlang der Hartholzinseln und gilt als Lieblingsweg der Ornithologen. Autofahrer wählen gerne die Loop-Road. Und wer lieber auf dem Wasser unterwegs ist, der steuert sein Kanu über den Wilderness Waterway. Auf 160 km verbindet er Everglades City und Flamingo. Schön sind die von Rangern geführten Kanutouren. Insektenschutz ist wichtig. Einen schönen Überblick geben die Beobachtungsplattformen, besonders schön ist der Shark Valley-Aussichtsturm.
PRAKTISCHE INFORMATIONEN: Die Anreise zu den Everglades erfolgt mit dem Auto über die Route 821 durch Florida City oder über den Highway 41 durch Shark Valley oder über die State Road 29 durch Everglades City. Der Park ist ganzjährig geöffnet und verfügt nur über sehr begrenzte Campingmöglichkeiten. Südlich von Miami liegt das Ernest F. Coe Visitor Center, westlich das Shark Valley Visitor Center. Unterkunft: The Ivey House, www.iveyhouse.com

FANES-SENNES-PRAGS

Naturparkhaus Fanes-Sennes-Prags
Katharina Lanz Str. 96
39030 St. Vigil in Enneberg / Italien
www.provincia.bz.it

Der rund 255 km² große Naturpark erstreckt sich zwischen Pustertal, Gadertal, Höhlensteintal und der Provinz Belluno in den Pragser Dolomiten und der Fanesgruppe.
HIGHLIGHTS: Vom beeindruckenden Pragser Wildsee (1498 m) führt eine rund fünfstündige Wanderung auf die Ofenscharte (2392 m), über Almweiden weiter zur Seitenbachscharte und über das Seitenbachtal wieder hinunter zum See.
TIPPS: Unter dem Logo des Dachses Daksy bietet der Park zahlreiche Aktivitäten für Kinder an, darunter Kreativwerkstätten und Unternehmungen mit Rangern.
PRAKTISCHE INFORMATIONEN: Der Naturpark ist frei zugänglich. Die Anreise mit dem Auto erfolgt über die E66, SS244, SS49 und SS51. Unterkunft: Berggasthof Pederü, St. Vigil in Enneberg, www.pederue.it

FERNANDO DE NORONHA

Fernando de Noronha
Pernambuco, Governo do Estado
Praca da República, Bairro de Santo Antonio, Recife / Brasilien
www.noronha.pe.gov.br

Der Inselgruppe Fernando de Noronha liegt 350 km östlich des brasilianischen Festlands im Atlantik. Der Archipel ist vulkanischen Ursprungs und besteht aus 21 Inseln, es herrscht dort tropisches Klima vor. Der 113 km² große gleichnamige Meerespark (seit 2001 Weltnaturerbe) umfasst die Hälfte der Hauptinsel, die kleineren Inseln sowie Meeresflächen.

HIGHLIGHTS: In den Gewässern des Archipels lebt eine artenreiche Unterwasserfauna (250 Fisch-, 15 Korallenarten, Meeresschildkröten). Die Inselgruppe und der Meerespark gelten als eines der besten Tauchreviere Brasiliens.

TIPPS: In der Baia dos Golfinhos, einer Bucht der Hauptinsel, hat man das weltweit größte Vorkommen von Delfinen (etwa 1000 Tiere) registriert. Beste Beobachtungszeit ist der frühe Morgen.

PRAKTISCHE INFORMATIONEN: Anreise mit dem Flugzeug von Recife nach Fernando de Noronha. Unterkunft: Mar Aberto, www.pousadamaraberto.com.br

FIORDLAND

Department on Conservation
18-32 Manners Street
Wellington 6011 / Neuseeland
www.doc.govt.nz

Das 12 570 km² große Schutzgebiet liegt in den Southern Alps der Südinsel von Neuseeland; es nimmt weite Teile des Südwestens der Insel ein. 1990 wurde es als Naturdenkmal in die UNESCO-Welterbeliste aufgenommen. Es gehört zur neuseeländischen Te Wahipounamu World Heritage Area.

HIGHLIGHTS: In den tiefen Fjorden lassen sich Dickschnabelpinguine und Neuseeländische Seebären beobachten. Die Wälder sind Heimat des mittlerweile sehr seltenen Kakapo, eines nachtaktiven, flugunfähigen Papageis.

TIPPS: Der berühmte Milford Track führt vom Te-Anau-See über die Berge zum Milford Sound (53 km, 4 Tage). Wasserdichte Kleidung ist hier ein Muss; die Region verzeichnet 700 cm Niederschlag im Jahr.

PRAKTISCHE INFORMATIONEN: Der Highway 94 erschließt das Herzstück des Parks über Te Anau bis Milford Sound und garantiert spektakuläre Ausblicke. Viele Campingplätze am Weg.

GALAPAGOS-INSELN NP

Central Office, Puerto Ayora
Santa Cruz Island / Ecuador
www.galapagospark.org

Die Inselgruppe mit 13 größeren und über 100 kleineren und Mini-Inseln liegt etwa 1000 km westlich von Ecuador im Pazifik am Äquator. Der Nationalpark hat eine Gesamtfläche von 7995 km² (seit 1978 Weltnaturerbe). Aufgrund der isolierten Lage der Inseln ist der Anteil endemischer Flora und Fauna dort sehr hoch.

HIGHLIGHTS: Die bekannteste endemische Tierart ist die Galapagos-Riesenschildkröte, weitere nur im Archipel vorkommende Tiere sind u.a. der Galapagos-Landleguan, der Galapagos-Seelöwe, der Galapagos-Pinguin und die diversen Arten des Darwinfinken.

TIPPS: Bei einer Inselkreuzfahrt (Dauer in der Regel zwischen 4 und 8 Tagen) können mehrere Inseln mit unterschiedlicher Flora und Fauna besucht werden.

PRAKTISCHE INFORMATIONEN: Die Anzahl der Schiffe für eine Inselkreuzfahrt ist limitiert, deshalb rechtzeitig buchen, z. B. bei www.ecuador-discover.de. Vor der Einreise muss eine Art elektronisches Visum erworben werden (INGALA-Transit-Kontrollkarte). Anreise mit Flugzeug von Quito nach Puerto Ayora. Unterkunft: Hotel Santa Fe, www.santafegalapagos.com.ec

GATES OF THE ARCTIC NP

National Park Service, 4175 Geist Road
Fairbanks, Alaska 99709
www.nps.gov/gaar/

Als nördlichster Nationalpark der USA gilt das »Tor zur Arktis« noch immer als unberührte Bergwüste. Schroffe Berge, Gletscher und wilde Täler prägen das Bild des 34 287 km² messenden Schutzgebiets. Und dass nördlich des Polarkreises schon vor 13 000 Jahren Menschen siedelten, davon zeugen archäologische Fundstätten. Die Sommer sind mild, aber kurz – mit überraschendem Schneefall.

HIGHLIGHTS: Man sagt, Alaska beginnt dort, wo die Straßen enden. Tatsächlich gelten hier Flüsse als Hauptverkehrswege. Sechs von ihnen stürzen aus den Bergen herab und strömen im Flachland ruhig dahin. An den Ufern lassen sich mal Moschusochsen, Wölfe, Grizzlys und Karibus blicken.

TIPPS: Besonders beliebt sind Bootstouren von Allakaket am Alatna River. Aber auch der John River, der anfangs nur einem Bach gleicht, dann aber immer mehr an Fahrt gewinnt, ist ein lohnendes Ausflugsziel, ebenso sind Touren zum Kobuk River und nach Brooks Range empfehlenswert.

PRAKTISCHE INFORMATIONEN: Die Anreise erfolgt per Flugzeug von Fairbanks, Bettles, Coldfoot oder Kotzebue. Der Park hat ganzjährig geöffnet, statt einem Visitor Center gibt die Bettles Ranger Station touristische Auskünfte. Unterkunft: Iniakuk Wilderness Lodge, Tel. (907) 479-6354, www.gofarnorth.com

LOS GLACIARES NP

Parque Nacional Los Glaciares
Avenida del Libertador 1302, 9405 El Calafate, Santa Cruz / Argentinien
www.losglaciares.com

Der 4500 km² große Gletscher-Nationalpark (seit 1981 Welterbe) erstreckt sich im argentinischen Patagonien westlich von El Calafate über ein Areal, das von Gletschern, Seen und schroffen Granitbergen geprägt wird.

HIGHLIGHTS: Aus nächster Nähe sieht man den Perito-Moreno-Gletscher entlang einer 4 km langen Abrisskante in den Lago Argentino kalben. Eine Schiffsrundfahrt führt vorbei an schwimmenden Eisbergen und den Gletschern Upsala und Spegazzini.

TIPPS: In El Chaltén am Nordrand des Parks kann man bis zur Laguna de los Tres wandern und dort die Aussicht auf den Extremkletterberg Cerro Fitzroy (3406 m) genießen.

PRAKTISCHE INFORMATIONEN: Per Flugzeug oder Auto bzw. Bus von Río Gallegos auf Rutas 5, 40 und 11 nach El Calafate. Dort zahlreiche Hotels sowie Agenturen für Gletscherexkursionen. Mit Bus oder Auto ca. 200 km weiter nach El Chaltén.

GLACIER BAY NP

Gustavus, Alaska 99826 / USA
www.nps.gov/glba/

Hier zeigt sich der Norden in seiner ganzen rauen Schönheit: Von Eis geformte Fjorde zerschneiden die Küste, oftmals bricht sogar eine große Eisfläche ab und rutscht ins Wasser. Gletscher sind in diesem Nationalpark die große Attraktion. Immerhin 17 permanente Eisflächen zählt der Glacier Bay-Nationalpark, allein sieben reichen bis zur Küste, wo sie oft kalben. Mit dem Fairweather Range zieht sich der höchste Küstengebirgszug der Welt entlang des Nordpazifiks.

HIGHLIGHTS: Dass Kälte und Eis nicht lebensfeindlich sein müssen, beweist dieser Nationalpark. Während das kalte, nährstoffreiche Wasser Orcas, Blauwalen und Seelöwen ein reiches Nahrungsangebot bietet, haben sich an Land Wölfe, Flussotter, Bergziegen sowie Braun- und Schwarzbären angesiedelt.

TIPPS: Zu den schönsten Ausflügen gehören Touren zum Alsek River Delta oder dem Lamplugh Glacier. Bei Bartlett Cove findet sich ein Netz an Wanderwegen.

PRAKTISCHE INFORMATIONEN:
Anreise: Die meisten Besucher kommen mit dem Kreuzfahrtschiff. Individueller geht es mit dem Flugzeug oder Boot von Juneau nach Gustavus. Der Park hat ganzjährig geöffnet. Sein Visitor Center befindet sich in Gustavus, alternativ die Visitor Information Station in Bartlett Cove. Unterkunft: Glacier Bay Lodge, Tel. (888) 229-8687, www.visitglacierbay.com

GLACIER NP

Mount Revelstoke and Glacier National Parks, Revelstoke
BC V0E 2S0 / Kanada
www.nps.gov/glac/index.htm

Gemeinsam mit dem Yoho-Nationalpark gehört der im Jahr 1886 eingerichtete, 1349 km² große Glacier National Park zu den ältesten Naturschutzgebieten Kanadas. Schon im Jahr zuvor wurde das Gebiet auch von einer Eisenbahnlinie erschlossen.

HIGHLIGHTS:
An den Bau des Trans-Canada Highway erinnert die Rogers Pass National Historic Site. 5 km nordwestlich vom Rogers Pass liegen die Nakimu Caves, ein im Jahr 1902 entdecktes, teils für Touren präpariertes Kalksteinhöhlensystem. Ein fantastisches Gletscherpanorama erschließt der als 13 km langer Rundweg (ca. 7 Std., Übernachtungsmöglichkeit auf der Asulkan Cabin) angelegte Asulkan Trail.

TIPPS: Herrliche Ausblicke in einer atemberaubend schönen Hochgebirgswelt bietet die Glacier Park Lodge am Rogers Pass, Tel. (888) 567 44 77, www.glacierpark-lodge.ca. Hauptlebensraum der im Park heimischen Grizzlybären ist das Balu Valley.

PRAKTISCHE INFORMATIONEN:
Anreise mit dem Auto oder Bus über den Trans-Canada Highway, der den sich zwischen Golden und Revelstoke erstreckenden Park durchquert. Visitor Centre beim Rogers Pass (1 km westlich). Unterkunft im Park: Glacier Park Lodge (siehe: Tipps). Außerhalb des Parks: Blaeberry Mountain Lodge (16 km nordwestlich von Golden), Moberly School Road, Tel. (250) 344-5296, www. blaeberrymountainlodge.bc.ca

GLEN COE

Glencoe Visitor Centre
Ballachulish
Highland PH49 4HX / Großbritannien
www.glenco-nts.org.uk

Das geschichtsträchtige Tal in der Bergwelt der schottischen Highlands wird vom River Coe durchflossen und vom National Trust of Scotland verwaltet.

HIGHLIGHTS: Der 155 km lange Fernwanderweg West Highland Way führt auf einer beeindruckenden Strecke vom 130 km² großen Rannoch Moor in das Glen Coe und von dort hinauf zum felsigen Gebirgskamm Devil's Staircase. Das Moor ist auf der A82 zu erreichen, die durch das Gebiet führt.

TIPPS: Vom Clachaig Inn führt ein kurzer Weg zum idyllisch gelegenen Clachaig Gully – Filmfreunde kennen den See als Ort von Hagrids Hütte aus den Harry-Potter-Filmen.

PRAKTISCHE INFORMATIONEN: Das Glencoe Besucherzentrum liegt bei der A82, rund 27 km südlich von Fort William. Unterkunft: Clachaig Inn im Glen Coe, www.clachaig.com.

GOBI (WÜSTE)

Ministry of Environment and Green Development, Ulaan Baataar City, Chingeltei District, United Nations Str. 5/2
2nd Building of Government /
Mongolei www.mne.gov.mn

Die Wüstensteppe Gobi erstreckt sich rund 1,3 Millionen km² in der südlichen Mongolei sowie im Norden und Nordwesten Chinas. Mit einer Fläche von über 1,2 Millionen km² ist sie die größte Wüste Asiens, rund 3 % bestehen aus Sand. In der weit im Norden auf einem rund 900 bis 1500 m hohen Plateau gelegenen Wüste herrschen extreme Temperaturunterschiede von unter -40 °C bis zu über +40 °C.

HIGHLIGHTS: Im Nordrand der Gobi schützt der 27 000 km² große Nationalpark Gobi Gurvansaikhan u. a. Wildkamele, Gobibären, sibirische Steinböcke, Wölfe und Schneeleoparden in den Bergen und Ausläufern des Gobi-Altai – eine faszinierende Landschaft mit Bergen, Steppen, Steinwüsten – und den spektakulären Wanderdünen Chongoryn Els. Rund 100 km weit erstrecken sich die bis zu 300 m hohen und 12 km breiten »singenden Dünen«, in denen jede Sandbewegung ein Geräusch verursacht.

TIPPS: Im Südwesten der Mongolei leben im 9000 km² großen Biosphärenreservat Great Gobi B angesiedelte Przewalskipferde sowie Halbesel in freier Wildbahn.

PRAKTISCHE INFORMATIONEN:
Die Anreise erfolgt per Flugzeug nach Dalanzadgad im Süden der Wüste Gobi. Unterkunft: Zelte und Jurten in der Wüste.

GRAND CANYON NP

Grand Canyon, Arizona 86023 / USA
www.nps.gov/grca/

Gesteinstreppen führen in tiefe Schluchten, und hin und wieder blinkt ganz weit unten silberfarben der Colorado River aus der Felswüste. Während er heute fast unscheinbar in der Tiefe dahinrauscht, hat er vor Jahrmillionen sanfte Kuppen umspült und im Laufe der Zeit sein eigenes Tal genagt. In den verschiedenen Schichten, die sich in malerischen Streifen voneinander absetzen, können Forscher wie Laien wie in einem offenen Buch die Erdgeschichte ablesen. Da sich der Colorado River bis zu 1700 m tief in den Boden gegraben hat, hat er sehr viele verschiedene Gesteinsschichten freigelegt. Im unteren Bereich sind Sedimente zu sehen, die 1,7 Milliarden Jahre alt sind – halb so alt wie die Erde. Tatsächlich sind die Schichten auch geologisch hochinteressant. Im Kalkstein

finden sich fossile Abdrücke frühzeitlicher Skorpione, Insekten und Reptilien.
HIGHLIGHTS: Wer am Grand Canyon zu Gast ist, sieht die Riesenschlucht meistens nur von einer Seite aus, denn immerhin mehr als 320 km Autostrecke liegen zwischen den beiden Enden der Schlucht. Am besten erschlossen und am beliebtesten bei den Touristen ist das Grand Canyon Village nahe dem South Rim, dem südlichen Rand. Insgesamt ist der südliche Rand trubeliger, während am nördlichen Rand wenige Besucher an den Aussichtspunkten zu finden sind. Zu den großen Sehenswürdigkeiten zählt auch der Grand Canyon Skywalk, eine Plattform aus Glas und Stahl, die weit über den Schluchtenrand hinausragt und Besucher hoch über dem tiefen Einschnitt schweben lässt. Er gehört zum Erlebnispark Grand Canyon West, der mit Veranstaltungen und Schauspiel die Lebensweise der indianischen Ureinwohner nachstellt. Am North Rim geht es wesentlich ruhiger zu, Wanderwege und Aussichtspunkte sind nicht überlaufen. Der North Kaibab Trail führt als einziger Weg in diesem Abschnitt von der Oberkante bis zum Fluss hinunter.
TIPPS: Am südlichen Rand gehören neben den beliebten Stopps an den Panoramaplätzen wie dem Mather Point, Toroweap oder Desert View entlang des Desert View Drives die Wanderungen am Rim Trail zu den beliebten Beschäftigungen. Insgesamt misst der Wanderweg 21 km und passiert entlang der Gesteinskante viele Aussichtspunkte. Wer nicht nur von oben auf den Canyon schauen will, der wählt den Bright Angel Trail, einen ehemaligen Indianerpfad, der als Wanderweg gut mit Wasserstellen ausgestattet ist. Er misst 15 km und überwindet über 1300 m Höhe. Wer sein Gepäck nicht selbst tragen will, kann sich auch einer Muli-Wanderung anschließen. Auch der South Kaibab Trail führt in die Tiefe der Gesteinsmassen – doch er ist weniger beliebt, da ihm die Wasserstellen fehlen. Besucher, die sich für den Grand Canyon Zeit nehmen möchten und das Abenteuer nicht scheuen, sollten über eine Wildwasserfahrt auf dem Colorado River oder Rundflüge über den Canyon nachdenken. Wer im Grand Canyon übernachten will, braucht eine Genehmigung aus den Besucherzentren.
PRAKTISCHE INFORMATIONEN: Die Anreise erfolgt über die Interstate 40 nach South Rim oder mit dem Auto über den Highway 67 durch Jacob Lake nach North Rim. Während der South Rim ganzjährig geöffnet hat, ist der North Rim nur von Mai bis Oktober zugänglich. Es gibt vier Visitor Centers und mehrere Information Centers, vor allem am South Rim. Unterkunft: Grand Canyon National Park Lodge, www.grandcanyonlodges.com

GRAND TETON NP

Moose, Wyoming 83012-0170 / USA
www.nps.gov/grte/

Er gilt als Bruder des großen Yellowstone-Nationalparks: Der Grand-Teton-Nationalpark besteht aus alpinen Landschaften mit blauen Lupinen und Rittersporn ebenso wie roten Castillejas oder gelben Astern. Dazwischen gurgeln Gebirgsflüsse und Wasserfälle, Seen breiten sich wie große Spiegel aus. Doch der Panoramablick fällt immer wieder auf die zerklüftete Teton-Gebirgskette. Sie erhebt sich ganz unvermittelt aus der sonst eher flachen Landschaft. Offensichtlich erinnerte sie die kanadischen Erforscher des Parks an »Grands Tétons« – große Brüste. Höchste Erhebung des Gebirges ist der 4198 m hohe Grand Teton, über zehn weitere Gipfel messen mehr als 3600 m Höhe.
HIGHLIGHTS: Zu den Höhepunkten des Parks gehört ein Ausflug in das Hochgebirgstal Jackson Hole auf der Ostseite der Berge. Es liegt in 2000 m Höhe. Während es sich im Winter mit mehr als 50 Pisten in ein Skiparadies verwandelt, bei dem Menschen sogar mit Schlauchbooten den Berg hinabsausen, lohnt sich auch ein Besuch im Sommer, denn das Tal ist ziemlich flach und eignet sich hervorragend für Fahrradtouren. Die wiederhergestellte Blockhütte Cunningham Cabin erinnert am Jackson Hole Highway als Historic Site an den Siedleralltag im endenden 19. Jahrhundert. Hübsch für Autofahrer ist auch der Jenny Lake Scenic Drive. Er führt durch eine wildreiche Gegend und bietet aufmerksamen Autofahrern Aussichten auf Kojoten oder Gabelböcke. Und wer hier stoppen will, könnte einen Kletterausflug starten.
TIPPS: Ausgangspunkt für Touren zum Jackson Hole ist die Stadt Jackson. Dort informieren zwei Museen über die Heimatgeschichte der Gegend und zeigen Kunstwerke rund um das Thema Wildlife. Allein schon der Baustil des Natursteingebäudes, das weit in den Felsen reicht, ist sehenswert. Ganz in der Nähe liegt hier das National Elk Refuge, das Wapiti-Hirschen den Rückzug ermöglicht, die im Herbst und Winter zu beobachten sind. Abseits der Zivilisation bewegen sich Besucher auf einem Wanderwegenetz von mehr als 300 km. Zu den schönsten Strecken gehört dabei der Death Canyon Trail mit seiner Länge von 11 km sowie der Paintbrush Trail mit seinen 30 km. Ein besonderes Erlebnis ist es, mit der restaurierten Seilfähre den Snake River zu überqueren. Überhaupt gehören Boote hier zu den beliebten Verkehrsmitteln. Ob als Rafting direkt in den Fluten oder geschützt im Ausflugsboot – die Ausblicke auf die schroffen Granitspitzen der schneebedeckten Berge machen Touren auf dem Wasser zu einem besonderen Erlebnis. Wildwasser- und Floßfahrten bieten sich auf dem Clark oder dem Lewis River an. Sie können auch in Jackson gebucht werden.
PRAKTISCHE INFORMATIONEN: Die Anreise erfolgt mit dem Auto durch Jackson (Süden) oder durch den Yellowstone-Nationalpark (Norden). Shuttlebusse verkehren von Jackson. Der Park ist ganzjährig geöffnet und unterhält sechs Campingplätze. Vier Visitor Centers und eine Information Station sind über die Region verteilt. Unterkunft: Jenny Lake Lodge, www.gtlc.com

GRAN SASSO E MONTI DELLA LAGA NP

Ente Parco Nazionale del Gran Sasso e Monti della Laga, Via Del Convento 1
67010 Assergi (AQ) / Italien
www.gransassolagapark.it

Der rund 1489 km² große Nationalpark in den Abruzzen schützt im Apennin die Massive Sasso d'Italia und Laga sowie die Monti Gemelli.
HIGHLIGHTS: Eine insgesamt rund fünfstündige Wanderung führt von der faszinierenden Hochfläche Campo Imperatore (2120 m) hinauf zum Corno Grande, mit 2912 m der höchste Gipfel des Apennins.

Unterwegs sieht man Europas südlichsten Gletscher, den Calderone.
TIPPS: Ein hübscher Spaziergang führt bei Morrice (SS49, 826 m) zu jahrhundertealten Esskastanienbäumen, Zeugnisse der kulinarischen Traditionen des Gebiets.
PRAKTISCHE INFORMATIONEN: Der Nationalpark ist frei zugänglich. Die Anreise mit dem Auto erfolgt über A24, SS80 und SS4. Unterkunft: Agriturismo Laperegina, 65020 Corvara (PE), www.laperegina.com

GRASSLANDS NP

Val Marie, Saskatchewan S0N 2T0 / Kanada, www.pc.gc.ca/ pn-np/sk/grasslands/index.aspx

Der im Jahr 1981 als einer der jüngsten Nationalparks Kanadas gegründete Park wurde auf eine Fläche von rund 900 km² hin konzipiert, die sich in zwei Blöcke teilt: westlich mit dem Frenchman River Valley und östlich mit den Rock Creek Badlands.
HIGHLIGHTS: In beiden Teilen des Parks findet man noch Regionen, die von der Vergletscherung der jüngsten Eiszeit unberührt blieben. Den westlichen Teil erschließt eine Wanderung auf den 70 Mile Butte – mit 932 m die höchste Erhebung im Frenchman River Valley –, für die man etwa einen halben Tag einplanen sollte. Ebenfalls soviel Zeit nehmen sollte man sich für den – den Ostteil erschließenden – Rim Hike. 1874 wurden in dieser Region die ersten Fossilien von Dinosauriern in Westkanada gefunden.
TIPPS: An keinem anderen Ort in Kanada können der Schwarzschwanz-Präriehund (ein Nagetier) und der Schwarzfußiltis noch wie hier in ihrem natürlichen Lebensumfeld beobachtet werden.
PRAKTISCHE INFORMATIONEN: Anreise (West Block) über die Highways 4 und 18 durch Val Marie oder (East Block) über den Highway 18 durch Wood Mountain. Visitor Centres am West- und am Osteingang. Unterkunft im Park: Frenchman Valley und Rock Creek Campground; in Val Marie: The Convent, Box 209, www.convent.ca

GREAT BARRIER REEF

Great Barrier Reef Marine Authority
2-68 Flinders Street, PO Box 1379Townsville, QLD 4810 / Australien
www.gbrmpa.gov.au

Mit gut 2000 km Länge, von der Torres-Straße vor Papua-Neuguinea bis etwa Rockhampton, ist das Great Barrier Reef vor der Nordostküste Australiens das größte Barriereriff der Welt. Es setzt sich aus 2500 Einzelriffen zusammen, die aus Korallenpolypen aufgebaut sind. Das Great Barrier Reef als Gesamtbauwerk ist Weltnaturerbe, einzelne Sektionen sind zudem Bestandteil von Nationalparks.
HIGHLIGHTS: In den Gewässern des Riffs gibt es Tausende von Fisch-, Schwamm-Weichtier-, Stachelhäuter-, Seetang- und Steinkorallenarten, dazu Meeresschildkröten, Dugongs (Seekühe), Haie, Wale ... Besonders eindrucksvoll sind die bunten Anemonen- und Papageienfische.
TIPPS: Wer sich die Füße nicht nass machen will, kann in Unterwasserobservatorien im Unterdeck von Beobachtungsplattformen den Blick auf die Welt der Riffe genießen (z.B. Marine World von Reef Magic in Cairns, www.reefmagiccruises.com).
PRAKTISCHE INFORMATIONEN: In den Küstenstädten von Queensland (Mackay, Townsville, Cairns) und den Inseln davor (Whitsunday Islands) bieten Hunderte von Veranstaltern Boots-, Schnorchel- und Tauchtouren in den Gewässern des Riffs an.

GREAT BEAR RAINFOREST

Ministry of Environment
PO Box 9047, Stn Prov Govt
Victoria, BC V8W 9E2 / Kanada
www.gov.bc.ca./env

Der Great Bear Rainforest erstreckt sich rund 600 km an der kanadischen Pazifikküste vom Bute Inlet im Süden bis zur Grenze zu Alaska im Norden. Mit ca. 32 000 km² Fläche ist er eines der größten gemäßigten Regenwaldgebiete der Welt.
HIGHLIGHTS: Im Wald wandert man unter uralten Riesen-Lebensbäumen und mächtigen Sitka-Fichten. Bei Touren mit Führern der Kitasoo/Xai'xais First Nation in Klemtu hat man im Kitasoo Spirit Bear Conservancy Gelegenheit, Grizzlys und Kermodebären zu beobachten.
TIPPS: Die Küste lässt sich am besten auf Bootstouren erkunden. Unterwegs sieht man Wale und Bären und erlebt auf Landgängen die Natur des Regenwalds. www.mapleleafadventures.com
PRAKTISCHE INFORMATIONEN: Die Anreise erfolgt per Auto über den Highway 16 oder per Boot entlang der Küste. Unterkunft: Spirit Bear Lodge, Klemtu, www.spiritbear.com.

GREAT SMOKY MOUNTAINS NP

107 Park Headquarters Road
Gatlinburg, Tennessee 37738 / USA
www.nps.gov/grsm/

Fast alle Klischees von Bergidylle erfüllt der Great-Smoky-Mountains-Nationalpark. Obwohl sein Name es vermuten lässt, steigt hier kein Rauch auf – doch die zackigen Gipfel kleiden sich gerne in feine Nebelschleier. Schon die hier einst ansässigen Cherokees nannten die Region »Ort des blauen Nebels«. Heute zählt der Nationalpark zu den meistbesuchten des Landes und ist Welterbe der UNESCO. Dass er unter Schutz steht, ist nicht zuletzt seinen Anwohnern zu verdanken, denn schon früh erkannten sie die Gefahren der um sich greifenden Holzindus-trie, die im späten 19. Jahrhundert in voller Blüte stand.
HIGHLIGHTS
Wer in die Ausläufer des Appalachen-Gebirges fährt, kommt meist über die Newfound Gap Road in den Park. Die Landschaft der »Smokies« gilt als eines der größten, zusammenhängenden Waldgebiete der USA. Mindestens 30 Salamanderarten sind hier zu Hause und lassen so manchen Amerikaner über den Park als »Salamanderhauptstadt der Welt« sprechen. Rund 200 Pilzsorten und um die 1300 verschiedene Pflanzenarten zeugen von sehr guten Wachstumsbedingungen, darunter auch hochgewachsene Schierlingstannen und knorrige Eichen. Zu den beliebtesten Hinterlassenschaften der frühen Siedler gehört die Cable Mill. Hochsaison hat der Park übrigens auch im Herbst, wenn sich seine Blätter bunt färben. Und es ist sogar ein Lehrpfad für Autos eingerichtet: Der Roaring Fork Motor Nature Trail beginnt gleich hinter den Rainbow Falls. Wer sich ohne Auto auf Naturbeobachtung begeben will, der macht sich auf nach Cades Cove. An den riesigen Wiesen haben nicht nur viele Murmeltiere ihren Bau, auch Weißwedelhirsche und Wilde Truthähne zeigen sich oft.
TIPPS: Der berühmteste Trail im Park ist der Appalachian Trail, der sich auf einer Gesamtlänge von knapp 3500 km entlang

des Gebirges allein durch 14 Bundesstaaten zieht. Diesen Nationalpark durchquert er immerhin auf einer Länge von 110 km. Nicht verpassen sollten Besucher Abstecher zum Clingmans Dome, auf dem Berg befindet sich ein Aussichtsturm mit Fernsicht auf die Appalachen. Am Newfound Gap lohnt es sich, das Auto für eine Wanderung zu verlassen. Über 7 km schlängelt sich der Weg hier zur Anhöhe Charles Bunion. Bei Autofahrern beliebt ist auch die 18 km lange Rundstrecke im Westen, die Little River Road führt durch das Tal nach Cades Cove vorbei an alten Bauernhöfen, verwaisten Häusern und Kirchen.

PRAKTISCHE INFORMATIONEN: Die Anreise mit dem Auto erfolgt über den Highway 441 durch Sevierville und Pigeon Forge oder über den Highway 321/TN-73 durch Townsend. Der Park hat ganzjährig geöffnet und verfügt über diverse Besucherzentren und zehn Campingplätze. Unterkunft: Blackberry Farm, www.blackberryfarm.com

GROS MORNE NP

Rocky Harbour, Newfoundland A0K 4N0 / Kanada, www.pc.gc.ca/eng/pn-np/nl/grosmorne/index.aspx

Seinen Namen erhielt das an der Westküste Neufundlands gelegene Areal vom Gros Morne, dem mit 806 m Höhe zweithöchsten Gipfel Neufundlands. Der im Jahr 1973 gegründete, 1805 km² große Nationalpark wurde 1987 zum UNESCO-Welterbe erklärt.

HIGHLIGHTS: Nicht versäumen sollte man eine Bootsfahrt auf dem in der Nähe von Sally's Cove gelegenen Western Brook Pond, einem 16 km langen, bis zu 200 m tiefen, von bis zu 600 m hohen Steilwänden gesäumten Süßwasserfjord. Eine Wanderung auf dem Tablelands Trail (ca. 2 Std., Start am Parkplatz an der Route 431, 4 km westlich vom Discovery Centre) führt in die rostfarbene Mondlandschaft des »Tafellands«. Erholung von der recht anstrengenden Wanderung findet man in den malerischen Fischerdörfern Woody Point und Rocky Harbour.

TIPPS: Ein Ausflug zur – am nördlichsten Zipfel der Great Northern Peninsula von Neufundland gelegenen – L'Anse aux Meadows National Historic Site (UNESCO-Welterbe seit 1978) führt an jenen geschichtsträchtigen Ort, an dem bereits zu Beginn des 11. Jh.s die von Leif Eriksson angeführten Wikinger an Land gingen. Die von den Archäologen Helge und Anne-Stine Ingstad entdeckten Überreste einer Wikingersiedlung erinnern an ähnliche Dörfer auf Island und Grönland. Drei der insgesamt acht ausgegrabenen Häuser hat man inzwischen rekonstruiert. Zusammen mit einigen gefundenen Werkzeugen vermitteln sie ein anschauliches Bild vom mühseligen Leben der ersten Europäer in Nordamerika, lange vor der Ankunft von Kolumbus. Um die von Juni bis Anfang Oktober geöffnete, nördlich von St. Anthony gelegene Historic Site zu besichtigen, wechselt man etwa 10 km südlich von St. Anthony vom Highway 430 auf den Highway 436. Übrigens: Mit dem sieben aufeinanderfolgende Tage lang gültigen Viking Trail Pass erhält man Zutritt zum Nationalpark wie zur Historic Site und einigen weiteren Sehenswürdigkeiten.
www.vikingtrail.org

PRAKTISCHE INFORMATIONEN: Anreise mit dem Flugzeug von Toronto, Montreal oder Halifax nach Deer Lake, dem kleinsten, nur 32 km vom Park entfernten Flughafen Neufundlands; von dort weiter auf der Route 430 (Viking Trail) in nördlicher Richtung bis zum Parkeingang in Wiltondale. Visitor Centre in Gros Morne, Route 430, etwa 3 km östlich von Rocky Harbour; allgemeine Informationen unter www.grosmorne.com; Discovery Centre in Woody Point. Unterkunft: Mehrere Campingplätze im Park. In Rocky Harbour: Ocean View Hotel, 38–42 Main Street, www.theoceanview.ca. In Norris Point: Neddies Harbour Inn, 7 Beach Road, www. theinn.ca.
In Woody Point: Aunt Jane's Place, www.grosmorne.com/ victorianmanor

GUANACASTE NP

SINAC, Oficina Central, San José
Avenida 15 Calle 1° / Costa Rica
www.sinac.go.cr

Der 315 km² große Park im Norden Costa Ricas erstreckt sich östlich des Pan-American Highways bis in das Gebiet um den Vulkan Orosi (1487 m) zwischen 300 und 1659 m Meereshöhe.

HIGHLIGHTS: Der Park sichert vielen Tierarten einen Korridor für ihre saisonalen Wanderungen. Jaguar und Puma sind hier heimisch, und auch Vogelliebhaber kommen mit mehr als 300 Arten auf ihre Kosten.

TIPPS: Wanderwege führen durch verschiedene Höhenstufen mit ihren Vegetationszonen, vom tropischen Trockenwald bis hinauf zum Nebelwald (z.B. von den Rangerstationen Cacao bzw. Maritza zu den Vulkanen Cacao bzw. Orosi).

PRAKTISCHE INFORMATIONEN: Anreise von San José über die Fernstraße Nr. 1 (Pan American Highway), zum Haupteingang Quebrada Grande über Potrerillos, zur Rangerstation Maritza bei Cuajiniquil abbiegen. Einfache Unterkünfte in den Rangerstationen.
www.visitcostarica.com

GUNUNG LEUSER NP

Jl. Selamat No. 137 Kelurahan Siti Rejo III
Medan Amplas, Medan, 20219
Sumatera Utara / Indonesien
www.gunungleuser.dephut.go.id

Der rund 9000 km² große Nationalpark erstreckt sich über eine vulkanische Gebirgskette im Norden Sumatras. Er gehört zur UNESCO-Welterbestätte Tropische Regenwälder von Sumatra und steht auf der Roten Liste.

HIGHLIGHTS: Der Nationalpark ist für sein reiches Tierleben bekannt. Hier leben Orang-Utan, Königstiger, Elefant, Nashorn und andere seltene Arten.

TIPPS: Orang-Utans lassen sich am sichersten während der Fütterungszeiten im Auswilderungszentrum von Bohorok (Jl. Orang Utan Center, Bukit Lawang 20774) beobachten. Wer ein Abenteuer sucht, lässt sich in einem Raftingboot den Bohorok-Fluss hinuntertreiben.

PRAKTISCHE INFORMATIONEN: Anfahrt mit dem Auto von Medan bis Bohorok (60 km). Übernachtung in Medan z. B. im JW Marriott Hotel.

GUNUNG MULU NP

Borsarmulu Park Management
PO Box 2413, Miri, 98008 Sarawak
Malaysia www.mulupark.com

Der 529 km² große Nationalpark liegt im malaysischen Teil Borneos im Landesinneren,

abgeschieden an der Grenze zu Brunei. Das 2376 m hoch gelegene, weltweit bedeutende Karstgebiet gehört zum UNESCO-Welterbe und ist vorrangig von Regenwald bedeckt. Der Park erstreckt sich über 17 Vegetationszonen mit rund 3500 Pflanzen-, 1700 Moos- und über 4000 Pilzarten sowie ca. 20000 wirbellosen und über 500 Wirbeltierarten.
HIGHLIGHTS: Die berühmten Höhlen erreicht man auf geführten Ausflügen zu Fuß oder per Boot durch den Regenwald. In der gigantischen Deer Cave (Pua Rusa), der zweitgrößten Höhle der Welt, lebt eine Kolonie von rund 3 Millionen Fledermäusen. Es ist ein überwältigender Anblick, wenn sie in der Abenddämmerung aus der Höhle fliegen, um sich auf Insektenjagd zu begeben.
TIPPS: Der 20 m hohe und 480 m lange Baumwipfelpfad Mulu Skywalk bietet einen faszinierenden Blick auf das obere Stockwerk des Regenwalds, der zudem auf geführten und ungeführten Touren erkundet werden kann.
PRAKTISCHE INFORMATIONEN: Die Anfahrt erfolgt per Flugzeug von Miri, Kuching oder Kota Kinabalu aus und weiter per Shuttle zum Parkzentrum. Unterkunft: Lodges am NP-Zentrum, www.mulupark.com

GWAII HAANAS NP

Queen Charlotte City
British Columbia V0T 1S0 / Kanada
www.pc.gc.ca/eng/pn-np/bc/gwaiihaanas/index.aspx

Seit 2009 heißen die Queen Charlotte Islands offiziell Haida Gwaii (Schöne Inseln); der den Archipel schützende, im Jahr 1988 gegründet Nationalpark trägt seit Juni 2010 offiziell den Namen Gwaii Haanas National Park Reserve and Haida Heritage Site.
HIGHLIGHTS: Die beiden Hauptinseln des Archipels sind Graham Island und Moresby Island. Auf der zum UNESCO-Welterbe zählenden Insel SGang Gwaay (Anthony Island) findet man Zeugnisse der faszinierenden, jahrtausendealten Haida-Kultur.
TIPPS: Im Frühling sind die Bedingungen ideal für eine Erkundung der faszinierenden Unterwasserwelt: Moresby Explorers, www.moresbyexplorers.com
PRAKTISCHE INFORMATIONEN: Anreise mit dem Flugzeug von Vancouver nach Sand Spit und Masset auf Graham Island; zwischen Prince Rupert (Kaien Island) und Masset verkehren Wasserflugzeuge, von Prince Rupert nach Skidgate (Graham Island) fährt eine Fähre. Das Visitor Centre des Nationalparks befindet sich in Queen Charlotte (Graham Island), 322 Wharf Street, Tel. (250) 559-8316, www.qcinfo.ca. Haida Heritage Centre: 60 Second Beach Road, Skidegate, Tel. (250) 559-7885, www.haidaheritagecentre.com. Unterkunft auf Graham Island: Premier Creek Lodging, Queen Charlotte, 3101 3rd Avenue, www.qcislands.net/premier

HARDANGERVIDDA NP

Hardangervidda-Nationalparkzentrum
Skinnarbu, 3660 Rjukan / Norwegen
www.hardangervidda.com

Der mit 3422 km² Fläche größte Nationalpark Norwegens ist durch Wanderwege und Hütten gut erschlossen und ein beliebtes Ziel für Outdoorfans.
HIGHLIGHTS: Unschlagbar ist der Blick vom 1883 m hohen Gaustatoppen. Zum Gipfel führt vom Parkplatz Stavsro bei Rjukan eine dreistündige Wanderung oder von der Fv 651 bei Rjukan eine Fahrt mit der unterirdischen Standseilbahn Gaustabanen.
TIPPS: Im Sommer organisiert das Rjukan Tourist Office Pony-Trekkingtouren auf die Hardangervidda, www.visitrjukan.com
PRAKTISCHE INFORMATIONEN: Die Anreise zu vielen Sehenswürdigkeiten im Park erfolgt über die Nationalparkroute ab Heddal über E134 und Fv 651 bis Rjukan, weiter auf Rv 37 und Fv 362 zurück zur E134. Unterkunft: Kvitåvatn Fjellhytter, Rjukan, www.gaustatoppen.org

HEARD ISLAND UND MCDONALD ISLANDS

Department of Environment
Australian Antarctic Division
203 Channel Highway
Kingston, Tasmania 7050 / Australien
www.antarctica.gov.au

Die australische Inselgruppe liegt völlig abgeschieden im Südlichen Ozean nur knapp 1700 km von der Antarktis entfernt. Die insgesamt 370 km² großen Inseln gehören zu einem 6589 km² großen Meeresschutzgebiet sowie zum UNESCO-Welterbe.
HIGHLIGHTS: Auf die Inseln wurden, weltweit fast einmalig, keine fremden Arten eingeführt. In dem unberührten Habitat leben in riesigen Populationen 47 Vogelarten, darunter Albatrosse, Pinguine, See-Elefanten und Seebären.
TIPPS: Als einzige vulkanisch aktive Inseln der Subantarktis bieten diese eine einmalige Gelegenheit für die geologische und anhand ihrer Gletscherbewegungen für die Klimaforschung.
PRAKTISCHE INFORMATIONEN: Die Inseln sind nur per Schiff erreichbar und dürfen nur mit ausdrücklicher Genehmigung des Umweltministeriums betreten werden.

GROSSER HIMALAYA NP

Great Himalayan National Park
Himachal Pradesh, District Kullu
Shamshi 175126 / Indien
www.greathimalayannationalpark.com

Der Nationalpark liegt im westlichen Himalaya im Norden Indiens. Er hat eine Gesamtfläche von 754 km² und umfasst sowohl tropische und alpine Klimazonen als auch einen Teil der tibetischen Steppenregion. Der Park ist deshalb geprägt von einer großen Artenvielfalt, 2014 wurde er zum UNESCO-Weltnaturerbe ernannt.
HIGHLIGHTS: Eine Attraktion ist hier der sehr seltene Schneeleopard, den man mit etwas Glück bei einer geführten Trekkingtour durch die alpinen Zonen des Parks zu Gesicht bekommt.
TIPPS: Eine achttägige Trekkingtour führt in die alpine Klimazone auf über 4000 Höhenmeter hinauf. Übernachtet wird in einfachen Unterkünften. In der subalpinen Klimazone kann man durch artenreiche Wälder wandern und dort auch auf Braunbären und Moschushirsche treffen.
PRAKTISCHE INFORMATIONEN: Anreise mit dem Flugzeug nach Kullu (Bhuntar), von dort per Auto auf National Highway 21 bis Gushaini (Beginn einer Trekkingtour). Unterkunft: Club Mahindra Manali, Buchung: www.clubmahindra.com/our-resorts/club-mahindra-manali

HOHE TAUERN NP

Sekretariat des Nationalparkrates
Kirchplatz 2, 9971 Matrei i. O. /
Österreich www.hohetauern.com

Der 1856 km² große Nationalpark wurde 1981 gegründet. Das größte Naturschutzgebiet der Alpen erstreckt sich über die zentralen Hohen Tauern in den Bundesländern Salzburg, Tirol und Kärnten.
HIGHLIGHTS: Eine dreistündige Wanderung führt oberhalb von Heiligenblut (Kärnten) vom Glocknerhaus (2132 m) zur Pasterze, dem größten Gletscher der Ostalpen, und weiter zur Talstation der Gletscherbahn.
TIPPS: Bei Krimml (Salzburg, 1067 m) rauschen die 390 m hohen Krimmler Wasserfälle hinab. Rund 1,5 Stunden dauert die ca. 4 km lange Wanderung von Krimml entlang der Fälle hinauf zur obersten Stufe.
PRAKTISCHE INFORMATIONEN: Der Nationalpark ist frei zugänglich, die Anreise mit dem Auto erfolgt über B105, B107, B108, B165. Unterkunft: Gradonna Mountain Resort, 9981 Kals am Großglockner, www.gradonna.at

HUANGSHAN-GEBIRGE

People's Government of Huangshan
CPC Huangshan Committee
Municipal Hall, 559000 Huangshan, Anhui / Volksrepublik China
www.huangshan.gov.cn

Die »Gelben Berge« des Huangshan-Gebirges erstrecken sich auf gut 150 km² im Süden Chinas in der Provinz Anhui. Mit ihren bizarren Granitformationen zählen sie zu den berühmtesten Landschaften Chinas und sind seit Jahrhunderten Inspiration für viele Künstler. Sie bieten aber auch Lebensraum für seltene Tiere wie Schelladler und Rothunde und gehören zum Natur- sowie zum Kulturerbe der UNESCO.
HIGHLIGHTS: Eine mehrtägige Wanderung führt zu ikonischen Orten, wie den 1668 m hohen Shixin Feng (Gipfel des beginnenden Glaubens) mit den berühmten Kiefern und zur »Terrasse der kühlen Frische«, Qingliangtai – zu Sonnenaufgang ein Besuchermagnet.
TIPPS: Von Tangkou und Taiping aus fahren Seilbahnen zu den Gipfeln.
PRAKTISCHE INFORMATIONEN: Die Anreise erfolgt von Huangshan aus mit spezialisierten Reiseveranstaltern. Unterkunft: Hotels im Gebirge, www.en.cnta.gov.cn

HUASCARÁN NP

Servicio National de Areas Naturales Protegidas por el Estado, Calle 17 No 355
San Isidro 15036 Lima / Peru
www.sernanp.gob.pe

Der 3400 km² große Park (seit 1985 Weltnaturerbe) liegt in der Cordillera Blanca etwa 300 km nördlich von Lima, auf einer Meereshöhe von durchgängig über 4000 Meter. Im Park liegt der höchste Berg Perus, der Nevada Huascarán (6768 m).
HIGHLIGHTS: Das bekannteste Tier des Parks ist der Andenkondor, der zu den größten flugfähigen Vögeln der Welt zählt (3 Meter Flügelspannweite). Ein weiterer hier vorkommender Rekordhalter ist die Riesenbromelie, die bis zu 12 m hoch wird und ein Alter von 100 Jahren erreiche kann.
TIPPS: Von der Bergstadt Huaraz aus kann man Trekkingtouren in den Park unternehmen. Eine beliebte Tour führt geübte Bergsteiger in drei Tagen auf den Nevada Pisco (5752 m).
PRAKTISCHE INFORMATIONEN: Anreise von Lima aus mit Bus (8 Stunden) oder Flugzeug nach Huaraz. Unterkunft: La Casa de Zarela, www.lacasadezarela.hostel.com

IGUAÇU NP

Parque Nacional do Iguaçu / Brasilien
www.icmbio.gov.br
Parque Nacional Iguazú / Argentinien
www.iguazuargentina.com

Der Name des Parks leitet sich vom Iguaçu-Fluss und den gleichnamigen Wasserfällen. Es gibt beiderseits der Wasserfälle und des Flusses, der die Grenze zwischen Brasilien und Argentinien markiert, Nationalparks (seit 1984 bzw. 1986 Weltnaturerbe), der brasilianische hat eine Fläche von 1863 km², der argentinische von 555 km². Um die Wasserfälle breitet sich der atlantische Regenwald aus.
HIGHLIGHTS: Die Iguaçu-Wasserfälle (argentinisch: Iguazú) gehören zu den spektakulärsten Fällen der Welt. Etwa 20 größere und 255 kleinere Fälle stürzen auf einer Breite von 2,7 km bis zu 82 m in die Tiefe.
TIPPS: Die meisten Wasserfälle liegen auf argentinischem Terrain, deshalb hat man von der brasilianischen Seite aus den besseren Panoramablick. Von der brasilianischen Stadt Foz do Iguaçu aus kann man auch geführte Touren in den Regenwald unternehmen.
PRAKTISCHE INFORMATIONEN: Anreise mit Flugzeug oder Bus nach Foz do Iguaçu, etwa 25 km von den Fällen entfernt. Unterkunft: Pousada Sonho Meu, www.pousadasonhomeufoz.com.br

ISIMANGALISO WETLAND PARK

iSimangaliso Wetland Park Authority
The Dredger Harbour, Private Bag X05, St. Lucia 3936 / Südafrika
www.isimangaliso.com/

Der 3200 km² große ISimangaliso-Wetland-Park an der nordöstlichen Atlantikküste Südafrikas vereinigt auf engstem Raum Frisch- und Salzwassersysteme (Seen, Lagunen, Marschen, Mangroven), Grasland und subtropische Wälder. Entsprechend vielfältig sind Fauna und Flora des Parks.
HIGHLIGHTS: Leoparden, Nashörner, Büffel, Antilopen und Flusspferde sind hier ebenso anzutreffen wie Krokodile, Schildkröten, Delfine, Wale, Walhaie und tropische Fische, dazu Pelikane, Flamingos, Reiher, Ibisse, Störche und Adler.
TIPPS: Bei einer Bootstour (z.B. mit Advantage Tours) auf dem Lake St. Lucia bekommt man Flusspferde (größte Population Südafrikas), Krokodile und Eisvögel zu sehen.
PRAKTISCHE INFORMATIONEN: Anreise auf der N2 von Durban nach Mtubatuba, von dort nach St. Lucia abbiegen. Im Park mehrere Übernachtungsmöglichkeiten, z.B. Thonga Beach Lodge.

LOS ISLOTES

SEMARNAT, Periférico 5000, Col. Insurgentes Cuicuilco, Delegación Coyoacán, C.P. 04530, México, D.F / Mexiko
www.inecc.gob.mx

Los Islotes ist eine Insel im Golf von Kalifornien, östlich von Niederkalifornien und nördlich von Espiritu Santo.
HIGHLIGHTS: Los Islotes ist wegen seiner Seelöwenkolonie bekannt. Anfang Juli kommen die Jungen zur Welt, pro Jahr etwa 70. Die zutraulichen Tiere lassen sich vom Land wie vom Wasser aus beobachten. Das Revier ist auch bei Tauchern beliebt.

TIPPS: Um die Tiere nicht zu stören und wegen der Korallen müssen Boote in der Nähe der Kolonie eine gewisse Distanz zur Küste halten; dies ist durch Bojen markiert.
PRAKTISCHE INFORMATIONEN: Die Insel ist von La Paz aus in 1,5 Stunden mit kleinen Kreuzfahrtschiffen oder in offenen Booten erreichbar. Lindblad Expeditions/ National Geographic fahren die Insel im Rahmen einer Acht-Tages-Kreuzfahrt an (www.expeditions.com).

IVINDO NP

Agence Nationale des Parcs Nationaux
Batterie 4 / BP 20 379
Libreville / Gabun
www.parcsgabon.org

Der 3000 km² große Ivindo-Nationalpark wurde 2002 gegründet. Er liegt im östlichen Zentralgabun und schützt dichten Regenwald.
HIGHLIGHTS: Die Lichtung Baï de Langoué ist einer der besten Orte, um Gorillas und Waldelefanten zu beobachten. Wer im Ökocamp an der Baï de Langoué übernachten möchte, muss dies durch Reisebüros in Libreville organisieren.
TIPPS: Faszinierend ist eine Tour von Makokou aus durch den Wald oder per Boot auf dem Fluss Ivindo zu den Wasserfällen Kongou und Mingouli.
PRAKTISCHE INFORMATIONEN: Die Anreise erfolgt von Makokou aus per Flugzeug, Boot oder zu Fuß, am besten mit spezialisierten Reiseveranstaltern, die sich um die bei der Parkbehörde erhältlichen Besuchergenehmigungen und Führer kümmern. Unterkunft: Ökocamp der Wildlife Conservation Society (WCS) an der Baï de Langoué, www.wcs.org

IWOKRAMA REGENWALD

Iwokrama, 77 High Street Kingston
Georgetown / Guyana
www.iwokrama.org

Der Regenwald (ca. 3700 km²) liegt im Landesinneren von Guyana, nicht weit von der brasilianischen Grenze entfernt. Er gehört zu den wenigen Regenwaldgebieten der Erde, die noch nahezu unberührt sind.
HIGHLIGHTS: Wegen der großen Population hat man hier gute Chancen, einen Jaguar zu sehen. Hier lebt auch der größte Süßwasserfisch der Welt Arapaima, der über zwei Meter lang werden kann.
TIPPS: Vom Canopy Walkway aus, einer Reihe von Hängebrücken über dem Blätterdach des Regenwalds, hat man einen guten Blick auf die herumturnenden roten Guyana-Brüllaffen und die vielen Vögel in den Baumwipfeln (www.iwokramacanopywalkway.com).
PRAKTISCHE INFORMATIONEN: Anreise mit Kleinflugzeug und Geländewagen zum Iwokrama International Centre. Unterkunft: Iwokrama River Lodge, www.iwokramariverlogde.com

JASPER NP

Jasper, Alberta T0E 1E0 / Kanada
www.pc.gc.ca/eng/pn-np/ab/jasper/index.aspx

Mit 10 878 km² Fläche ist der Jasper-Nationalpark der größte Nationalpark in den kanadischen Rocky Mountains. Im Jahr 1907 eingerichtet, schützt er ein fragiles, von zerklüfteten Bergen, Gletschern, Wäldern, Bergwiesen und Flüssen gekennzeichnetes Ökosystem.
HIGHLIGHTS: Hier erwartet den Besucher eine ungemein vielfältige Welt mit schneebedeckten Dreitausendern, heißen Schwefelquellen, mehr als 800 Seen und dem größten zusammenhängenden Gletscherfeld der Rocky Mountains, dem Columbia Icefield. Das Schmelzwasser des Athabasca Glaciers – eine der sechs Gletscherzungen des Columbia Icefields – speist den Athabasca River, der ebenso für seine Wasserfälle bekannt ist wie der Sunwapta River. »Athabasca« bedeutet in der Sprache der First Nations »wo es Schilf gibt«. Jasper, der einzige Ort im Nationalpark, ging aus einem Handelsposten für Pelzhändler, Jäger und Goldsucher hervor; erschlossen wurde das Gebiet durch die Canadian Pacific, die Jasper im Jahr 1911 erreichte. Der kleine Ort ist weniger überlaufen als Banff, auf den Trails im Hinterland erlebt man die wunderbare Natur der Rocky Mountains noch relativ ungestört. Über die 3 km nordöstlich von Jasper vom Yellowhead Highway abzweigende Maligne Road erreicht man zunächst den wildromantischen Maligne Canyon mit drei größeren Wasserfällen und bald darauf den Medicine Lake, dessen auffällig schwankende Pegelstände die First Nations an Geistererscheinungen glauben ließen: Der See hat keinen an seiner Oberfläche erkennbaren Abfluss, sondern füllt und entleert sich über große Öffnungen auf dem Seegrund. Bei der Weiterfahrt kommt man zu dem 1673 m hoch in einem bezaubernden Tal gelegenen, von grandiosen Schneegipfeln umgebenen Maligne Lake. Wenn man mit dem Boot zur Südspitze dieses größten gletschergespeisten Sees der Rocky Mountains fährt, passiert man eine kleine Insel, Spirit Island: Insel und See formen zusammen eines der berühmtesten Wahrzeichen des Jasper-Nationalparks.
TIPPS: Die Jasper Tramway (www.jaspertramway.com), eine Bergbahn, erschließt den vielbesuchten Whistler Mountain und ermöglicht eine atemberaubend schöne Rundsicht über den Park. Seinen Namen verdankt der Berg dem Pfeifen der Murmeltiere in der Region.
Als schönste Wanderrouten des Nationalparks gelten der Skyline Trail (44 km, 820 m Höhenunterschied) und der Jonas Pass Trail (19 km, 555 m Höhenunterschied bzw. – kombiniert mit einer Wanderung zum Nigel Pass und zum Poboktan Pass – insgesamt 36 km, 750 m Höhenunterschied). Von Wanderern geschätzt wird zudem das Tonquin Valley (Astoria River Trail, Maccarib Pass Trail). Luxus pur verspricht ein Aufenthalt in der bereits im Jahr 1922 direkt am wildromantischen Lac Beauvert errichteten The Fairmont Jasper Park Lodge, Old Lodge Road, Tel. (780) 852-3301, www.fairmont.com/jasper.
PRAKTISCHE INFORMATIONEN: Anreise mit dem Auto oder Bus über den Trans-Canada Highway 16 durch Jasper. Dort, in der Nähe des Bahnhofs, findet man auch das Jasper National Park Information Centre, P.O. Box 10, 500 Connaught Drive, Tel. (780) 852-6171. Auskünfte im Internet erhält man auf der Website des Nationalparks (siehe: S. 428) und auf der offiziellen Tourismuswebsite von Jasper: www.jasper.travel. Unterkunft: Es gibt diverse Campingplätze im Park. Wer komfortabler nächtigen möchte: The Fairmont Jasper Park Lodge (siehe: Tipps). Sunwapta Falls Rocky Mountain Lodge, P.O. Box 97, www.sunwapta.com. Maligne Lodge, 900 Connaught Drive, www.malignelodge.com

JŌSHINETSU-KŌGEN NP

Ministry of the Environment
Godochosha No. 5, Kasumigaseki 1-2-2,
Chiyodaku, Tokio 100-8975 / Japan
www.env.go.jp

Der 1891 km² große Nationalpark schützt auf der japanischen Hauptinsel Honshū eine Gebirgsregion mit aktiven und schlafenden Vulkanen. Zu ihnen gehört auch der aktivste Vulkan auf Honshū, Asama (2568 m).

HIGHLIGHTS: Der Park in der Mitte von Honshū bewahrt eine alpine Landschaft mit reichem Baumbestand – Kerbbuchen, Mongolische Eichen, Japanische Lärchen, Birken –, die auf zahl-reichen Touren erwandert werden kann. In dem Gebiet leben u. a. Japanmakaken, Japanische Seraus und Alpenschneehühner.

TIPPS: Am Westrand des Parks kann man im Jigokudani-Affenpark im Winter den Japanmakaken im Flusstal des Yokoyu beim Baden in Thermalquellen zusehen (www.jigokudani-yaenkoen.co.jp).

PRAKTISCHE INFORMATIONEN: Die Anreise erfolgt per Auto, der Park ist durch Straßen von Tokio aus (ca. 200 km) gut erschlossen. Nach Karuizawa auch mit dem Shinkansen. Unterkunft: Shiga Kogen Prince Hotel, Shiga Kogen, www.princehotels.com.

KAKADU NP

Kakadu National Park
Bowali Visitor Centre, PO Box 71
Jabiru NT 0886 / Australien
www.parksaustralia.gov.au/kakadu

Der mit knapp 20 000 km² größte australische Nationalpark rund 200 km südöstlich von Darwin im Nordosten des Landes weist unterschiedliche Landschaftsformationen auf, von Feuchtgebieten bis zu felsigen Hochplateaus. Das tropische Monsunklima (Regenzeit: Dezember bis März) bietet gute Lebensbedingungen für rund 280 Vogel-, 60 Säugetier-, 75 Reptilien- und 55 Fischarten.

HIGHLIGHTS: Auf Bootsfahrten, Bushwalks oder geführten Wanderungen lassen sich Krokodile (»Freshies« und »Salties«), Warane, Echsen, Kormorane und Kraniche beobachten, etwa in Yellow Water oder am East Alligator River.

TIPPS: Im Park finden sich gut 5000 Aborigines-Felsmalereien (deshalb auch Weltkulturerbe). Die berühmtesten Galerien gibt es in Ubirr, Nourlangie und Nanguluwur zu besichtigen. Einen Einblick in die Aborigines-Kultur vermittelt auch das Warradjan Aboriginal Cultural Centre bei Yellow Water.

PRAKTISCHE INFORMATIONEN: Anreise per Flugzeug nach Darwin (200 km) oder Jabiru, mit dem Auto auf dem Arnhem Highway (Nr. 36) zum Park. Übernachtungsmöglichkeiten in Buschcamps, Lodges (z.B. Gagudju Cooinda Lodge) oder in Jabiru. Wegen Krokodilen ist Baden in den meisten Gewässern nicht ratsam.

KALEVALSKY NP

Tourist Information Center of the Republic of Karelia, Kuibysheva Str. 5
Petrozavodsk / Russland
www.ticrk.ru/en

In der russischen Republik Karelien schützt der 750 km² große Kalevalsky-Nationalpark an der Grenze zu Finnland eine ursprüngliche Landschaft, in der sich Urwälder mit Seen, Mooren und Flüssen abwechseln. Die Region mit dem Ort Kalevala ist auch Schauplatz des finnischen Nationalepos Kalevala, dessen Quellenmaterial Elias Lönnrot 1830/40 hier sammelte.

HIGHLIGHTS: In der Wald- und Seenlandschaft mit Tannen, Kiefern und Birken haben u.a. Braunbären, Wölfe, Luchse, Waldrentiere und Elche ihren Lebensraum, ebenso Stein- und Fischadler, Schwarzmilane, Bartkauze, Singschwäne und Saatgänse.

TIPPS: In Kalevala und anderen Orten können noch Häuser im Stil der karelischen Volkskultur besichtigt werden.

PRAKTISCHE INFORMATIONEN: Anreise aus Finnland über Kuopio, Kajaani und Straße 89 nach Kostomuksha oder aus St. Petersburg über Petrozavodsk (nur mit Visum). Übernachtung in Kalevala im Hotel Sampo. Infos zum Tourismus in der Region unter www.nko-karelia.info/kalevalsky-region.html

KAMTSCHATKA VULKANE

Naturpark Vulkane Kamtschatkas,
Bystrinskij Clusters, Ulica Lenina 8 Esso /
Russland www.vulcanikamchatki.ru

Zum Weltnaturerbe Vulkanregion Kamtschatka gehören insgesamt sechs Nationalparks auf der Halbinsel ganz im russischen Fernen Osten. Dort befinden sich ungefähr 160 Vulkane, von denen etwa 30 aktiv sind. Das gesamte Gebiet ist knapp 40 000 km² groß.

HIGHLIGHTS: Im Tal der Geysire im Kronozki-Nationalpark gibt es etwa 90 Geysire und etliche heiße Quellen.

TIPPS: Im Naturpark Bystrinsky kann der aktive Vulkan Itschinskaja Skopja (3621 m) bestiegen werden. Vom Gipfel aus hat man eine schöne Sicht auf die Halbinsel.

PRAKTISCHE INFORMATIONEN: Anreise mit Linienflügen in die Regionhauptstadt Petropawlowsk-Kamtschatski. Es empfiehlt sich, vor der Anreise eine Trekkingtour zu buchen, www.berge-reisen.de

KAPREGION (FLORENREICHE)

Kirstenbosch National Botanical Garden
Rhodes Drive, Newlands
Private Bag X7, Claremont 7735
Kapstadt / Südafrika
www.sanbi.org/gardens/kirstenbosch

Eines der artenreichsten Florenreiche der Welt findet sich in der Kapregion rund um Kapstadt. Auf nur 0,5% der Landfläche Afrikas wachsen hier 20% seiner Flora (über 9000 Blütenpflanzenarten!), darunter viele endemische Pflanzen. Zu ihrem Schutz wurden in der Kapregion acht Reservate mit rund 5500 km² Fläche ausgewiesen.

HIGHLIGHTS: Viele uns bekannte Blumen können dort in ihrer Wildform bewundert werden, u.a. Strohblumen, Schwertlilien, Geranien, Strelitzien.

TIPPS: Einen guten Überblick über die einheimische Flora gewinnt man im Kirstenbosch National Botanical Garden, von dem man zum Tafelberg aufsteigen kann.

PRAKTISCHE INFORMATIONEN: Der Botanische Garten und der angrenzende Table Mountain National Park liegen am Stadtrand von Kapstadt.

KARIJINI NP

Department of Parks and Wildlife
Lot 3 Anderson Road Karratha Industrial Estate, PO Box 835, Karratha 6714
Western Australia / Australien
www.parks.dpaw.wa.gov.au/park/karijini

Der Park in Pilbara (Western Australia) um-

fasst auf ca. 6300 km² einen Teil der Hamersley Range, ein rund 300 km langes verwittertes Felsmassiv mit bis zu 1235 m hohen Tafelbergen (Mount Bruce).
HIGHLIGHTS: Spektakulär sind die zahlreichen Schluchten mit Sockeln, Treppen und Terrassen, die Flüsse und Bäche in den roten Fels gegraben haben.
TIPPS: An der Dales Gorge kann man oben oder am Grund der Schlucht entlangwandern. Von hier ist es nicht weit zum Circular Pool oder zu den Fortescue Falls, wo man ein erfrischendes Bad nehmen kann.
PRAKTISCHE INFORMATIONEN: Per Flugzeug nach Port Hedland (250 km), mit dem Auto über den North West Coastal Highway und Highway 136 bzw. 95 nach Tom Price bzw. Auski Roadhouse. Übernachtung im Park auf zwei Campingplätzen (Dales Gorge, Karijini Eco Retreat).

KARPATEN NP

Karpatskyj National Park
Iwano-Frankiwsk Oblast
Stusa str. 6a, 78500 Jaremtsche / Ukraine
www.cnnp.if.ua

Der 1980 gegründete Nationalpark umfasst 516 km² in den östlichen Karpaten und gehört zum Biosphärenreservat Karpaten in der Westukraine.
HIGHLIGHTS: Von der Sportstation Sarosljak hinter dem Parkeingang bei Werchowyna führt eine insgesamt zweistündige Wanderung auf den höchsten Gipfel, Howerla (2061 m).
TIPPS: Bei Jaremtsche kann man in einem Zuchtzentrum in Freigehegen Rotwild und Wildschweine aus nächster Nähe beobachten. Von dort führt ein markierter Weg zum nur 2 km entfernten Wasserfall Divochi Sliozy (»Mädchentränen«).
PRAKTISCHE INFORMATIONEN: Der kostenpflichtige Zugang zum Park erfolgt über die Zufahrten in Jaremtsche, Worochta, Bukowel und Werchowyna Die Anfahrt mit dem Auto erfolgt über H09 und P24. Unterkunft: Hotel Yarson, Jaremtsche, www.yarson.com.ua

KATMAI NP

National Park and Preserve
King Salmon, Alaska 99613 / USA
www.nps.gov/katm/index.htm

Mächtige Vulkane prägen diesen Nationalpark. Der Ausbruch des Novarupta im Jahr 1912 veränderte die Landschaft mit seinen enormen Lava- und Aschemassen. Bis zu 200 m dick waren die Ablagerungen im Umkreis und prägten vor allem das Valley of Ten Thousand Smokes, das schon 1918 zum National Monument erklärt wurde. Seit 1980 ist es Teil des 16560 km² großen Parks.
HIGHLIGHTS: Die meisten Besucher kommen zur Zeit der herbstlichen Lachswanderung, um hier rund 2000 große Braunbären und Grizzlys in voller Aktion zu erleben – vor allem rund um die terrassenartigen Brooks Falls. Allein 14 aktive Vulkane sind bekannt, jüngst ist nach 10000 Jahren Ruhezeit der Fourpeaked Volcano wieder aktiv geworden. Neben den Bären sind Luchse, Wölfe, Vielfraße, Karibus und an der Küste vorbeiziehende Wale zu sehen.
TIPPS: Die beeindruckenden Lavaströme im inzwischen wieder begrünten Valley of Ten Thousand Smokes laden zum Erkunden ein, Wanderwege durchziehen den Park, auch Paddeltouren und Angeln sind beliebt.
PRAKTISCHE INFORMATIONEN: Anreise: per Boot von Naknek und King Salmon an, per Flugzeug ab Anchorage oder King Salmon. Der Park ist ganzjährig geöffnet. Unterkunft: Brooks Lodge (Juni–17. Sept.), Tel. (907) 243-5448, www.katmailand.com/lodging/brooks.html

KAZIRANGA NP

Kaziranga National Park
Golaghat District, Assam
Bokakhat 785612 / Indien
www.kaziranga.assam.gov.in

Der 430 km² große Nationalpark im Nordosten Indiens ist durch Wälder, Hochgrasflure und Sumpfgebiete geprägt. Das Kerngebiet des Parks wurde schon 1908 unter Naturschutz gestellt; seit 1985 gehört der Park zum Weltnaturerbe.
HIGHLIGHTS: Der Nationalpark ist eines der wichtigsten Schutzgebiete für Panzernashörner. Hier leben etwa 70 Prozent des weltweiten Gesamtbestandes – etwa 2000 Tiere. Auf einer Jeep-Safari kann man die Nashörner und auch die im Park lebenden Tiger mit dem gebotenen Sicherheitsabstand beobachten.
TIPPS: Interessant ist auch eine Elefantensafari, die morgens zwischen 5.30 und 7.30 Uhr stattfindet (Beginn in Kohora, Tickets kann man am Vorabend vor Ort buchen). Der Bestand hat 1200 Elefanten.
PRAKTISCHE INFORMATIONEN: Anreise mit dem Flugzeug nach Guwahati, von dort mit Bahn (bis Jakhalabandha) und Taxi auf dem National Highway bis Kohora, dem Haupteingang des Parks. Unterkunft: Aranya Tourist Lodge, Buchung: www.assamtourismonline.com

ĶEMERI NP

Meža māja, Ķemeri, Jūrmala,
LV-2012 / Lettland
www.daba.gov.lv/public/eng/visiting/zemgale/kemeri_national_park1

Der 1997 gegründete Nationalpark schützt auf knapp 428 km² Fläche rund 8000 Jahre alte Moore sowie Seen und Wälder.
HIGHLIGHTS: Vom Kurort Ķemeri führt der 3 km lange Bohlenweg Laipa Lielaja Kemeri tireli durch ein großes Moorgebiet im Südteil des Parks. Einen guten Teil der rund 260 Vogelarten im Park kann man im Moor sowie am Kaņieris-See bei Jaunķemeri und Lapmežciems beobachten.
TIPPS: Zwischen Jaunķemeri und Lapmežciems bietet sich eine Strandwanderung durch die Dünenlandschaft am Rigaischen Meerbusen und die Fischerdörfer an.
PRAKTISCHE INFORMATIONEN: Das Besucherzentrum Ķemeri ist mit dem Auto über die P128 zu erreichen. Unterkunft: Gästehaus Juras Mols, Lapmežciems, www.jurasmols.lv.

KEOLADEO NP

Keoladeo National Park
Rjasthan, Bharatpur 302001 / Indien
www.rajasthantourism.gov.in

Der nur 29 km² große Nationalpark im Norden von Indien ist eine von Menschenhand geschaffene Sumpflandschaft, wo in vergangenen Zeiten die Maharadschas von Bharatpur auf Entenjagd gingen. Seit 1985 gehört der Park zum UNESCO-Weltnaturerbe.
HIGHLIGHTS: Der Nationalpark ist ein Dorado für Vogelliebhaber. Vor allem seltene Kraniche und Pelikane kann man hier in ihrem Winterquartier von November bis März antreffen.

TIPPS: Auch in den Sommermonaten kann man viele heimische Vogelarten bei einer Wanderung durch das Vogelparadies (z. B. Kormorane, Schlangenhalsvögel, Reiher) beobachten.
PRAKTISCHE INFORMATIONEN: Anreise mit der Bahn von Delhi nach Bharatpur, in unmittelbarer Nähe befindet sich der Park. Unterkunft: Kadamb Kunj Resort, www.kadambkunj.com

KERINCI SEBLAT NP

Central Office of the Management of National Park II, Khatib Sulaiman street no.46, Padang / Indonesien
www.indonesia.travel/en/destination/175/kerinci-seblat-national-park

Kerinci Seblat ist mit 14000 km² der größte Nationalpark auf Sumatra. Er gehört zur UNESCO-Welterbestätte »Tropische Regenwälder von Sumatra« und steht auf der Roten Liste.
HIGHLIGHTS: Der Nationalpark ist für seine Vulkanlandschaften sowie für seine außerordentlich reiche Tier- und Pflanzenwelt bekannt. Sumatra-Tiger, Orang-Utan, Elefant, Nashorn und Malaienbär sind hier heimisch.
TIPPS: Die Besteigung des Kerinci (3805 m) dauert zwei bis drei Tage. Birdwatcher dürfen hier mit einer 300 Arten umfassenden Abhakliste losziehen.
PRAKTISCHE INFORMATIONEN: Anreise mit Auto über regionale Straßen von Padang (internationaler Flughafen) über Painan nach Tapan (280 km). Für den Nationalpark ist eine Zugangserlaubnis einzuholen. Trekking und Camping nur in Begleitung offizieller Führer.

KGALAGADI NP

South African National Parks
PO Box 787, Pretoria 0001 / Südafrika
www.sanparks.org/parks/kgalagadi/

Der grenzüberschreitende, 38000 km² große Park in der Kalahari-Wüste entstand im Jahr 2000 aus dem Zusammenschluss des Kalahari Gemsbok National Park (Südafrika) und des Gemsbok National Park (Botsuana).
HIGHLIGHTS: In dem Areal von Dünenfeldern, Salzpfannen und Flussbetten sind zahlreiche Tierarten zu Hause, darunter Löwen, Leoparden, Oryxantilopen und Gnus.
TIPPS: Auf dem !Xerry Wilderness Hiking Trail können sich Selbstversorger samt Ausrüstung vom Nossob River zum rustikalen !Xerry Bush Camp transportieren lassen und dort zwei Tage und Nächte in der Wildnis verbringen.
PRAKTISCHE INFORMATIONEN: Von Upington (Südafrika) per Auto oder Kleinflugzeug zum Park. Unterkunft in der luxuriösen !Xaus-Lodge (www.xauslodge.co.za), daneben mehrere Camps. Wer über den Park ins Nachbarland reisen will, muss im Twee Rivieren Camp die Zollformalitäten erledigen.

KHAO YAI NP

Department of National Park, Wildlife and Plant Conservation (DNP)
61 Pholyothin Road, Ladyao, Chatuchak Bangkok 10900 / Thailand
www.dnp.go.th

Der 2172 km² große Nationalpark im östlichen Thailand bildet zusammen mit den Schutzgebieten Thap Lan, Pang Sida und Dong Yai das UNESCO-Welterbe Dong-Phaya-Yen und Khao-Yai-Waldkomplex. Er schützt eine artenreiche Flora in Grasland, Trocken-, Regen- und Nebelwäldern sowie zahlreiche Tierarten.
HIGHLIGHTS: Durch die vielfältige Landschaft führen mehrere Wege. Ein beliebtes Ziel ist der 150 m hohe Haew-Narok-Wasserfall, etwa 10 km vom Südtor entfernt.
TIPPS: Die größte Chance, Wildtiere zu sehen, bieten die zwei Aussichtstürme. Nicht weit vom Besucherzentrum an der Straße 2090 entfernt, sind sie über Wanderwege leicht zu erreichen.
PRAKTISCHE INFORMATIONEN: Die Anfahrt erfolgt per Auto über Straße 2090 zum Nordtor, über 3288 oder 3077 zum Südtor. Unterkunft: Campingplätze im Park.

KILIMANDSCHARO NP

Tanzania National Parks Authority
PO Box 3134, 23100 Arusha / Tansania
www.tanzaniaparks.com

Der 756 km² große Nationalpark im Norden Tansanias schützt die oberen Höhenlagen des Kilimandscharo zwischen der Baumgrenze bei 2700 m und dem mit 5895 m höchsten Gipfel des Massivs, Kibo, sowie sechs vertikale Korridore im Baumgürtel des Massivs. Unterhalb des Nationalparks, der zum UNESCO-Welterbe gehört, schließt sich zwischen 1820 m Höhe und der Baumgrenze ein 1078 km² großes Waldreservat an.
HIGHLIGHTS: Eine Wanderung auf den Kilimandscharo führt von der Savanne durch den Bergwald in subalpine Moor- und alpine Heidelandschaften mit Riesenlobelien und -senezien und weiter in die kahlen, vergletscherten Gipfelregionen. Landschaftlich besonders reizvoll ist die technisch eher einfache Machame-Route. Sie beginnt in der Ortschaft Machame und dauert ca. eine Woche.
TIPPS: Alternativ zu den mehrtägigen Treks hinauf zum Gipfel kann man auch ein- bis zweitägige Wanderungen in der Moor-Heide-Landschaft auf dem rund 4000 m hohen Shira-Plateau unternehmen.
PRAKTISCHE INFORMATIONEN: Die Anreise erfolgt per Auto auf der A23 über Arusha und Moshi, Flughäfen befinden sich in Arusha und bei Boma Ng'ombe (Kilimanjaro Airport). Unterkunft: Hütten und Zelte im Park, www.tanzaniaparks.com.

KINABALU NP

Sabah Parks Headquarters
Lot 45 & 46, Block H, Level 1-5
KK Times Square, 88100 Kota Kinabalu / Malaysia www.sabahparks.org.my

Der 754 km² große Nationalpark liegt im Norden des malaysischen Teil Borneos zwischen 152 m und 4095 m Höhe und gehört zum UNESCO-Welterbe. Über 70 % der Fläche bedeckt tropischer Regen- und Bergwald. In sechs Vegetationszonen gedeihen ca. 6000 Pflanzenarten, u. a. Rafflesia arnoldii mit der weltweit größten Blüte. Zur vielfältigen Tierwelt zählen u. a. 326 Vogelarten.
HIGHLIGHTS: Vom Parkzentrum führt eine zwei- bis dreitägige Wanderung auf den Kinabalu, den höchsten Berg Malaysias. Den erforderlichen Führer engagiert man über die Parkverwaltung.
TIPPS: Ein 40 m hoher Baumwipfelpfad führt durch das obere Stockwerk des Regenwalds, der zudem auf Wanderungen erkundet werden kann.
PRAKTISCHE INFORMATIONEN: Die Anfahrt erfolgt per Auto über die A4 zum Parkzentrum zwischen Tamparuli und Ranau.

Unterkunft: Lodges im Park, z. B. www.suterasanctuarylodges.com.my

KINGS CANYON NP

47050 Generals Highway
Three Rivers, California 93271-9700 / USA
www.nps.gov/seki/index.htm

Seinen Namen verdankt der Kings Canyon dem Kings River, der ihn durchfließt, seine Bekanntheit aber kommt von den königlichen Bäumen, den Riesenmammutbäumen, die er seit 1943 schützt. Seine Fläche von 1869 km² südöstlich von San Francisco umfasst neben den Baumriesen eine Landschaft mit Höhlen und Seen, Bergen und Wiesen. Mehr als 97 Prozent der Fläche sind ursprüngliche Wildnis.
HIGHLIGHTS: Im Kings Canyon wächst der zweitgrößte Baum der Welt, der General Grant Tree, benannt nach dem berühmten General und späteren US-Präsidenten Ulysses S. Grant. Lange galt der Baum wegen seines enormen Fußes sogar als Rekordhalter in Sachen Größe. Erst 1931 zeigten exakte Messungen, dass der General Sherman Tree mehr Volumen hat. Die dünneren, aber dafür höchsten Bäume der Welt übrigens – die nahe verwandten Küstenmammutbäume oder Redwoods – erreichen im Redwood-Nationalpark mehr als 110 m Höhe. Welche Bedingungen für Sequoia-Samen ideal sind, um zu neuen Riesenmammutbäumen heranzuwachsen, mussten auch Botaniker erst lernen. Überraschenderweise sind es Waldbrände, die sie wie Phönixe aus der Asche sprießen lassen. Die alten Stämme sind mit ihrer dicken Rinde gegen Feuerhitze geschützt und überleben jeden Brand, solange er nicht die Baumkrone erreicht – was das hohe Alter der Bäume erklärt. Entsprechend ist im Schutzgebiet auch immer mal wieder Rauch zu entdecken: Die Ranger fördern mit kleinen, kontrollierten Bränden die nächsten Generationen der Riesen. Während der größte Teil der Parkbesucher sich mit dem Anblick des Grant Grove zufriedengibt, treffen Wanderer im Hinterland auch auf eine Vielfalt an Tieren und Pflanzen: etwa auf Schwarzbären, Kojoten und in den Höhen auch Berglöwen, Maultierhirsche, Stachelschweine und acht Arten von Fledermäusen. Sing- und Greifvögel sind ebenfalls allgegenwärtig.
TIPPS: Autofahrer lockt der Kings Canyon Scenic Byway, eine abwechslungsreiche Bergstraße in das raue, von teilweise über 1500 m hohen, senkrechten Felswänden flankierte Tal des Kings River. Wanderer hingegen finden ein mehr als 1300 km langes Wegenetz in beiden Parks gemeinsam. Hier finden sie den Punkt, der – abgesehen von Alaska – am weitesten von jeder Siedlung und Straße entfernt ist. Im Kings Canyon ermöglichen der Bubbs Creek Trail und der Wood Creek Trail schöne Touren entlang der Hochgebirgsketten. Folgen Wanderer dem Pfad, kreuzen sie den John Muir Trail, der quer durch die beiden Nachbarparks verläuft. John Muir, ein berühmter Pionier der Nationalpark-Bewegung, gilt als derjenige, der mit seinem Engagement Theodore Roosevelt zum Naturschutz bekehrt hat. Über den namensgebenden Canyon dann führt der Weg wieder nach unten. Zu Fuß wiederum geht es auf dem mehr als 3 km langen Big Stump Trail an Baumstümpfen vorbei, die acht und mehr Meter Durchmesser aufweisen – sie gehören zu den im 19. Jahrhundert abgeholzten Riesenmammutbäumen, bevor der Holzeinschlag durch die Parkgründung gestoppt wurde. Der malerische High Sierra Trail wiederum, der die ganze südliche Sierra Nevada durchquert, erlaubt eine Wanderung in 2000 bis 3000 m Höhe.
PRAKTISCHE INFORMATIONEN:
Anreise: Über den Highway 180 durch Cedar Grove (Kings Canyon), ein Shuttlebus fährt von Visalia. Der Park ist ganzjährig geöffnet und verfügt über mehrere Campingplätze. Gemeinsam mit dem Sequoia-Nationalpark informieren insgesamt sechs Visitor Centers und Information Stations. Unterkunft: The River Jewel Suites, www.theriverjewel.com

KLUANE NP

Haines Junction Yukon Y0B 1L0 / Kanada www.pc.gc.ca/eng/pn-np/yt/kluane/index.aspx

Das 21 980 km² große, im Jahr 1972 im Yukon Territory gegründete Naturschutzgebiet bildet mit den Nationalparks Tatshenshini-Alsek (British Columbia, Yukon Territory) sowie Wrangell-St. Elias und Glacier Bay in Alaska das erste binationale Welterbe der UNESCO.
HIGHLIGHTS: In südöstlicher Richtung durchziehen den Park die Icefield Ranges mit dem Mount St. Elias (5488 m) und dem Mount Logan (5959 m), Kanadas höchster Erhebung.
TIPPS: Ein unvergessliches Panorama bietet ein Rundflug über die mächtigen Gletscherströme des Parks und die majestätischen Berggipfel der Icefield Ranges (www.yukonadventures.com). Angler schätzen den im Südosten bei Tachäl Dhäl an den Park angrenzenden, ungewöhnlich fischreichen Kluane Lake.
PRAKTISCHE INFORMATIONEN:
Anreise mit dem Flugzeug von Vancouver nach Whitehorse (160 km vom Nationalpark entfernt) und mit dem Auto weiter auf dem Highway 1 (Alaska Highway) in westlicher Richtung. Visitor Centres in Haines Junction, Tel. (867) 667-5036, und bei Tachäl Dhäl am Sheep Mountain (74 km nördlich von Haines Junction). Unterkunft im Park: Campingplatz am Kathleen Lake. In Haines Junction: Dalton Trail Lodge, Tel. (867) 634-2099, www.daltontrail.com

KOMODO NP

Komodo National Park, Kasimo street,
Labuan Bajo, West Manggarai Regency
East Nusa Tenggara, 86554 / Indonesien
www.komodo-park.com/

Der Nationalpark umfasst die fünf Vulkaninseln Komodo, Rinca, Padar, Gili Motang und Nusa Kode der Kleinen Sundainseln mit umgebenden Meeresgebieten. Er erstreckt sich über eine Fläche von 2193 km².
HIGHLIGHTS: Auf den Inseln ist der Komodowaran, eine bis zu drei Meter lange Riesenechse, heimisch.
TIPPS: Rosafarbene Strände und türkisfarbenes Meereswasser locken Sporttaucher an, die die Korallenriffe erkunden und nach Meeresschildkröten Ausschau halten.
PRAKTISCHE INFORMATIONEN:
Anreise per Flugzeug über Jakarta, Bali und Labuan Bajo auf der Insel Flores, von dort Bootsfahrt nach Loh Liang auf der Insel Komodo (ca. 60 km). Übernachtung auf dem Boot, ansonsten einfache Gästehäuser, z. B. das Ranger's House nahe Loh Liang. Unterkunft in Labuan Bajo im Laprima Hotel.

KOOTENAY NP

Radium Hot Springs
BC V0A 1M0 / Kanada

www.pc.gc.ca/eng/pn-np/bc/kootenay/index.aspx
Der Kootenay National Park in den kanadischen Rocky Mountains gehört zu den landschaftlich vielseitigsten Nationalparks des Landes. Zudem zählt das im Jahr 1920 gegründete, 1406 km² große Naturschutzgebiet zum UNESCO-Welterbe.
HIGHLIGHTS: Am einfachsten erkundet man den Park von Ost nach West auf dem Highway 93. Die Fahrt (1,5 Std.) führt über den Vermilion Pass, für den Halt im Marble Canyon und an den Paint Pots sollte man 2 Std. einplanen.
TIPPS: Entspannung bietet ein Besuch von Kanadas größtem, bei Radium Hot Springs gelegenem Thermalbad (www.pc.gc.ca/hotsprings).
PRAKTISCHE INFORMATIONEN: Anreise mit dem Auto oder Bus von Calgary (143 km vom Park entfernt) auf dem Trans-Canada Highway in westlicher Richtung bis zur Kreuzung mit dem Highway 93 zwischen Banff und Lake Louise. Visitor Centre in Radium Hot Springs, 7556 Main Street East, Tel. (250) 347-9505. Unterkunft: Im Park gibt es mehrere Campingplätze und eine Lodge, die Kootenay Park Lodge, Vermilion Crossing, Tel. (250) 434 9648, www.kootenayparklodge.com. In Radium Hot Springs: The Prestige Radium Hot Springs, 7493 Main Street West, www.prestigehotelsandresorts.com

KRÜGER NP

South African National Parks
Skukuza Restcamp, PO Box 176
Skukuza 1350 / Südafrika
www.sanparks.org/parks/kruger/
Mit rund 150 Säugetier- und 500 Vogelarten ist der knapp 20 000 km² große Kruger National Park im Nordosten der Republik Südafrika der (Groß-)Wildpark schlechthin. Jenseits der Grenze befindet sich in Mosambik der Parque Nacional do Limpopo, in den Tiere aus dem Kruger Park ausgewildert werden.
HIGHLIGHTS: Etwa eine halbe Million Besucher pro Jahr bekommen hier nicht nur die »Big Five« zu Gesicht, sondern auch jede Menge Geparden, Hyänen, Flusspferde, Giraffen, Zebras, Antilopen, Paviane, Meerkatzen, Krokodile, Warane.
TIPPS: Auf dem Bushman Wilderness Trail streift man zu Fuß durch den Park und bekommt nicht nur Nashörner und Elefanten, sondern auch Felszeichnungen der San (Buschmänner) zu Gesicht.
PRAKTISCHE INFORMATIONEN: Per Flugzeug von Johannesburg zu mehreren Regionalflughäfen (u.a. Kruger/Mpumalanga Airport), mit dem Auto von Johannesburg (ca. 500 km) bzw. Pretoria auf N1 bzw. N4 bis Nelspruit. Der Park ist mit zahlreichen Eingängen, Asphaltstraßen, Lodges und Camps gut erschlossen. In Giriyondo kann man vom Krüger-Park aus nach Mosambik einreisen. Reservierungen für Übernachtungen und Safaris unter www.krugerpark.co.za

LAMINGTON NP

Queensland Government, Department of National Parks, 60 Mount Nebo Road, The Gap Qld 4061 / Australien
www.nprsr.qld.gov.au
Das 206 km² große Schutzgebiet liegt im äußersten Südosten des Bundesstaates Queensland. Es ist Teil der Gondwana Rainforests of Australia World Heritage Area und ein Naturdenkmal der UNESCO-Welterbeliste.
HIGHLIGHTS: Die Landschaft ist vulkanischen Ursprungs und von üppigen subtropischen Regenwäldern überzogen. Hier sind zahlreiche exotische Vögel wie Sittiche und Kakadus heimisch. Sehr fotogen sind die über 500 Wasserfälle.
TIPPS: Der West Canungra Creek Circuit führt über 14 km (5/6 Stunden). Start bei O'Reilly's Rainforest Retreat. Vogelfutter nicht vergessen!
PRAKTISCHE INFORMATIONEN: Von Brisbane per Auto über die Fernstraße M1 und die Regionalstraße 90 nach Canungra (110 km). Weiter über die Lamington National Park Road bis O'Reilly's Rainforest Retreat (ca. 6 km), dort Parkplatz und Camping.

LAUCA UND ISLUGA NP

Parque Nacional Lauca / Parque Nacional Volcán Isluga, Corporación Nacional Forestal CONAF, Paseo Bulnes 285
Santiago / Chile www.conaf.cl/parques/parque-nacional-lauca/
Die beiden Nationalparks (1370 und 1775 km²) liegen im Norden Chiles in den Anden an der Grenze zu Bolivien. Die Landschaft ist geprägt durch extreme Trockenheit, Vulkane, Salzseen und heiße Quellen.
HIGHLIGHTS: Einer der beiden Nationalparks ist nach dem Vulkan Isluga (5577 m) benannt, und auch der Lauca-Nationalpark hat Vulkane zu bieten, z.B. den Parinacota (6348 m). Die Vulkane sind teilweise noch aktiv.
TIPPS: Im Lauca-Nationalpark liegt einer der höchsten Seen der Welt, der Lago Chungará (4520 m Meereshöhe). Um den See herum führt ein Wanderweg, der auch gern von Mountainbikern befahren wird.
PRAKTISCHE INFORMATIONEN: Von Santiago de Chile per Flugzeug nach Arica, von dort mit Bus oder Auto (auf A-19 und Ruta 11) nach Putre (Eingang Lauca-Nationalpark). Unterkunft: Terrace Lodge, www.terracelodge.com/de/

LITCHFIELD NP

Parks & Wildlife Commission of the Northern Territory, Goyder Centre
25 Chung Wah Terrace
Palmerston, NT 0830 / Australien
www.parksandwildlife.nt.gov.au/parks/find/litchfield
Der 650 km² große Litchfield National Park im Norden Australiens besteht aus Buschland mit vielen Eukalyptusbäumen sowie Resten von tropischem Regenwald. Hier gibt es u.a. Kängurus, Wallabys, Krokodile, Fledermäuse, Kakadus und Sittiche.
HIGHLIGHTS: Der Park ist beliebt wegen seiner Wasserfälle (Wangi Falls, Florence Falls), die sich vom Sandsteinplateau der Tabletop Range herabstürzen. In den Gumpen darf meist gebadet werden.
TIPPS: Eine Besonderheit sind die Magnetic Termite Mounds, in Nord-Süd-Richtung errichtete, bis zu 2 m hohe Termitenhügel. The Lost City sind bizarr geformte Sandsteinsäulen.
PRAKTISCHE INFORMATIONEN: Anreise von Darwin (120 km) aus auf dem Stuart Highway, Eintrittstor zum Park ist Batchelor. Übernachtung dort oder in Campgrounds an den Wasserfällen.

LLANOS

Ministerio del Poder Popular para Ecosocialismo, Hábitat y Vivienda

Avenida Francisco de Miranda
Caracas / Venezuela
www.mvh.gob.ve

Die Llanos sind weite Ebenen im nördlichen Venezuela (teils auch in Kolumbien), die durch Sumpf- und Weidelandschaften gekennzeichnet sind. Diese entwässern in den Orinoko. Es gibt hier eine große Vielfalt an Tieren sowie eine üppige Vegetation.

HIGHLIGHTS: In den sumpfigen Savannen fühlen sich Orinoko-Krokodile, Kaimane und Wasserschweine wohl. In den trockeneren Gebieten der Llanos leben auch Ameisenbären, Flachlandtapire und Jaguare.

TIPPS: Von San Fernando de Apure aus im Zentrum der Llanos lässt sich die flache Weidelandschaft durch Touren mit Auto oder Bus gut erkunden.

PRAKTISCHE INFORMATIONEN: Anreise mit dem Flugzeug von Caracas nach San Fernando de Apure. Unterkunft: D&D Inn Hotel, www.ddinnhotels.com/san-fernando-de-apure

LOBÉKÉ NP

Ministère des Forêts et de la Faune
Immeuble Minitériel No 2
Yaoundé / Kamerun
www.minfof.gov.cm

Der 2178 km² große Nationalpark liegt im äußersten Südosten Kameruns im Nordwesten des Kongobeckens. Zusammen mit den angrenzenden Nationalparks Dzanga-Ndoki in der Zentralafrikanischen Republik und Nouabalé-Ndoki in der Republik Kongo gehört er zum 7463 km² großen Schutzgebiet Sangha Trinational (TNS) und zum UNESCO-Welterbe.

HIGHLIGHTS: Der Park schützt primären Regenwald mit einer dichten Population von Waldsäugetieren, darunter Waldelefanten, Flachlandgorillas und Schimpansen sowie Büffel, Sitatungas und Bongos und zahlreiche Vogelarten. Zur Tierbeobachtung sind fest installierte Stationen (Miradors) an den von Wildhütern bewachten, Baï genannten Lichtungen für Forscher errichtet worden, die auch Besucher nutzen können.

TIPPS: Die trockeneren Monate zwischen Dezember und Februar sind für einen Besuch gut geeignet. Besonders viele Möglichkeiten zur Tierbeobachtung bieten die Waldpfade rund um Camp Djembe mitten im Nationalpark am Grenzfluss Sangha.

PRAKTISCHE INFORMATIONEN: Die Anreise erfolgt per Auto von Yaoundé über Yokadouma zum Camp Kombo nahe dem Dorf Mambele. Dort befindet sich das Nationalparkzentrum, können Führer und Touren organisiert werden. Unterkunft: Zelte und Hütten im Camp Kombo und im Park.

MABUL

Sabah Tourism Board
51 Gaya Street, 88000 Kota Kinabalu / Malaysia www.sabahtourism.com

Die rund 21 Hektar große malaysische Insel Mabul liegt vor der Nordostküste Borneos rund 30 km südlich von Semporna in der Celebessee. Die Gewässer um die nur 8 m hohe Insel sind bekannt für ihre Unterwasserwelt.

HIGHLIGHTS: Bei Tauchgängen in Mabuls Gewässern entdeckt man am sandigen Untergrund viele Arten, die durch ihr bizarres Aussehen beeindrucken; Geisterpfeifen-, Angler-, Frosch-, Krokodil- und Skorpionfische, Prachtsepias und Mimik-Oktopusse, Schlangen- und Röhrenaale, Muränen, bunte Nacktschnecken.

TIPPS: Von Mabul aus erreicht man die kleinere, mit Regenwald bestandene Insel Sipadan, die unter Naturschutz steht. Die hier 600 m tiefe Celebessee ist ein berühmtes Revier für Meeresschildkröten.

PRAKTISCHE INFORMATIONEN: Die Anreise erfolgt per Speedboat von Semporna aus. Unterkunft: Mabul Beach Resort, www.scuba-junkie.com

MACQUARIE ISLAND

Parks and Wildlife Service
GPO Box 1751, Hobart 7001
Tasmania / Australien
www.parks.tas.gov.au

Die 128 km² große Insel liegt 1500 km südöstlich von Tasmanien im Südpazifik und gehört aufgrund ihrer geologischen Bedeutung zum UNESCO-Welterbe: Sie ist der Kamm des unter Wasser gelegenen Macquarie-Rückens, der an dieser Stelle bis zu 433 m über die Wasseroberfläche gehoben wurde. Ihre Gesteine stammen aus bis zu 6 km Tiefe aus dem Erdmantel.

HIGHLIGHTS: Alljährlich versammeln sich auf Macquarie Island rund 3,5 Millionen Seevögel zum Brüten, darunter allein rund 850 000 Königspinguinpaare.

TIPPS: Alljährlich kommen zudem rund 80 000 See-Elefanten zur Aufzucht ihrer Jungen auf die Insel. Mittlerweile gibt es auch wieder mehr Neuseeländische Seebären.

PRAKTISCHE INFORMATIONEN: Die Anreise erfolgt per Boot, die Insel ist bis auf Forschungsstationen unbewohnt, Führungen unternehmen die Ranger.

MAKGADIKGADI PAN GAME RESERVE

Botswana Tourism, Diggers Inn Hotel,
PO Box 301236, Francistown / Botsuana
www.botswanatourism.co.bw/tourism-office/francistown

Die Makgadikgadi Game Reserve ist ein 3900 km² großes Wildtierreservat in den Makgadikgadi-Salzpfannen im nordwestlichen Botsuana. In der Regenzeit (Oktober bis März) füllen sich die ausgetrockneten Salzpfannen mit Wasser.

HIGHLIGHTS: Vom Boteti River ziehen riesige Gnu- und Zebraherden zur benachbarten Nxai-Salzpfanne. In der Regenzeit bevölkern Zehntausende von Flamingos die Salzpfannen.

TIPPS: An den britischen Entdecker erinnert der Chapman's Tree, ein gigantischer, ca. 3000 bis 4000 Jahre alter Baobab-Baum.

PRAKTISCHE INFORMATIONEN: Per Flugzeug von Gaborone nach Francistown oder Maun. Mit dem Auto auf A3 oder A30 von Francistown Richtung Maun. Übernachtungsmöglichkeiten in Lodges (Leroo-La-Tau Lodge) oder Safaricamps (Meno a Kwena). Buchung und Infos zu Safaris z.B. bei www.afrikarma.de

MALEDIVEN

Ministry of Environment and Energy
Green Building, Handhuvaree Hingun,
Maafannu, Malé 20392 / Malediven
www.environment.gov.mv

Die im Indischen Ozean gelegene Republik Malediven besteht aus 26 Atollen mit insgesamt 1126 Inseln, von denen 220 von Einheimischen bewohnt und 87 mit Hotels bebaut sind und als Touristeninseln dienen. Um die marinen tropischen Ökosysteme zu schützen, hat der Inselstaat insgesamt 25 Schutzgebiete eingerichtet, in denen u. a. Ankern und Fischen verboten sind.

HIGHLIGHTS: Die Malediven sind berühmt für ihre artenreiche Unterwasserwelt mit Hart- und Weichkorallen in allen möglichen Formen und Farben. Die Riffe sind Lebensraum für zahllose Schwarmfische sowie Barrakudas, Haie, Thun- und sonstige Großfische.
TIPPS: Beeindruckende Mantas und riesige Walhaie lassen sich bei Tauchgängen u. a. an der Westseite und den südlichen Außenriffen des Ari-Atolls sowie an den äußeren Riffen des Felidhu-Atolls beobachten, Meeresschildkröten im Süd-Malé-Atoll.
PRAKTISCHE INFORMATIONEN: Die Anreise zu den jeweiligen Riffen und Atollen erfolgt per Boot von den touristisch erschlossenen Inseln aus. Unterkunft: Hotels auf den Touristeninseln,
www.visitmaldives.com.

MALOTI-DRAKENSBERG

Peace Parks Foundation
PO Box 12743, Die Boord, Stellenbosch
7613 / Südafrika
www.peaceparks.org/story.php?pid=1004&mid=1058

Das grenzüberschreitende, rund 14740 km² große Areal entstand 2001 aus der Vereinigung des Ukhahlamba-Drakensberg Park in Südafrika mit dem Sehlabathebe National Park in Lesotho.
HIGHLIGHTS: In den Drakensbergen finden sich Tausende von historischen Felsmalereien der einheimischen San (Buschmänner). Im Didima Resort am Cathedral Peak kann man sich zu Fundstellen führen lassen bzw. im San Rock Art Centre Reproduktionen bewundern.
TIPPS: Im Royal Natal National Park kann man zum zweithöchsten Wasserfall der Welt wandern, den Tugela Falls, die sich an der bogenförmigen Abbruchkante des Amphitheatre knapp 1000 m hinabstürzen.
PRAKTISCHE INFORMATIONEN: Von Johannesburg nach Süden auf der N3 bzw. R74. Übernachtungsmöglichkeiten im Park, z.B. Didima Resort oder Thendele Lodge.

MALPELO

Fundación Malpelo y Otros Ecosistemas Marinos, Carrera 11 # 87–51 / Local 4 – Piso 2, Bogotá D.C. / Kolumbien
www.fundacionmalpelo.org

Die unbewohnte, bis zu 300 m hohe Felseninsel Malpelo liegt etwa 500 km westlich vor der Pazifikküste Kolumbiens. Zusammen mit einigen kleineren Inseln in der Nähe bildet sie das Malpelo-Naturreservat (seit 2006 Weltnaturerbe), mit einer Fläche von etwa 2,5 km².
HIGHLIGHTS: Die Insel ist ein Paradies für Taucher. Sie können hier unter Wasser vor allem Haifische beobachten, die bei Malpelo in größeren Gruppen vorkommen (Hammerhaie, Seidenhaie und Sandtigerhaie).
TIPPS: Nach Malpelo werden diverse Tauchreisen angeboten. Wegen der schwierigen Anreise empfiehlt es sich, eine solche Tauchsafari zu buchen,
z.B. bei www.tauchertraum.com
PRAKTISCHE INFORMATIONEN: Man benötigt für Malpelo eine Genehmigung des Umweltministeriums. Zwischenstopps (mit Hotel) sind bei den Tauchsafaris Panama-Stadt oder San José (Costa Rica).

MANAS NP

Manas National Park, Koyeli Tours & Travels, 151 R.G. Baruah Road
Guwahati 781005, Assam / Indien
www.manasnationalpark.co.in

Der etwa 500 km² große Nationalpark bildet die Kernzone des Manas-Wildreservats, das etwa eine Fläche von 2600 km² umfasst. Die Landschaft am Fuße des Himalaya ist von Schwemmebenen und Vorbergen geprägt, seit 1985 gehört der Park zum UNESCO-Weltnaturerbe.
HIGHLIGHTS: Bei einer Elefantensafari kann man den Park erkunden. Es gibt etwa 600 Elefanten im Park.
TIPPS: Der Park ist eine der wenigen Gegenden in Asien, wo es noch wilde Wasserbüffel gibt. Bei einer geführten Parkwanderung kann man diese seltenen Tiere in freier Wildbahn beobachten.
PRAKTISCHE INFORMATIONEN: Anreise mit dem Flugzeug nach Guwahati, von dort per Auto auf dem National Highway 31 bis Manas (ca. 170 km). Unterkunft: Musa Jungle Retreat, Buchung: www.musa.in

MANU NP

Servicio National de Areas Naturales Protegidas por el Estado, Calle 17 No 355
San Isidro 15036 Lima / Peru
www.sernanp.gob.pe

Der 18812 km² große Park (seit 1987 Weltnaturerbe) befindet sich im Südosten Perus am Ostabhang der Anden. Das Parkgebiet besteht aus verschiedenen ökologischen Zonen: Regenwald, Bergregenwald, Hochgebirge.
HIGHLIGHTS: Im Nationalpark trifft man die südamerikanischen Großkatzen – Jaguar und Puma – an. Für Blumenliebhaber gibt es im Bergregenwald viele Orchideen zu bewundern.
TIPPS: Ein besonderes Erlebnis ist eine Wanderung mit Bootsfahrt zum See Otorongo, wo man von einer Aussichtsplattform aus das Blätterdach des Regenwalds und den See mit seiner vielfältigen Tierwelt beobachten kann.
PRAKTISCHE INFORMATIONEN: Etwa 80 Prozent des Nationalparkgebiets ist für Tourismus nicht zugänglich. Am Rande des Parkgebiets gibt es mehrere Lodges, die von Cusco aus mit Auto, Bus, Booten erreichbar sind, Manu Wildlife Center, Buchung bei www.peruverde.org/ecoturis.php

MASAI-MARA-WILDRESERVAT

Trans-Mara and Narok County Councils
PO Box 898, 20500 Narok / Kenia
www.narok.go.ke

Das 1510 km² große Masai-Mara-Wildreservat liegt im Südwesten Kenias an der Grenze zu Tansania. Der Nationalpark schützt das nördlichste Teilgebiet des Mara-Serengeti-Ökosystems, das sich auf 25000 km² in Tansania und Kenia erstreckt. Im Süden des Wildreservats schließt sich auf tansanischer Seite der Serengeti-Nationalpark an.
HIGHLIGHTS: Das Reservat besteht aus drei Großräumen und umfasst im Osten das am meisten besuchte Gebiet von den Flüssen Mara und Talek bis zu den Ngama Hills, im abgeschiedenen, besonders tierreichen Zentrum die Ebene zwischen Mara und Talek, im Westen den äußerst malerischen Mara Triangle zwischen Mara und dem Oloololo Escarpment. Die Wanderung der Gnus durch Serengeti und Masai Mara ist besonders spektakulär, wenn die Herden den Mara überqueren. Beobachten kann man dies u. a. an den Übergängen bei der Mara Serena Safari Lodge.
TIPPS: Eine einzigartige Perspektive auf die

Tiere und Landschaft der Masai Mara bieten Ballonfahrten, bei denen man in geringer Höhe über die Savanne schwebt, www.keniasafaris.org.
PRAKTISCHE INFORMATIONEN: Die Anreise erfolgt per Auto auf der C12 oder C14 oder per Flugzeug zu verschiedenen Lodges. Unterkunft: Mara Serena Safari Lodge im Park, www.serenahotels.com.

MASOALA NP

Parcs Nationals Toamasina
B.P. 548 – Salazamay, 501 Toamasina / Madagaskar www.parcs-madagascar.com
Der mit 2405 km² Fläche größte Nationalpark Madagaskars liegt im Nordosten auf der Halbinsel Masoala. Als Teil der Atsinanana-Regenwälder gehört er zum UNESCO-Welterbe. Das Schutzgebiet umfasst auch Korallenriffe im Indischen Ozean und die Insel Nosy Mangabe.
HIGHLIGHTS: Eine mehrtägige geführte Wanderung führt von Antalaha bis Maroantsetra durch den Regenwald und zu kleinen Dörfern in der Pufferzone.
TIPPS: Ein Ausflug mit dem Schnellboot führt von Maroantsetra in das Meeresschutzgebiet Ambodilaitry. Dort liegt ein wunderbares Korallenriff vor der Küste.
PRAKTISCHE INFORMATIONEN: Die Anreise erfolgt per Auto über die RN5 oder per Boot von Toamasina nach Maroantsetra. Dort können im Parkbüro Ausflüge gebucht werden. Unterkunft: Masoala Forest Lodge, www.masoalaforestlodge.com.

MILLSTREAM-CHICHESTER NP

Department of Parks and Wildlife
Lot 3 Anderson Road Karratha Industrial Estate, PO Box 835, Karratha 6714 Western Australia / Australien
www.parks.dpaw.wa.gov.au/park/millstream-chichester
Der 2000 km² große Nationalpark in der Pilbara-Steppe südöstlich von Karratha (Western Australia) ist durch die Basaltfelsen der Chichester Range, Spinifex-Steppen und Feuchtgebiete (Fortescue River) geprägt.
HIGHLIGHTS: Sowohl in der Chichester Range als auch am Fluss locken Pools zum Baden (z. B. Python Pool, Deep Reach Pool).
TIPPS: Trails laden zum Wandern ein, z. B. Camel Trail (16 km) oder Cliff Lookout Link Trail (8 km). Das Besucherzentrum im Millstream Homestead wartet mit Ausstellungen zu den Yinjibarndi-Aborigines, den frühen Siedlern sowie zu Flora und Fauna des Parks auf.
PRAKTISCHE INFORMATIONEN: Mit dem Auto von Karratha Roadhouse auf Straße 142 oder östlich von Roebourne auf der Roebourne Wittenoom Road in den Park. Übernachtung auf den Campingplätzen Miliyanha und Stargazers.

MITCHELL RIVER NP

Department of Parks and Wildlife
Lot 248, Ivanhoe Road, PO Box 942
Kununurra 6743 Western Australia / Australien www.parks.dpaw.wa.gov.au/park/mitchell-river
Der 1150 km² große Mitchell River National Park liegt in der Kimberley-Region im äußersten Norden von Western Australia (350 km nördlich von Derby). Er ist geprägt vom felsigen Kimberley-Plateau, Fächerpalmenwäldern und Regenwald.
HIGHLIGHTS: An den Mitchell Falls stürzt der gleichnamige Fluss über vier Terrassen vom Sandsteinplateau herab (wegen Salzwasserkrokodilen Badeverbot!). Weiter nördlich liegt der Surveyors Pool.
TIPPS: Vom Mitchell Falls Campground wandert man zu den Mitchell Falls, den Mertens Falls und zur Mertens Gorge. Neben dem Campground starten auch Hubschrauberrundflüge.
PRAKTISCHE INFORMATIONEN: Per Kleinflugzeug oder mit Auto über Gibb River Road, Kalumburu Road und Mitchell Plateau Track zum Park (nur mit Allradantrieb, Straßen in der Regenzeit geschlossen).

MOUNT ASPIRING NP

Department on Conservation
18-32 Manners Street, Wellington 6011 / Neuseeland www.doc.govt.nz
Das 3550 km² große Schutzgebiet liegt in den Southern Alps der Südinsel Neuseelands; es erstreckt sich um den Mount Aspiring (3027 m). Seit 1990 ist es UNESCO-Weltnaturerbe, es gehört außerdem zur neuseeländischen Te Wahipounamu World Heritage Area.
HIGHLIGHTS: Die vergletscherte Hochgebirgslandschaft ist so spektakulär, dass hier »Herr der Ringe« verfilmt wurde. Das Gebiet ist abgelegener und wilder als die Parks weiter im Norden.
TIPPS: Der Mount Aspiring wird seiner Silhouette wegen gerne mit dem Matterhorn verglichen. In den tieferen Lagen sichtet man leicht den unauffällig gefiederten, aber neugierigen Kea oder Bergpapagei.
PRAKTISCHE INFORMATIONEN: Anreise von Queenstown über State Highway 6 nach Wanaka (120 km). In beiden Orten Flughäfen und Visitor Centres. Unterkunft in der Aspiring Hut im West Matukituki Valley.

MOUNT ASSINIBOINE PP

Off Hwy 93, Radium Hot Springs, BC V0A 1M0 / Kanada
www.env.gov.bc.ca/bcparks/explore/parkpgs/mt_assiniboine
1922, elf Jahre nach der Erstbesteigung des Mount Assiniboine, wurde das heute 390,5 km² große Areal rund um den 3618 m hohen Berg zum Naturschutzgebiet erklärt. Seit 1990 gehört dieses zur UNESCO-Welterbestätte Kanadische Rocky Mountains.
HIGHLIGHTS: Hauptattraktion des Parks und ein Ziel für Bergsteiger und Kletterer ist zunächst der namengebende Mount Assiniboine selbst. Das umliegende Gebiet gilt als ein Naturparadies für Wanderer, Skifahrer und Schneeschuhgänger. Zwei einfachere Trails führen über den Og Pass und den Wonder Pass zur Mount Assiniboine Lodge im Osten des auf 2155 m Höhe gelegenen Lake Magog.
TIPPS: Da das Wetter in dieser Region rasch umschlagen kann, sollten sich die Besucher mit Kleidung und Proviant für alle Eventualitäten ausstatten.
PRAKTISCHE INFORMATIONEN: Anreise mit dem Auto in den zwischen den Nationalparks Banff im Westen und Kootenay im Osten gelegenen Provinzpark von Banff auf der Straße nach Sunshine Village. Am Parkplatz Bourgeau muss man seinen Wagen abstellen; das Naturschutzgebiet selbst ist nur zu Fuß auf kräftezehrenden Pfaden zugänglich.Es gibt weder Visitor Centre noch befestigte Straßen. Unterkunft: Mount Assiniboine Lodge www.assiniboinelodge.com beim Lake Magog, Tel. (403) 678-2883.

MOUNT COOK / AORAKI NP

Department on Conservation
18-32 Manners Street, Wellington 6011
Neuseeland www.doc.govt.nz

Das 707 km^2 große Schutzgebiet liegt in den Southern Alps der Südinsel von Neuseeland; es erstreckt sich um den höchsten Berg des Landes, den Mount Cook (oder Aoraki (3724 m). Seit 1990 ist es UNESCO-Weltnaturerbe, es gehört außerdem zur neuseeländischen Te Wahipounamu World Heritage Area.

HIGHLIGHTS: Die Hochgebirgslandschaft lässt an Großartigkeit nichts zu wünschen übrig: Wälder, tief eingeschnittene Fjorde, Wasserfälle, wild zerrissene Gletscher und abenteuerlich anmutende Gipfel.

TIPPS: Die Besteigung des Mount Cook / Aoraki ist etwas für Fortgeschrittene. Der durchschnittliche Wanderer erreicht z. B. in einem Tag den Gipfel des Mount Ollivier (1933 m) oder kann bei Spaziergängen auf bequemeren Wegen (z. B Kea Point Walk oder Hooker Valley Track in Mount Cook Village) den Mount Cook aus sicherer Entfernung bestaunen.

PRAKTISCHE INFORMATIONEN: Ausgangspunkt für die Berggruppe um den Mount Cook ist Mount Cook Village (dort auch Visitor Centre), mit Flugzeug oder über Highway 80 von Süden kommend erreichbar. Übernachtungsmöglichkeiten im Hermitage Hotel, in einem der Hostels oder der Jugendherberge; www.mtcooknz.com

MOUNT FIELD NP

Parks and Wildlife Service
GPO Box 1751, Hobart 7001
Tasmania / Australien
www.parks.tas.gov.au

Der 159 km^2 große Nationalpark im südlichen Tasmanien gehört zum UNESCO-Welterbe Tasmanische Wildnis. Er schützt Eukalyptus-, Baumfarn- und Regenwälder in den tiefen, Heide- und Moorgebiete in den höheren Lagen und eine artenreiche Tierwelt, u. a. Beutelmarder, Langnasenbeutler und Tasmanische Pfuhlhühner.

HIGHLIGHTS: Rieseneukalypten, die zu den höchsten Bäumen der Welt zählen, und mächtige Baumfarne sieht man auf dem schönen, ca. dreistündigen Weg, der vom Besucherzentrum zu den malerischen Russell Falls, Horseshoe und Lady Barron Falls führt.

TIPPS: Am Lake Dobson verläuft der Pandani Grove Nature Walk einstündig unter endemischen Schuppenfichten und Pandani-Bäumen.

PRAKTISCHE INFORMATIONEN: Die Anreise erfolgt per Auto über A10 und B62. Unterkunft: Hütten im Park, www.parks.tas.gov.au

MOUNT HAMIGUITAN RANGE WILDLIFE SANCTUARY

Department of Environment and Natural Resources, Visayas Avenue, Diliman
1100 Quezon City / Philippinen
www.denr.gov.ph/

Das Naturschutzgebiet umfasst rund 68 km^2 an der Ostküste der Halbinsel Pujada im Südosten der Insel Mindanao. Es erstreckt sich über Berghänge mit tropischen Wäldern in 75 bis 1637 m Höhe. 2014 wurde das Gebiet als Naturdenkmal in die UNESCO-Welterbeliste aufgenommen.

HIGHLIGHTS: Die Region ist für ihre natürlichen Bonsaibäume der sogenannten Pygmäenwälder bekannt. Gefährdete, hier vorkommende Tierarten sind der Philippinenadler, Goldkronen-Flughund und diverse Fledermausarten.

TIPPS: Ein einzigartiges und bislang nicht erklärbares Naturphänomen im Gebiet des Mount Hamiguitan ist der See Tinagong Dagat, dessen Seespiegel Gezeitenschwankungen aufweist. Touren in die Berge, z. B. von San Isidro aus, sind schwierig, mehrere Tage sind dafür einzurechnen.

PRAKTISCHE INFORMATIONEN: Anreise über Mati und San Isidro (www.sanisidro.gov.ph/), weiter im Jeep. Nur mit örtlichem Führer.

MOUNT KENYA NP

Mount Kenya National Park
PO Box 753, 10100 Nyeri / Kenia
www.kws.org

Der 715 km^2 große Nationalpark schützt die oberen Regionen des 5199 m hohen Mount Kenya und liegt größtenteils oberhalb 3000 m Meereshöhe. Zusammen mit dem 2100 km^2 großen anschließenden Waldreservat gehört er zum UNESCO-Welterbe.

HIGHLIGHTS: Im Park führen mehrere Routen auf den Mount Kenya, besonders malerisch ist die rund fünftägige Chogoria-Route. Sie führt von der Chogoria Mission Station zu den Bergseen der Hall Tarns und durch die Heide im Nithi Valley zum 4985 m hohen Gipfel Lenana.

TIPPS: Für erfahrene Kletterer bietet die Besteigung der Gipfel Batian (5199 m) und Nelion (5189 m) eine reizvolle Herausforderung.

PRAKTISCHE INFORMATIONEN: Die Anreise erfolgt per Auto auf der A2 nach Nanyoki oder Naro Moru oder auf der B6 nach Chogoria. Träger und Führer können in diesen Orten über Veranstalter gebucht werden. Unterkunft: Serena Mountain Lodge im Park, www.serenahotels.com.

MOUNT RAINIER NP

55210 238th Avenue East
Ashford, Washington 98304 / USA
www.nps.gov/mora/index.htm

Japanische Volunteers arbeiten jährlich im Mount-Rainier-Nationalpark aufgrund der Ähnlichkeit des nordamerikanischen Vulkans mit dem Fujiyama. Auch dieser perfekte Vulkankegel steckt oft in den Wolken. Sein letzter Ausbruch liegt ein Jahrhundert zurück, heute säumen ihn 25 große Gletscher und davor bunt blühende subalpine Wiesen.

HIGHLIGHTS: Die bekanntesten Wildblumenwiesen liegen bei Paradise, dort wachsen vor allem Lupinen, Gauklerblumen und Enzian. An klaren Tagen blickt man von dort bis zum fast 350 km entfernten Mount Hood. Tiefer im Tal bilden Douglasien, Hemlocktannen und Riesenmammutbäume einen tierreichen Wald.

TIPPS: Beste Blütezeit sind Juli und August, die oberen Wanderwege sind bis Mitte Juli zugeschneit. Dafür lockt der Berg im Winter Skilangläufer und Schneeschuhgeher. Die Stevens Canyon Road zeigt einen schönen Überblick, ab dem Sunrise Point geht es nur zu Fuß weiter. Im unbekannteren Nordwesten lockt der Carbon River zum Erkunden.

PRAKTISCHE INFORMATIONEN: Anreise: Mit dem Auto über die State Route 410 durch Enumclaw. Der Park ist ganzjährig geöffnet, verfügt über einige Zeltplätze und Lodges. In vier Visitor Centers und an zahlreichen Ranger-Stationen können Besucher sich informieren.

Unterkunft: Alta Crystal Resort, Tel. (360) 663-2500, www.altacrystalresort.com

MOUNT ROBSON PP

Off Hwy 16, Valemount BC V0E 2Z0 / Kanada
www.env.gov.bc.ca/bcparks/explore/parkpgs/mt_robson

Auch der 2248,6 km² große Mount Robson Provincial Park gehört seit dem Jahr 1990 zum UNESCO-Welterbe Kanadische Rocky Mountains. Eingerichtet wurde das Naturschutzgebiet rund um den mit 3954 m höchsten Gipfel dieser Region bereits im Jahr 1913.
HIGHLIGHTS: Eine der schönsten Bergtouren im kanadischen Westen ist der etwa 2 km talaufwärts am Robson River (Parkplatz) beginnende, am Kinney Lake (Campingplatz am nordöstl. Ufer) vorbei zum Berg Lake führende Berg Lake Trail (22 km einfach, 795 m Anstieg).
TIPPS: Der 1131 m hohe Yellowhead Pass markiert die Grenze zwischen dem in Alberta gelegenen Jasper National Park, in dem die Mountain Time gilt, und dem Mount Robson Provincial Park, in dem die Uhren nach der Pacific Time (eine Stunde früher) gestellt werden.
PRAKTISCHE INFORMATIONEN: Anreise mit dem Auto in das im Westen direkt an den Jasper National Park angrenzende Naturschutzgebiet auf dem Yellowhead Highway (Highway 16). Nur einige Autominuten östlich von Tête Jaune Cache liegt direkt an der viel befahrenen Fernstraße das Visitor Centre. Unterkunft: Mount Robson Lodge, 5 km westlich des Parkeingangs am Highway 16, www.mountrobsonlodge.com

NAHANNI NP

Fort Simpson, Northwest Territories X0E 0N0 / Kanada, www.pc.gc.ca/eng/pn-np/nt/nahanni/index.aspx

Seit dem Jahr 1978 steht Nahanni auf der Welterbeliste der UNESCO, zwei Jahre zuvor wurde das 30 050 km² große, sich 500 km westlich von Yellowknife entlang des South Nahanni River erstreckende Gebiet zum Nationalpark ernannt.
HIGHLIGHTS: Der auf 1600 m Höhe in den Mackenzie Mountains entspringende South Nahanni River zählt zu den besten Wildwasserrevieren der Welt. Kanu-, Kajak- und Raftingtouren dauern 8 bis 21 Tage und starten an den Moose Ponds, den Island Lakes, dem Rabbit Kettle Lake und den Virginia Falls.
TIPPS: Beste Reisezeit: Mitte/Ende Juni bis August; davor bis Anfang Juni enormes Schlechtwetterrisiko und Frühjahrshochwasser.
PRAKTISCHE INFORMATIONEN: Anreise mit dem Flugzeug über Yellowknife (500 km westlich vom Park) nach Fort Simpson, von dort geht es weiter mit dem Wasserflugzeug zum South Nahanni River.
Visitor Centre in Fort Simpson, Tel. (867) 695-2253, www.fortsimpson.com.
Unterkunft: Campingplätze im Park, u.a. bei den Virginia Falls und am Rabbit Kettle Lake. In Fort Simpson: Deh Cho Suites, 10509 Antonie Drive, Tel. (867) 695-2309, www.deh-cho. net. Mackenzie Rest Inn, 99th St Main, Tel. (867) 695-2357, www.mackenzierest.ca

NAMAQUA NP

South African National Parks
PO Box 787, Pretoria 0001 / Südafrika
www.sanparks.org/parks/namaqua/

Ein Pflanzenparadies ist der an den Atlantik grenzende, rund 1000 km² große Park in der nördlichen Kapprovinz. In der wüstenähnlichen Landschaft gedeihen rund 3500 Pflanzenarten, darunter Aloen und Sukkulenten.
HIGHLIGHTS: Ein prächtiger Blick über das Blütenmeer des Parks bietet sich im August/September, wenn alles blüht.
TIPPS: Eilige können sich auf dem Circular Drive einen Überblick über die Blütenpracht verschaffen. Schöner ist es jedoch, den Park auf Wanderwegen zu erkunden.
PRAKTISCHE INFORMATIONEN: Von Kapstadt auf der N7 rund 500 km nach Norden, rund 70 km vor Springbok Zufahrt zum Park. Unterkunft im Park (für Selbstversorger) im Skilpad Rest Camp. Auf den Coastal Campsites kann man die unverbaute Atlantikküste genießen.

NAMIB-NAUKLUFT NP

Namibia Wildlife Resorts
Private Bag 13378, Windhoek 9000 / Namibia
www.nwr.com.na/index.php/national-parks/namib-naukluft

Der mit knapp 50 000 km² größte Nationalpark Afrikas erstreckt sich entlang der Atlantikküste vom Swakop River bis zur Straße nach Lüderitz. Er wird großteils von der Namib-Wüste eingenommen, einer der ältesten und trockensten Wüsten der Welt (60 mm Jahresniederschlag). Im Osten ragt das Naukluft-Gebirge bis zu 2000 m auf.
HIGHLIGHTS: Das Sossusvlei ist eine von bis zu 320 m hohen Sanddünen umgebene Salzpfanne, die sich über dem versandeten Fluss Tsauchab gebildet hat. Auf dem Weg dorthin kommt man am 3 km langen Sesriem Canyon mit seinen bis zu 40 m hohen Felswänden vorbei.
TIPPS: Die Naukluft Mountains lassen sich gut erwandern, etwa auf dem 120 km langen Naukluft Hiking Trail. Dabei kann man u.a. Bergzebras beobachten. Entlang des Welwitschia Drive bei Swakopmund wachsen bis zu 1500 Jahre alte Sukkulentengewächse.
PRAKTISCHE INFORMATIONEN: Mit dem Auto von Windhoek (ca. 250 km) über B1, C24, C14, C19 zum Naukluft-Gebirge bzw. zum Sossusvlei. Entlang des südöstlichen Rands des Parks Lodges (z. B. Namib-Naukluft Lodge), teils per Kleinflugzeug erreichbar (Sossus Dune Lodge).

NAMIBRAND NATURE RESERVE

NamibRand Nature Reserve
36 Bismarck Street, PO Box 40707
Windhoek / Namibia
www.namibrand.org

Die rund 2000 km² große NamibRand Nature Reserve ist ein privates Naturschutzgebiet an den östlichen Ausläufern der Namib-Wüste. In dem Schutzgebiet leben u.a. Gazellen, Zebras, Geparden, Leoparden.
HIGHLIGHTS: In Heißluftballonen lässt sich die grandiose Wüsten- und Gebirgslandschaft von oben bewundern. Startpunkt sind Lodges. Anbieter: Namib Sky Adventures (www.namibsky.com).
TIPPS: NamibRand ist auch eine Dark Sky Reserve. Vom Observatorium auf dem Dach der Sossusvlei Desert Lodge aus lässt sich mit Astronomen der einzigartige Nachthimmel über der Wüste beobachten.
PRAKTISCHE INFORMATIONEN: Mit dem Auto von Windhoek (ca. 250 km)

über B1, C24, C14, C19, C27 zur Reserve, Übernachtungsmöglichkeiten in mehreren Lodges und Camps (z.B. Wolwedans Dunes Lodge bzw. Camp).

NANDA DEVI UND TAL DER BLUMEN NP

Valley of Flowers National Park
Uttrakhand 246443 / Indien
www.valleyofflowers.info

Die beiden Nationalparks im Norden Indiens haben zusammen eine Fläche von etwa 720 km². Im Nanda Devi National Park, im westlichen Himalaya, liegt der gleichnamige höchste Berg Indiens (7816 m). Beide Parks gehören seit 1988 zum UNESCO-Weltnaturerbe.

HIGHLIGHTS: Im Tal der Blumen lassen sich zahlreiche Blumen bewundern (über 500 Arten). In den Hochgebirgsregionen der Parks kann man auf geführten Touren auch Schneeleoparden beobachten.

TIPPS: Auf einer etwa 13 km langen Wanderung von Govindghat nach Ghangaria kommt man außer an Blumen auch an einem 250 Meter in die Tiefe stürzenden Wasserfall vorbei.

PRAKTISCHE INFORMATIONEN: Anreise mit der Bahn nach Haridwar, von dort mit dem Auto 300 km durchs Gebirge bis Govindghat (Beginn Trekkingtour). Unterkunft: Nanda Inn Cottage, Buchung: www.nandainn.com

NATRONSEE

Maasai Community
Engaruka / Tansania

Der 1040 km² große Natronsee liegt im Nordosten Tansanias im Großen Afrikanischen Grabenbruch an der Grenze zu Kenia und ist ein bedeutender Brutplatz für Zwergflamingos. Die Verwaltung des Wildreservats liegt in der Verantwortung der ansässigen Maasai-Gemeinschaft.

HIGHLIGHTS: Am Natronsee versammeln sich bis zu 2,5 Millionen Zwergflamingos und rund 100 000 weitere Vögel. Die purpurrote Farbe des Sees stammt von Cyanobakterien im Wasser.

TIPPS: Nahe dem See kann der 2960 m hohe Ol Doinyo Lengai mit Führer bestiegen werden. Weltweit ist er der einzige Vulkan, dessen Lava beim Erkalten weiß wird. Vor einer Tour sollte man sich über die Verhältnisse erkundigen, zuletzt brach der Vulkan 2010 aus.

PRAKTISCHE INFORMATIONEN: Die Anreise erfolgt per Auto von Mto wa Mbu an der B144 über Engaruka. Unterkunft: Lengai Safari Lodge, www.lengaisafarilodge.com, oder Lake Natron Camp, www.lake-natron-camp.com

MAROVO-LAGUNE IM NEW-GEORGIA-ARCHIPEL

Ministry of Environment, Conservation and Meteorology, PO Box 21, Honiara, Solomon Islands / Salomonen
whc.unesco.org/en/tentativelists/5414

Der New-Georgia-Archipel im Westpazifik gehört zu den Salomonen. Im Osten des Archipels erstreckt sich die 700 km² große Marovo-Lagune zwischen den großen Vulkaninseln New Georgia, Vangunu und Gatokae sowie einem rund 130 km langen erhobenen Barriereriff, an dem sich ca. 100 kleine Inseln in teils doppelter Kette reihen.

HIGHLIGHTS: Die Lagune ist das Revier von über 1000 Fischarten und weist eine extrem hohe Zahl von Korallenarten auf. Tauchbasen gibt es in Uepi Point und Peava.

TIPPS: Die teils dicht bewachsenen Inseln eignen sich für Wanderungen durch primären Regenwald. Auf Gatokae führt eine lohnende zweitägige Tour auf den Mount Mariu (887 m).

PRAKTISCHE INFORMATIONEN: Die Anreise erfolgt per Flugzeug nach Seghe oder Gatokae bzw. per Boot von Honiara aus. Unterkunft: Uepi Island Resort, Uepi (www.uepi.com).

NGORONGORO AREA

Ngorongoro Conservation Area Authority, PO Box 1, Ngorongoro Crater
23100 Arusha / Tansania
www.ngorongorocrater.org

Das 8090 km² große Naturschutzgebiet im Norden Tansanias gehört sowohl zum Naturals auch zum Kulturerbe der UNESCO. Es grenzt im Westen an den Serengeti-Nationalpark und an das Maswa-Wildreservat.

HIGHLIGHTS: Das Schutzgebiet umfasst auch den Ngorongoro-Krater, die größte intakte Caldera der Welt. Die Wälder am Kraterrand und der Krater selbst weisen eine fantastische Wildtierdichte auf.

TIPPS: Westlich des Kraters wurden in der Olduvai-Schlucht Millionen Jahre alte Skelette von Hominiden sowie Fossilien von ausgestorbenen Tieren gefunden. Geführte Wanderungen durch die Schlucht, in der überall Fossilien zu sehen sind, sind im Rahmen von Safaris möglich.

PRAKTISCHE INFORMATIONEN: Die Anreise erfolgt per Auto auf der B144. Unterkunft: &Beyond Ngorongoro Crater Lodge am Krater, www.andbeyond.com

NINGALOO-KÜSTE

Environmental Protection Authority
The Atrium, 168 St Georges Terrace
Perth, Western Australia 6000 / Australien www.edit.epa.wa.gov.au

Das Schutzgebiet umfasst 6045 km² Land- und Meeresflächen um die Halbinsel Cape Range an der Westküste des Kontinents; Herzstück ist das Ningaloo-Riff. Seit 2011 ist das Gebiet UNESCO-Weltnaturerbe.

HIGHLIGHTS: Vor der Küste sind saisonal vorbeiziehende Buckelwale zu beobachten, um das Korallenriff herum Walhaie. Taucher können Meeresschildkröten und verschiedenen Rochen (z. B. Mantarochen) begegnen.

TIPPS: Etwa eine Woche nach dem Vollmond jeweils im März und April findet eine farbenprächtige Korallenblüte statt.

PRAKTISCHE INFORMATIONEN: Anreise mit dem Auto von Perth aus über den Indian Ocean Drive bis Coral Bay oder Exmouth (Flugplatz), dort auch Ferienwohnungen, Hotels, Campingplätze sowie Angebote für Aktivitäten wie Tauchen oder Ausflüge mit Glasbodenbooten, siehe www.westernaustralia.com.

NITMILUK NP

Parks & Wildlife Commission of the Northern Territory, 32 Giles Street
Katherine NT 0850 / Australien
www.parksandwildlife.nt.gov.au/parks/find/nitmiluk

Der 3000 km² große Nitmiluk National Park im Norden Australiens ist bekannt für das Schluchtensystem der Katherine Gorge, wo sich der Katherine River auf 12 km Länge bis zu 100 m tief in das Arnhem-Plateau eingegraben hat.

HIGHLIGHTS: Gewöhnlich wird die Schlucht mit Touristenbooten erkundet, reiz-

voller ist es mit dem Kanu (Verleih vor Ort).
TIPPS: Der Park ist ein Vogelparadies (ca. 150 Arten). Auf über 100 km Wanderwegen (z.B. Jatbula Trail) sieht man Schlangenhalsvögel und Loris, Süßwasserkrokodile und Warane.
PRAKTISCHE INFORMATIONEN: Per Flugzeug nach Darwin (300 km). Mit dem Auto auf dem Stuart Highway nach Katherine, von dort 30 km bis zum Park. In der Regenzeit (Dezember bis April) evtl. kein Zugang zur Schlucht. Übernachtung auf Campingplätzen oder außerhalb in Katherine.

NOUABALÉ-NDOKI NP

Ministère de l'Economie forestiere et de l'Environnement, En face de la maternité Blanche Gomez, B.P. 98, 00242 Brazzaville / Republik Kongo www.patrimoine-congo-brazzaville.com/lieux/le-parc-national-de-nouabale-ndoki/

Der 4190 km² große Nationalpark im Norden der Republik Kongo gehört zusammen mit den Nationalparks Dzanga-Ndoki in der Zentralafrikanischen Republik und Lobéké in Kamerun zum 7463 km² großen, grenzübergreifenden Schutzgebiet Sangha Trinational (TNS) und ist UNESCO-Welterbe.
HIGHLIGHTS: Im Nationalpark selbst sind keine Siedlungen vorhanden, der Park hat die wohl höchste Wildtierdichte in ganz Afrika. Zu beobachten sind Primaten, Elefanten, Sitatungs, Büffel u. a. auf den Lichtungen Wali Baï (bei Bomassa) und Mbeli Baï.
TIPPS: Eine andere Perspektive auf den Regenwald und einen Blick auf zahlreiche Vogelarten erhält man bei einer Bootsfahrt mit einem Kanu auf dem Sangha.
PRAKTISCHE INFORMATIONEN: Die Anreise erfolgt per Kleinflugzeug nach Bomassa. Unterkunft: Zelte im Park, Bomassa und Mbeli Camp.

OGASAWARA-INSELN

Ministry of the Environment
Godochosha No. 5, Kasumigaseki 1-2-2, Chiyoda-ku, Tokio 100-8975 / Japan
www.env.go.jp

Die über 30 Ogasawara-Inseln liegen rund 1000 km südlich von Tokio im Pazifik und sind mit Ausnahme von Chichi- und Haha-jima unbewohnt. Der Archipel, knapp 64 km² Landfläche sowie ein ca. 16 km² großes Meeresgebiet, gehört zum UNESCO-Welterbe und ist Lebensraum zahlreicher endemischer Tier- und Pflanzenarten.
HIGHLIGHTS: Im Meer und in den Korallenriffen um die Inseln sieht man Mantarochen, Meeresschildkröten, Delfine, Buckel- und Pottwale.
TIPPS: Auf Haha-jima führt ein schöner Wanderweg vom Südende der Hauptstraße 2,5 km durch subtropischen Dschungel auf den 86 m hohen Berg Kofuji. Am Gipfel hat man eine großartige Fernsicht.
PRAKTISCHE INFORMATIONEN: Die Inseln sind nur per Fähre ab Tokio nach Chichi-jima zu erreichen, www.ogasawa-rakaiun.co.jp. Unterkunft: Pelan Village, Chichi-jima, www.pelan.jp.

OKAPI WILDTIERRESERVAT

Ministère de l'Environnement et Développement Durable
15 Av. Papa Iléo, ex-Av. des Cliniques
B.P. 12.348, Kinshasa/Gombe /
Demokratische Republik Kongo
whc.unesco.org/en/list/718

Das 13 700 km² große Reservat und UNESCO-Welterbe liegt im Nordosten der Demokratischen Republik Kongo im Kongobecken zwischen den Flüssen Nepoko im Norden und Ituri im Süden. Es umfasst rund 20% des Ituri-Waldgebietes und ist das bedeutendste Schutzgebiet für Okapis, die in den Regenwäldern der Demokratischen Republik Kongo endemisch sind.
HIGHLIGHTS: Das Wildtierreservat schützt rund 4000 bis 6000 Okapis, deren weltweite Gesamtpopulation auf 10 000 bis 20 000 geschätzt wird. Daneben leben dort noch weitere rund 100 Säugetierarten, darunter Elefant, Afrikanisches Hirschferkel, Bongo, Sitatunga, Batesböckchen, Afrikanische Goldkatze, Grüner Pavian, Riesenwaldschwein sowie 17 Primatenarten. Der Ituri ist zudem die Heimat von bislang 376 identifizierten Vogelarten, z. B. Gelbfußweber und Goldnackenweber, beide endemisch, Grünköpfchen, Kongopfau, Gelbschnabeleule und Fleckenibis.
TIPPS: Landschaftlich besonders beeindruckend sind die Wasserfälle der Flüsse Ituri und Epulu.
PRAKTISCHE INFORMATIONEN: Der Zugang zum Wildtierreservat erfolgt über die Station im Dorf Epulu am Highway N4. Unterkunft in Epulu.

OKAVANGODELTA

Department of Wildlife and National Parks, PO Box 20634, Boseja Maun Botsuana
www.mewt.gov.bw/DWNP/article.php?id_mnu=197

Das größte Binnendelta der Welt – wegen tektonischer Verwerfungen kann der Okavango hier nicht mehr abfließen – beherbergt mit seiner Überschwemmungslandschaft, seinen Wäldern und Savannen eine der dichtesten Konzentrationen von Wildtieren in Afrika.
HIGHLIGHTS: In der Moremi Game Reserve (10 000 km²) sind neben Hunderten von Vogel-, Reptilien- und Wildtierarten auch die »Big Five« (Elefant, Nashorn, Löwe, Leopard, Büffel) anzutreffen.
TIPPS: Die Wasserlandschaft lässt sich am besten in Mekoros, den einheimischen Einbaumbooten, erkunden. Buchung in den Camps (z. B. Kanana Camp).
PRAKTISCHE INFORMATIONEN: Die rund 50 Camps und Lodges (z.B. Mombo Camp) nördlich von Maun sind nur per Kleinflugzeug erreichbar. Überblick auf www.afrikarma.de/safari-lodges-und-camps-in-afrika/botswana

OKEFENOKEE NWR

2700 Suwannee Canal Road
Folkston, Georgia 31537 / USA
www.fws.gov/okefenokee

Sicheren Fußes kam in diesem riesigen Sumpfgebiet nur die Urbevölkerung über den weichen, torfigen Untergrund. Bäume und Büsche zittern beim Vorüberlaufen gleich mit, daher auch der Name »Land der zitternden Erde«. Das 1627 km² große Gebiet, von dem 1433 km² als Wilderness Area ausgewiesen sind, wurde schon 1937 zum Wildtier-Refugium erklärt.
HIGHLIGHTS: Mitten hindurch strömt langsam der Suwannee River, der in vielen Liedern des Südens besungen wird. Er liefert das Süßwasser für die fruchtbare Seen-, Sumpf- und Marschlandschaft. Entsprechend gedeihen Sumpfzypressen, Sumpfkiefern und Gummibäume, jagen Alligatoren sowie

zahlreiche Sumpf- und Waldvogelarten wie Eisvögel, Fliegenschnäpper und Helmspechte. Auch die Georgia-Gopher-Schildkröte lebt hier.
TIPPS: Mit einem Kanu zwischen Bäumen im Wasser entlangzupaddeln, während Alligatoren neugierig vom Ufer hinabgleiten, lässt Abenteurerherzen höherschlagen. Mittendrin ist ein historisches Farmhaus, die Chesser Island Homestead, zu besichtigen.
PRAKTISCHE INFORMATIONEN: Anreise: Mit dem Auto durch Folkston. Der Park ist ganzjährig geöffnet, es gibt keine Campingplätze im Refuge. Im Richard S. Bolt Visitor Center können Besucher sich informieren. Unterkunft: Inn at Folkston, Tel. (912) 496-6256, www.innatfolkston.com

OLYMPIC NP

600 East Park Avenue
Port Angeles, Washington 98362-6798 / USA www.nps.gov/olym/index.htm

Zerklüftete Küste, gletscherbedeckte Berge oberhalb der Baumgrenze, geheimnisvoll bemooster Regenwald – drei Landschaften, die unterschiedlicher kaum sein könnten, charakterisieren den Olympic-Nationalpark. Er überrascht mit großen Unterschieden der Ökosysteme, die er schützt, und bildet doch im Nordwesten der USA eine nahezu zusammenhängende Fläche von über 3700 km². Seit 1909 hat er mehrere Aufwertungen erfahren und gehört seit 1981 zum UNESCO-Weltnaturerbe.
HIGHLIGHTS: Bei Ebbe lässt sich eine der schönsten wilden Strandpassagen des nördlichen Pazifiks erkunden. Angespülte Baumstämme bedecken den Sand. Seesterne tummeln sich in feuchten Mulden. Glitschig dunkle Steine glänzen in der Sonne. Weißkopfseeadler kreisen hoch darüber. Im Hoh- und im Quinault-Regenwald verändern sich die Geräusch-, Farb- und Geruchskulisse komplett. Gerade noch Meer, Fisch und Wind in der Nase, dominiert nun plötzlich der Geruch des Mooses, der feuchten Stämme und ihres Untergrunds, des modrigen Holzes und der Blätter, die den Boden bedecken. Vögel wie Blauschwanz, Meisenhäher und Drossel ertönen, Eichhörnchen und Mäuse huschen über die Wege. Weitergewandert und durch normalen Mischwald und über Wildblumenwiesen bis in die Berge im Zentrum des Parks gelangt, müssen sich die Sinne erneut umstellen. Es riecht nach karger Heidelandschaft. Bergziegen können in der Ferne ihre halsbrecherischen Sprünge vorführen. Schwarzbären streifen durch die tieferen Lagen.
TIPPS: Für Ausflüge am Meer, besonders für mehrtägige Wanderungen die rund 100 km lange Küste entlang, sind aktuelle Gezeitentabellen ein Muss im Gepäck. Nicht überall ist der schmale Streifen breit genug für sichere Rückzugsmöglichkeiten, wenn die Flut zurückkehrt. Für seinen breiten Sandstrand ist Kalaloch bekannt, neben dem felsigen Ruby Beach. Beliebt ist auch der 5 km lange Holzsteg zwischen dem idyllischen Lake Ozette nach Sand Point und Cape Alava an der Küste. Das Elwha Valley durchzieht einen großen Teil der Waldregion, von hier starten Trails in die Natur. Unterwegs treffen Wanderer auf historische Bauten wie die Humes Ranch oder die Goblin Gates. Im Nordwesten des Parks ist der sichelförmige Lake Crescent zu erwandern, der Sol Duc River mit den Salmon Cascades gilt als einer der besten Orte im Park, um Lachse springen zu sehen.
PRAKTISCHE INFORMATIONEN: Anreise: Mit dem Auto über den Highway 101 über Hoodsport, Port Angeles oder Forks, mit der Coho-Fähre oder dem Victoria Express (Fähre) oder per Bus mit den Olympic Bus Lines. Der Park ist ganzjährig geöffnet und verfügt über Campingplätze und Miethütten. Visitor Centers: laden ein: das Olympic National Park Visitor Center, das Wilderness Infomation Center in Port Angeles, das Hurricane Ridge Visitor Center und das Hoh Rain Forest Center. Unterkunft: Olympic Lodge, Tel. (360) 452-2993, www.olympiclodge.com

ORDESA Y MONTE PERDIDO NP

Oficina Administrativa del Parque Nacional de Ordesa y Monte Perdido
Paseo de las Autonomías, Pasaje Baleares 3, 22071 Huesca / Spanien
www.magrama.gob.es

Der 156 km² große Nationalpark in der Provinz Huesca grenzt im Norden an den Pyrenäen-Nationalpark in Frankreich. Er gehört zum Weltnaturerbe Pyrenäen-Monte Perdido und in Teilen zum Biosphärenreservat Ordesa-Viñamala.
HIGHLIGHTS: Felsformationen, Wasserfälle und Blick auf den 3348 m hohen Monte Perdido bietet eine 18 km lange Wanderung ab der Pradera de Ordesa, Anfahrt über die A135 bis zum Parkplatz Ordesa.
TIPPS: Ebenfalls Aussicht auf den Monte Perdido hat man auf einer 9 km langen Wanderung auf der Hochebene von Larri. Die Tour beginnt und endet am Parkplatz zwischen KM80/81 an der A2611.
PRAKTISCHE INFORMATIONEN: Die Anreise mit dem Auto erfolgt über die N260, Sabiñánigo-Torla, und die A138, Barbastro-Francia. Unterkunft: Casa Tixidor, Aluján, Valle de La Fueva, www.casatixidor.com

ORGAN PIPE CACTUS NM

1 Park Road, Petrified Forest, Arizona 86028 / USA
www.nps.gov/pefo/index.htm

Für visuelle Menschen ist dieses bunte Wüstengebiet eine Entdeckung. Als hätte ein titanischer Maler Felsen, versteinerte Stämme und Untergrund für zu farblos befunden und mit einem Pinsel nachgeholfen. Das nur etwa 380 km² große Gebiet im Nordosten Arizonas birgt zahlreiche Fossilien, versteinerte Bäume und einige Petroglyphen – Zeichnungen der Pueblo-Indianer. 1962 wurde die Region zum Nationalpark erklärt.
HIGHLIGHTS: Wegen ihrer Farbenvielfalt heißt der interessanteste Bereich des Parks Painted Desert, »bemalte Wüste«. Das versteinerte Holz war einst in solchen Mengen vorhanden, dass die Pueblo vor 1000 Jahren das Agate House fast vollständig daraus erbauten. Im Rainbow Forest Museum sind archäologische Fundstücke aufbereitet.
TIPPS: Zahlreiche Wanderstrecken bieten immer neue Ausblicke. Der Blue Mesa Trail führt zum buntesten Teil der Wüste, der Giant Logs Trail zu den größten der versteinerten Baumstämme.
PRAKTISCHE INFORMATIONEN: Anreise von Flagstaff mit dem Auto über die Interstate 40 durch Holbrook. Der Park ist ganzjährig geöffnet (außer an Weihnachten). Es gibt keine bewirtschafteten Campingplätze. Museen und Visitor Center informieren über die Natur- und

Kulturgeschichte des Parks. Unterkunft: Best Western Adobe Inn (Holbrook).

(NATRONSEEN IM) OSTAFRIKANISCHEN GRABENBRUCH

Lake Nakuru National Park
PO Box 539, 20100 Nakuru / Kenia
www.kws.org

Im Westen Kenias liegen im Ostafrikanischen Grabenbruch die natronhaltigen Seen Elmentaita, Nakuru und Bogoria. Während der Lake Elmentaita auf Privatgrund liegt, werden der Lake Nakuru durch einen 188 km² großen Nationalpark und der Lake Bogoria durch ein 107 km² großes Nationalreservat geschützt.

HIGHLIGHTS: Der Nationalpark Lake Nakuru bietet ein Refugium für Millionen Flamingos und Rosapelikane sowie stark gefährdete Spitz- und Breitmaulnashörner, Uganda-Giraffen, Löwen und Leoparden.

TIPPS: Am Lake Elmentaita bieten Lodges geführte Wanderungen und Ausritte an, am Lake Bogoria drängen sich Flamingos und sind die Geysire am Westufer besonders eindrucksvoll.

PRAKTISCHE INFORMATIONEN: Die Anreise erfolgt per Auto auf der A104 zum Lake Elmentaita und Nakuru, über die B4 zum Lake Bogoria. Unterkunft: Lake Nakuru Lodge im Park, www.lakenakurulodge.com.

OULANKA NP

Metsähallitus , Torangintaival 2
93999 Kuusamo / Finnland
www.outdoors.fi

Der 290 km² große Park wurde 1956 gegründet. Er liegt an der Grenze der Regionen Kuusamo und Salla und ist der Schwesterpark des russischen Paanajärvi-Nationalparks.

HIGHLIGHTS: Der 82 km lange Karhunkierros ist Finnlands berühmtester Wanderweg. Die »Bärenrunde« führt u. a. zur Oulanka-Schlucht. Der Einstieg ist am Besucherzentrum Karhunkierros.

TIPPS: Über die Besucherzentren kann man Kanus für Fahrten auf dem Oulankajoki mieten, der untere Flussabschnitt ist auch für Anfänger geeignet.

PRAKTISCHE INFORMATIONEN: Mit dem Auto folgt man E5 und 950 bis Käylä sowie der 8693 bis zum Besucherzentrum Oulanka in Liikasenvaara. Zum Besucherzentrum Karhunkierros fährt man von Käylä auf der 950 bis Hauajärvi. Unterkunft: Oulanka Camping nahe dem Oulanka-Besucherzentrum, www.outdoors.fi

OUNIANGA-SEEN

Ministère de l'environnement
BP 447, N'Djamena, TCD / Tschad
www.whc.unesco.org/en/list/1400

Im Norden des Tschad liegen die von Grundwasser gespeisten 18 Salz- und Süßwasserseen von Ounianga inmitten der Sahara in einem Gebiet, in dem jährlich nur 2 mm Regen fallen. Die insgesamt 628 km² große Seenlandschaft gehört zum UNESCO-Welterbe.

HIGHLIGHTS: Von Palmen gesäumt sind die beiden größten Seen, der sehr flache, mit bizarr geformten Inseln durchsetzte Teli (4,36 km²) in der Ostgruppe Ounianga Serir sowie der extrem salzige Yao (3,6 km²) in der Westgruppe Ounianga Kebir, dessen Ufer mit Salz verkrustet sind.

TIPPS: Am Yao-See befindet sich eine Siedlung mit einem Markt.

PRAKTISCHE INFORMATIONEN: Die Anreise erfolgt per Geländewagen, organisiert über Veranstalter für Spezialreisen. Unterkunft in Zelten.

PANTANAL NP

Parque Nacional de Pantanal Matogrossense, ICMBio Instituto Chico Mendes
EQSW 103/104 Bloco C, 70.670-350 Brasilia DF / Brasilien www.icmbio.gov.br

Das ca. 230 000 km² umfassende Feuchtbiotop Pantanal (seit 2000 Weltnaturerbe) im Südwesten Brasiliens an der Grenze zu Bolivien ist eines der größten Binnenlandfeuchtgebiete der Erde. Im Südwesten stehen 1350 km² unter besonderem Schutz als Nationalpark (Pantanal Matogrossense).

HIGHLIGHTS: Das Pantanal ist Rückzugsgebiet für viele Tierarten: etwa für Jabirus (bis zu 1,40 m große Riesenstörche), Kaimane (Jacarés), Riesenotter, Pekaris, Capybaras (größte Nagetiere der Welt) und über 600 Vogelarten.

TIPPS: Ein besonderes Abenteuer ist die Fahrt auf der Transpantaneira, einer hochgelegten Schotterstraße mit über 100 Holzbrücken, die etwa 150 km von Poconé aus in das Pantanal hineinführt.

PRAKTISCHE INFORMATIONEN: Per Flugzeug nach Cuiabá oder Campo Grande. Unterkunft in Poconé oder Corumbá oder z.B. auf der Pousada Barra Mansa (nur per Kleinflugzeug erreichbar).

PAPAROA NP

Paparoa National Park, CMB 1 Punakaiki
RD1 Runanga 7873 / Neuseeland
www.doc.govt.nz

Der 300 km² große Nationalpark erstreckt sich an der Westküste von Neuseelands Südinsel von der Küste der Tasmansee bis zu den Berggipfeln der Southern Alps. Er schützt dort ein vielfältiges Karstgebiet mit spektakulären Klippen, Schluchten und Höhlen, bizarren Felsformationen und dichtem Regenwald.

HIGHLIGHTS: Die auffälligen, wie Pfannkuchen geschichteten Pancake Rocks und Blowholes an der Küste sowie mehrere Höhlen können von Punakaiki aus auf Spaziergängen erkundet werden.

TIPPS: Bei Punakaiki führt der schöne 3,5 km lange River Track entlang des Pororari River durch eine beeindruckende Kalksteinschlucht und durch Regenwald bis zum 25 km langen Inland Pack Track, auf dem die Wanderung durch den Park fortgesetzt werden kann.

PRAKTISCHE INFORMATIONEN: Die Anreise erfolgt per Auto über die Straße SH6 entlang der Küste. Unterkunft: Paparoa Park Motel, Punakaiki (www.paparoa.co.nz).

PAPUA-NEUGUINEA WESTERN UND SOUTHERN HIGHLANDS

Department of Environment and Conservation, National Parliament House
Waigani, Port Moresby / Papua-Neuguinea
www.papuanewguinea.travel/southern-highlands
www.papuanewguinea.travel/western-highlands

Die Landschaften in diesen zentralen Provinzen Papua-Neuguineas reichen von Tieflandregenwald über alpine Wiesen bis zu Berggipfeln mit Flechten und Moosen. Weltweit besitzen nur wenige Regionen eine solch artenreiche Flora und Fauna wie diese teils sehr abgelegenen Gebiete.

HIGHLIGHTS: Auf Wanderungen durch den Regenwald lässt sich die artenrei-

che Vogelwelt beobachten. Prachtvolle Paradiesvögel sieht man u. a. im Baiyer River Wildlife Sanctuary nördlich von Mount Hagen in den Western Highlands.
TIPPS: In den südlichen Highlands bietet die Wasi Falls Wildlife Management Area beim Lake Kutubu unberührten Regenwald und mit den 100 m hohen Wasi Falls die größten Wasserfälle des Landes.
PRAKTISCHE INFORMATIONEN: Mit Geländewagen von Mount Hagen oder Mendi in die verschiedenen Gebiete. Unterkunft: Ambua Lodge, Southern Highlands, www.pngtours.com.

PHOENIXINSELN

Phoenix Islands Protected Area (PIPA) Office, Ministry of Environment, Lands & Agricultural Development, PO Box 234, Bikenibeu, Tarawa / Kiribati
www.phoenixislands.org

Die 408 250 km² große Phoenix Islands Protected Area (PIPA) umfasst das Gebiet der zu Kiribati gehörenden Phoenixinseln im Südpazifik. Mit nur 28 km² Gesamtlandfläche ist es eines der größten Meeresschutzgebiete der Welt und gehört zum UNESCO-Welterbe.
HIGHLIGHTS: Durch das PIPA werden eines der weltweit größten intakten Korallenarchipel-Ökosysteme sowie Tiefseehabitate geschützt. In dem Gebiet finden sich allein rund 200 Korallen- und 500 Fischarten.
TIPPS: Bis auf Kanton Island sind die Inseln unbewohnt. Besucher erleben eine unberührte Unterwasserlandschaft, wie es sie in anderen Gebieten vor Jahrhunderten gab.
PRAKTISCHE INFORMATIONEN: Die Anreise erfolgt per Flugzeug nach Kanton Island oder per Boot. Für Besucher ist keine Infrastruktur vorhanden. Die erforderliche Genehmigung für die Einreise muss mindestens zwei Monate vorab beantragt werden, www.phoenixislands.org

PHONG NHA-KE BANG NP

PNKB NP Management Board
Son Trach Village, Bo Trach District, Quang Binh Province / Vietnam
www.phongnhakebang.vn

Die 858 km² große UNESCO-Welterbestätte liegt in Zentralvietnam im Truong-Son-Gebirge an der Grenze zu Laos und dem dortigen Hin-Namno-Reservat. Der Park erstreckt sich über eines der bedeutendsten Karstgebiete der Welt, mit bizarren Felsformationen, unterirdischen Flüssen, Hunderten Höhlen und einer reichen Flora und Fauna, in der noch neue endemische Arten entdeckt werden.
HIGHLIGHTS: Die Son-Doong-Höhle gilt als größte der Welt, ist jedoch nur sehr eingeschränkt zu besichtigen. In die 44,5 km lange Phong-Nha-Höhle kann man rund 1,5 km tief mit Booten hineinfahren.
TIPPS: Das Parkzentrum in Son Trach vermittelt Führer für ein- und mehrtägige Touren durch den tropischen Primärwald, der zu gut 90 % den Park bedeckt.
PRAKTISCHE INFORMATIONEN: Die Anfahrt erfolgt per Auto über die TL 2B/ Ho-Chi-Minh-Pfad. Unterkunft: Phong Nha Farmstay, Cu Nam, www.phong-nha-cave.com

PIATRA CRAIULUI NP

Centrul de Vizitare al Parcul National Piatra Craiului, Str. Toplita nr. 150
505800 Zărneşti / Rumänien
www.pcrai.ro

Der 148 km² große Nationalpark schützt seit 1990 das Bergmassiv Piatra Craiului in den südlichen Karpaten.
HIGHLIGHTS: Eine mehrtägige Wanderung führt von Zărneşti zum Grat des Piatra-Craiului-Gebirges auf den La Om, mit 2238 m der höchste Berg des Gebiets.
TIPPS: Von Zărneşti gelangt man auf einem blau markierten Weg zur rund 3 km entfernten Zărneşti-Schlucht, an deren steilen Wänden zahlreiche ausgewiesene Kletterrouten verlaufen.
PRAKTISCHE INFORMATIONEN: Der Besuch des Parks ist kostenpflichtig, Tickets erhält man in Zărneşti im Nationalparkhaus, an der Post und in der Plaiul-Foii-Hütte. Die Anfahrt mit dem Auto erfolgt über E574 und 73A. Unterkunft: Pensiune restaurant Tohanu Vechi, Zărneşti, www.portalturism.com

PICOS DE EUROPA NP

Oficina central del Parque Nacional Picos de Europa, C/ Arquitecto Reguera, 13
33004 Oviedo / Spanien
www.oapn.es

Der mit über 646 km² Fläche größte Nationalpark Spaniens liegt nahe der Küste in Kantabrien, Asturien und Kastilien-León. Er schützt seit 1918 das Kalksteinmassiv Picos de Europa im Kantabrischen Gebirge.
HIGHLIGHTS: Eine spektakuläre, insgesamt rund 13 km lange Wanderung führt auf der aus dem Fels gesprengten Ruta del Cares von Poncebos durch die Schlucht des Flusses Cares nach Caín.
TIPPS: In Fuente Dé (1090 m) fährt eine Seilbahn auf den Mirador del Cable (1850 m) mit schönem Blick auf die Hauptkette der Picos de Europa. An der Bergstation beginnen einige Wanderwege.
PRAKTISCHE INFORMATIONEN: Der Nationalpark ist rundum frei zugänglich, die Anreise mit dem Auto erfolgt über N621, N625 und AS114. Unterkunft: Parador de Fuente Dé, www.paradores.de.

PLITVICER SEEN NP

Wissenschaftliches Fachzentrum »Dr. Ivo Pevalek«, 53231 Plitvička jezera / Kroatien www.np-plitvicka-jezera.hr

Der knapp 297 km² große Nationalpark erstreckt sich über die kaskadenförmig angeordneten Seen im Karst Mittelkroatiens. Der 1949 gegründete Park gehört zum UNESCO-Weltnaturerbe.
HIGHLIGHTS: Die insgesamt 16 Seen können ab den beiden Eingängen auf markierten, 2- bis 8-stündigen Rundwegen erkundet werden. Die Touren werden durch Fahrten mit Elektrobooten und dem Panoramazug im Park ergänzt.
TIPPS: Die mächtigen Wasserfälle Veliki slap (Großer Wasserfall, 78 m) und Galovacki buk (Galovak-Wasserfall, 25 m) beeindrucken besonders nach starken Regenfällen.
PRAKTISCHE INFORMATIONEN: Die Anreise mit dem Auto erfolgt über die Nationalstraße D1, dort liegen auch die beiden Eingänge in Plitvička jezera und Licka Kuca. Unterkunft: Campsite Korana, Plitvička jezera, www.np-plitvicka-jezera.hr

PURNULULU NP

Department of Parks and Wildlife
Lot 248, Ivanhoe Road, PO Box 942
Kununurra 6743, Western Australia / Australien www.parks.dpaw.wa.gov.au/park/purnululu

Im ca. 2400 km² großen Nationalpark im

Nordwesten Australiens (seit 2003 Welterbe) erhebt sich inselartig die Bungle Bungle Range, wie Bienenkörbe aneinandergereihte, durch Erosion abgeschliffene Felshügel.
HIGHLIGHTS: Die 200 bis 300 m hohen Felsformationen haben durch Silikate bewirkte schwarz-orangefarbene Streifenmuster im Gestein.
TIPPS: Wanderungen zu Felsschluchten (Echidna Chasm, Cathedral Gorge) belohnen mit großartigen Eindrücken.
PRAKTISCHE INFORMATIONEN: Per Flugzeug nach Kununurra (250 km) oder zum Park. Mit dem Auto auf dem Great Northern Highway bis zur Abzweigung Spring Creek Track (nur mit Allradantrieb befahrbar). Nachtquartier bieten nur zwei Campingplätze. Keine Einkaufsmöglichkeit vor Ort, Park in der Regenzeit (Dezember bis April) wegen Unpassierbarkeit geschlossen.

QUTTINIRPAAQ NP

Pangnirtung, Nunavut X0A 0R0 /
Kanada, www.pc.gc.ca/
pn-np/nu/quttinirpaaq/index.aspx

Der mit 37 775 km² Fläche zweitgrößte (nach dem Wood Buffalo) und nördlichste Nationalpark Kanadas wurde zunächst im Jahr 1988 als Ellesmere Island National Park Reserve eingerichtet. Seit 1999 trägt er den Namen Quttinirpaaq (Inuktitut: »Gipfel der Welt«).
HIGHLIGHTS: Höchster Gipfel des von einer 1000 m dicken Eiskappe bedeckten Parks ist der 2616 m hohe Barbeau Peak, einer der größten und tiefsten Seen rund um den Pol ist der Lake Hazen, an dem die Temperaturen im Sommer bis auf 23°C ansteigen können.
TIPPS: Mitte Juni bis Mitte August ist die beste Zeit für Wanderer (Absetzpunkte am Tanquary Fiord und am Lake Hazen).
PRAKTISCHE INFORMATIONEN: Anreise in den sich über die Nordspitze von Ellesmere Island erstreckenden Nationalpark per Flugzeug von Ottawa, Montreal, Yellowknife und Edmonton nach Iqaluit, der Hauptstadt von Nunavut, und von dort weiter nach Resolute Bay, dem letzten per Linienflug erreichbaren Flughafen dieser Reise. Von dort in den knapp 800 km weiter nordöstlich gelegenen Park geht es dann nur noch per Charterflug – zehnsitzige Twin Otters bringen den (zahlungskräftigen) Gast nach Tanquary Fiord. Im Park gibt es kein Visitor Centre und keine Campingplätze. Unterkunft in Resolute Bay: The Qausuittuq Inn, www.resolutebay.com

RAJA-AMPAT-ARCHIPEL

RARCC Conservation Centre
PO Box 187, Sorong 98413, Papua /
Indonesien www.stichting-rarcc.org

Nordwestlich von Neuguinea umfasst Raja Ampat rund 1500 Inseln und eine ca. 46 000 km² große Land- und Wasserfläche im Indopazifik. Der indonesische Archipel weist die vermutlich höchste Biodiversität eines Meeresgebiets auf: Bislang wurden hier allein mehr als 1500 Fisch- und 530 Korallenarten gezählt.
HIGHLIGHTS: Der Archipel ist berühmt für den einmaligen Artenreichtum seiner Korallengärten. Eines von vielen eindrucksvollen Tauchrevieren ist das Saumriff Cape Kri an der Insel Kri.
TIPPS: Die Inseln sind teils mit unberührtem Regenwald bewachsen, auf Waigeo schützen zwei Reservate über 2500 km² Primärwald. Bei geführten Touren kann man u. a. Rote Paradiesvögel erspähen.
PRAKTISCHE INFORMATIONEN: Von Sorong mit der Fähre oder per Flugzeug nach Waisai, ab dort mit lokalen Booten zum gewünschten Ziel. Unterkunft: Kri Eco Resort, Kri, www.papua-diving.com.

(ISLA) RASA

SEMARNAT, Periférico 5000
Col. Insurgentes Cuicuilco
Delegación Coyoacán,
C.P. 04530, México, D.F / Mexiko
www.inecc.gob.mx

Rasa ist eine kleine (0,6 km²) und unbewohnte Insel im Golf von Kalifornien. Sie ist Teil des Parque Nacional Marino Archipiélago de San Lorenzo und liegt zwischen den Inseln Angel de la Guarda und Lorenzo.
HIGHLIGHTS: Auf Rasa leben der Seitenfleckleguan, der Chuckwalla und ein Gecko. Bekannt ist die Insel aber für ihre Vogelkolonie. Die Heermannmöwe hat hier ihre größte Brutkolonie. Die Schmuckseeschwalbe brütet nahezu ausschließlich auf Rasa. Insgesamt brüten hier eine halbe Million Vögel.
TIPPS: Wer Guano bisher nur aus dem Gartencenter kennt, kann hier studieren, wie er im hiesigen trockenen Klima als natürliche Ablagerung landschaftsbildend hervortritt.
PRAKTISCHE INFORMATIONEN: Von Bahia de Los Angeles mit dem Boot (60 km). Lindblad Expeditions/National Geographic fährt Rasa auf Kreuzfahrten an (www.expeditions.com).

RAS MOHAMMED MARINE PROTECTED AREA

Egyptian Ministry of Environment
30 Misr Helwan El-Zyrae Road
11728 Maadi, Kairo / Ägypten
www.eeaa.gov.eg

Der insgesamt 480 km² große Nationalpark wurde 1983 gegründet. Er schützt im äußersten Süden der Sinai-Halbinsel 135 km² Landfläche an der Landspitze Ras Mohammed und auf den Inseln Tiran und Sanafir sowie ein 345 km² großes Meeresareal.
HIGHLIGHTS: An den steilen, bis zu 800 m hohen Riffwänden von Shark Reef und Jolanda Reef finden sich besonders zahlreiche Korallen- und Fischarten, u. a. Muränen, Fahnen- und Zackenbarsche, Papageifische, Blaupunkt- und Adlerrochen, Barrakuda-, Makrelen- und Fledermausfischschwärme, Drücker- und Skorpionsfische sowie Meeresschildkröten und in der Nähe Prachtanemonen und Rotmeeranemonenfische.
TIPPS: Auf der Halbinsel wachsen rund 80 Pflanzenarten. Eine Besonderheit bietet der Nationalpark im Südwesten des Gebiets. Dort wachsen entlang des Mangrove Channel Mangroven – das 1 ha große Areal ist eines der nördlichsten Verbreitungsgebiete der tropischen Pflanzen.
PRAKTISCHE INFORMATIONEN: Die Anreise erfolgt per Boot, organisiert über Veranstalter im nahen, touristisch voll erschlossenen Sharm El-Sheik. Unterkunft: Hotels in Sharm El-Sheik.

REDWOOD NP

1111 Second Street
Crescent City, California 95531 / USA
www.nps.gov/redw/index.htm

Jahrhundertelang lebten mehrere Indianerstämme auf dem Gebiet des Redwood Parks, rund 500 km nördlich von San Francisco. Als Mitte des 19. Jahrhunderts der große Goldrausch in Kalifornien ausbrach, vertrieb oder tötete man sie. Heute leben nur noch wenige indigene Bevölkerungsgruppen in dem 456 km² großen Gebiet, das im Jahr 1968 zum Nationalpark und 1980 zum Welterbe der UNESCO erklärt wurde.

HIGHLIGHTS: Der mit 115 m Höhe größte bekannte Küstenmammut-Baum, der in der Nähe des Redwood Creek wächst, heißt Hyperion. Rund um ihn und seine imposanten Artgenossen leben die Große Braune Fledermaus, Füchse, Schwarzbären und Rotluchse. An der Küste lassen sich Braunpelikane, Weißkopfseeadler und der kleine Marmelalk beobachten.

TIPPS: Als spektakulärste Straße gilt der 14 km lange Newton B. Drury Scenic Parkway durch Mammutwälder. Vom Crescent Beach Overlook aus sind migrierende Wale zu sehen, von der Davison Road aus Wapitis.

PRAKTISCHE INFORMATIONEN: Anreise mit dem Auto über den Highway 101 durch Crescent City. Der Park ist ganzjährig geöffnet, verfügt über einige Campingplätze und fünf Visitor Centers. Unterkunft: Carter House Inns, Tel. (707) 444-8062, www.carterhouse.com

RETEZAT NP

Administratia Parcului National Retezat (APNR) loc. Nucsoara, nr. 284, com. 337423 Salasu de Sus, jud. Hunedoara / Rumänien www.retezat.ro

Der 1935 gegründete Nationalpark umfasst 381 km² im Westen des Retezat-Gebirges in den Südkarpaten. Die rund 18 km² große strenge Schutzzone Gemenele ist nur mit Erlaubnis der Parkverwaltung zugänglich.

HIGHLIGHTS: Eine 55 km lange, viertägige Wanderung durch das Kerngebiet führt von der Pietrele-Hütte über den Bucura-See und den mit 2509 m höchsten Gipfel Peleaga in das Kleine Rezetat-Gebirge und über den Paltina-Sattel nach Campu lui Neag.

TIPPS: Am Bucura-See, Rumäniens größtem Gletschersee (2040 m), kann man zelten und Wanderungen unternehmen.

PRAKTISCHE INFORMATIONEN: Die Anfahrt mit dem Auto erfolgt über DN66A, DJ685, DJ686 oder DJ667A. Unterkunft: Complexul Turistic Cheile Butii, Campul lui Neag, www.cheile-butii.ro

RÍO ABISEO NP

Servicio National de Areas Naturales Protegidas por el Estado (SERNANP), Calle 17 No 355, San Isidro, 15036 Lima / Peru www.sernanp.gob.pe

Der 2745 km² große Park (seit 1990 Weltnatur- und seit 1992 Weltkulturerbe) liegt im Norden von Peru östlich des Andenhauptkamms. Zwischen 350 und 4200 Höhenmeter gibt es sieben Klimazonen, ein großes Gebiet besteht aus Bergnebelwald.

HIGHLIGHTS: Hier leben viele vom Aussterben bedrohte Tiere wie Andenhirsch, Brillenbär, Gelbschwanz-Wollaffe oder Pelzgürteltier. Es gibt 36 präkolumbische Stätten, die archäologisch bedeutendste ist Gran Pajatén.

TIPPS: Von der Hafenstadt Trujillo gelangt man mit Geländewagen über den Andenhauptkamm bis nach Pataz (2600 m), von dort zu Fuß bis zur Ruinenstadt Gran Pajatén (5-Tage-Reise). Nur für gut trainierte Abenteuerreisende!

PRAKTISCHE INFORMATIONEN: Der Nationalpark ist für den Tourismus geschlossen, Besuche sind nur mit Erlaubnis des Nationalen Dienstes für Naturschutzgebiete (SERNANP) möglich. Anfragen bei www.sernanp.gob.de

RUWENZORI NP

Uganda Wildlife Authority (UWA) Plot 7 Kira Road, Kamwokya, PO Box 3530 Kampala / Uganda www.ugandawildlife.org

Der 1991 gegründete Nationalpark liegt im Westen Ugandas an der Grenze zur Demokratischen Republik Kongo und dem benachbarten Virunga-Nationalpark. Das 996 km² große Schutzgebiet gehört zum UNESCO-Welterbe und erstreckt sich bis auf 5109 m Höhe im Ruwenzori-Gebirge.

HIGHLIGHTS: Mehrtägige Wanderungen auf dem Kilembe Trail von Kilembe außerhalb des Parks bzw. auf dem Central Circuit von Ruboni im Park führen durch den Regen- und Bambuswald hinauf in die Heidezone mit den berühmten Riesenlobelien und in die alpine Zone über 4000 m, in der immer noch Strohblumen und andere Pflanzen wachsen.

TIPPS: Von den Camps im Park führen mehrstündige Wanderungen durch den Regenwald, an Flüssen entlang, zu Seen und Bakonzo-Siedlungen. Führer kann man vor Ort oder am Rwankingi Park Headquarter nahe dem Ruboni Community Rest Camp engagieren.

PRAKTISCHE INFORMATIONEN: Die Anreise erfolgt per Auto auf der A9 nach Fort Portal oder Kasese oder per Kleinflugzeug nach Kasese. Der Transport im Park und die Treks können über die UWA oder spezialisierte Reiseveranstalter gebucht werden. Unterkunft: GeoLodges Equator Snow, Ruwenzori Turaco View Camp, Ruboni Community Rest Camp und Berghütten, buchbar über die UWA, www.ugandawildlife.org

SAGARMATHA NP

56000 Namche Bazar Solukhumbu / Nepal www.sagarmathanationalpark.gov.np

Der 1148 km² große Nationalpark ist nach dem auf seinem Gebiet befindlichen höchsten Berg der Welt benannt, dem Mount Everest (8848 m) – auf Nepali Sagarmatha (Himmelskopf). Der Nationalpark wurde 1976 gegründet, seit 1979 ist er Weltnaturerbe.

HIGHLIGHTS: Für geübte Höhenbergsteiger bietet sich eine Trekkingtour bis zum Basislager (Mount Everest) auf knapp 5400 Höhenmeter an. Hierbei lässt sich auch die vielfältige Flora und Fauna erkunden.

TIPPS: Wer nicht so hoch hinaufwill, kann auf einer Wanderung im tiefer gelegenen bewaldeten Teil des Parks auch Pandabären und Moschushirsche beobachten.

PRAKTISCHE INFORMATIONEN: Anreise mit dem Flugzeug nach Lukla, von dort per Trekkingtour weiter zum Nationalpark. Unterkunft: Hotel Everest View, Buchung: www.hoteleverestview.com

SAGUARO NP

3693 South Old Spanish Trail Tucson, Arizona 85730-5601 / USA www.nps.gov/sagu/index.htm

Der riesige Saguaro-Kaktus scheint bei längerem Hinsehen sanft zu tanzen, doch sobald der Beobachter blinzelt, stehen alle Kakteen sofort wieder so still, wie es zu erwarten ist in der sengenden Wüstensonne Arizonas. Eine typische Fata Morgana. Dem besonderen

Schutz vor allem dieser größten Kakteenart der USA dient der gleichnamige, 370 km² große Nationalpark um die Stadt Tucson.
HIGHLIGHTS: Von Mai bis Juni blühen die Saguaros, auch Kandelaber-Kakteen genannt. Weil die großen hellen Blütenkelche sich über Nacht öffnen, ist ein Besuch zum Sonnenaufgang besonders reizvoll. Mit Glück sind dann neben Insekten und Singvögeln auch Kolibris oder die Blütenfledermaus als Bestäuber zu beobachten. Von den vielen Hasen und Kaninchen im Park leben Kojoten, aber auch Pumas.
TIPPS: Fünf Trails ziehen sich durch den Park, der schwierigste führt binnen 22 km von rund 900 auf 2430 Höhenmeter.
PRAKTISCHE INFORMATIONEN:
Anreise: Mit dem Auto von Tucson über den Old Spanish Trail oder über Kinney Road. Der Park ist ganzjährig geöffnet und hat ein Visitor Center sowohl im Ost- als auch im Westteil. Unterkunft: Canyon Ranch in Tucson, Tel. (520) 749-9000, www.canyonranch.com

SALONGA NP

Ministère de l'Environnement et Développement Durable
15 Av. Papa Iléo, ex-Av. des Cliniques
B.P. 12.348 Kinshasa / Gombe / Demokratische Republik Kongo
www.whc.unesco.org/en/list/280

Das Schutzgebiet im zentralen Kongobecken gehört zum UNESCO-Welterbe und ist mit 36500 km² Fläche der größte Tropenwald-Nationalpark in Afrika. Der Salonga-Nationalpark umfasst ein Drittel des Salonga-Lukenie-Sankuru-Waldes. Er besteht aus einem über 17 000 km² großen Nordteil und einem über 19 000 km² großen Südteil.
HIGHLIGHTS: Der Salonga-Nationalpark ist das größte Schutzgebiet für Bonobos, die in der Demokratischen Republik Kongo endemisch sind. Im Park leben geschätzte 15000 Bonobos, 40 % des Gesamtweltbestandes.
TIPPS: Der Nordteil des Parks ist etwas leichter zugänglich, u. a. fließt dort der schiffbare Fluss Salonga bis tief in zentrale Regionen hinein.
PRAKTISCHE INFORMATIONEN: Der Nationalpark ist nur per Boot oder Flugzeug erreichbar. Unterkunft in Dörfern am Rand des Parks.

SAMBURU NR

Samburu County Council
PO Box 3, 20600 Maralal / Kenia
www.samburucouncil.com

Das 165 km² große Reservat liegt im Samburu County in der trockenen Savanne Nordkenias und wurde 1948 gegründet. Es grenzt an das Nationalreservat Buffalo Springs, die Grenze bildet der Fluss Ewaso Nyiro.
HIGHLIGHTS: In der Trockenzeit konzentriert sich das Wild entlang des Flusses Ewaso Nyiro, der von Galeriewäldern und Palmen gesäumt wird. Neben Elefanten sieht man u. a. Flusspferde, Krokodile, Zebras und Kudus. Im Reservat leben relativ viele Geparden und Leoparden.
TIPPS: Einige Lodges im und am Reservat organisieren Wanderungen im Schutzgebiet, die von einheimischen Samburu geführt werden.
PRAKTISCHE INFORMATIONEN: Die Anreise erfolgt per Auto auf der A2 Nairobi – Marsabit. Unterkunft: Larsen's Camp im Park, www.wildernesslodges.co.ke.

SAN CIPRIANO NR

Ministerio de Ambiente y Desarrollo Sostenible, Carrera 13 # 37-38
Bogotá D.C. / Kolumbien
www.minambiente.gov.co

Das kleine Naturreservat liegt in der Nähe der Pazifikküste im Westen Kolumbiens bei der Hafenstadt Buenaventura. Es besteht überwiegend aus Regenwald und weist großen Artenreichtum auf.
HIGHLIGHTS: Eine ungewöhnliche Art der Fortbewegung bietet zwischen Córdoba und San Cipriano eine selbstgebaute, mit Motorrad betriebene Draisine (Moto-Bruja), die auf einer stillgelegten Bahnstrecke durch den Dschungel fährt.
TIPPS: Von San Cipriano aus kann man auf dem Sendero del Amor durch den Regenwald wandern. Dabei kommt man an Wasserfällen vorbei, wo sich auch baden lässt. Unterwegs beobachtet man diverse Reptilienarten, auch Tukane, Brüll- und Klammeraffen sind mit von der Partie.
PRAKTISCHE INFORMATIONEN: Von Buenaventura mit dem Bus Richtung Calí, in Córdoba aussteigen, dann 20 Minuten Fahrt mit der Draisine nach San Cipriano. Unterkunft: Hotel Río Bello

SANTA CATALINA

SEMARNAT, Periférico 5000
Col. Insurgentes Cuicuilco
Delegación Coyoacán,
C.P. 04530, México, D.F / Mexiko
www.inecc.gob.mx

Santa Catalina ist eine knapp 40 km² große Insel im südlichen Golf von Kalifornien vor der Ostküste Niederkaliforniens. Die felsige, unbewohnte Insel wurde 2005 im Rahmen der 244 Inseln umfassenden Stätte »Inseln und Schutzgebiete des Golfes von Kalifornien« als UNESCO-Weltnaturerbe aufgenommen.
HIGHLIGHTS: Durch das aride Klima ist die Vegetation karg, vorherrschend sind Kakteen und andere trockenresistente Pflanzen. Auf der Insel existieren einige endemische Tierarten, ein Leguan, Echsenarten sowie die Santa-Catalina-Klapperschlange. Diese Spezies klappert allerdings nicht, da sie auf der Insel keine Feinde hat.
TIPPS: Die pittoresk säulenförmig wachsenden Pachycereus-Kakteen blühen im März und April. Am Südende der Insel, um den Elephant Rock herum, befindet sich ein interessantes Revier für Sporttaucher, die hier eine reiche Fischfauna beobachten können.
PRAKTISCHE INFORMATIONEN:
Die Insel ist nur im Rahmen von Privatexpeditionen zugänglich. Gelegentlich wird sie von Kreuzfahrtschiffen angelaufen, z. B. von Lindblad Expeditions. www.expeditions.com

SAREK NP

Länsstyrelsen Norrbotten
Stationsgatan 5, 971 86 Luleå / Schweden
www.lansstyrelsen.se

Der 1970 km² große Park schützt seit 1909 eine Gebirgsregion, die traditionell von den Samen zur Rentierhaltung genutzt wird. Er gehört zum UNESCO-Welterbe Laponia.
HIGHLIGHTS: Der Sarek-Nationalpark ist weder durch markierte Wege noch durch Hütten erschlossen. Touren zum schönen Rapadalen, dem Flusstal des Rapaälven, beginnen u. a. an der Berghütte Aktse am Fernwanderweg Kungsleden.
TIPPS: An der Ortschaft Kvikkjokk am Kungsleden und Padjelantaleden beginnen auch Tagestouren in den Sarek. Dort hält die STF-Kvikkjokk-Fjällstation Unterkünfte, einen Laden und ein Restaurant bereit.

PRAKTISCHE INFORMATIONEN: Die Anreise erfolgt per Zug bzw. Flugzeug bis Gällivare, Jokkmokk oder Murjek, ab dort weiter per Bus, Boot, Taxi oder Hubschrauber. Unterkunft: Gällivare Camping, www.gellivarecamping.com

SCHWEIZERISCHER NP

Nationalparkhaus Chastè Planta-Wildenberg, 7530 Zernez / Schweiz
www.nationalpark.ch

Der 170 km² große Nationalpark im Kanton Graubünden wurde 1914 gegründet und 1979 zum UNESCO-Biosphärenreservat erklärt. Er liegt 1400 und 3174 m hoch.

HIGHLIGHTS
Gämsen, Murmeltiere und sogar Bartgeier sieht man auf dem Naturlehrpfad Margunet. Die 2,5-stündige Wanderung führt vom Parkplatz P8 (1890 m) über den Margunet (2328 m) zum Parkplatz P7 (1878 m).

TIPPS: Besonders beeindruckend sind während der Hirschbrunft im September/Oktober die Wanderungen zur Hirscharena in der Val Trupchun, die das Besucherzentrum in Zernez, Via d'Urtatsch 2, organisiert.

PRAKTISCHE INFORMATIONEN: Die Anreise mit dem Auto erfolgt in der Schweiz über die R27 zur R28, über Italien über die SS41 zur R28. Der Park ist von November bis Mai geschlossen. Unterkunft: Hotel Parc Naziunal, Il Fuorn, 7530 Zernez, www.ilfuorn.ch

SEQUOIA NP

47050 Generals Highway
Three Rivers, California 93271-9700 / USA www.nps.gov/seki/index.htm

Südlich an den Kings-Canyon-Nationalpark schließt der Sequoia-Nationalpark an. Er wurde im Jahr 1890 eingerichtet, um den Bestand an Mammutbäumen und anderen riesigen Baumarten zu schützen. Das rund 320 km südöstlich von San Francisco gelegene Gebiet hat eine Fläche von immerhin 1635 km². Im Jahr 1943 wurden die beiden Naturschutzgebiete Sequoia und Kings Canyon zu einem Nationalpark vereint.

HIGHLIGHTS: Hauptattraktion des 3500 km² großen Parks sind die Bestände der Sequoias (Mammutbäume). Sie werden mit 80 m fast so hoch wie die Redwoods in Nordkalifornien und erreichen einen Stammdurchmesser von bis zu 11 m. Bedeutende Exemplare sind der General Sherman Tree und die Bäume des Giant Forest, in dem man alle Wachstumsphasen der Baumriesen studieren kann. General Sherman steht womöglich erst in der Mitte seiner Jahre, Forscher schätzen das etwaige Alter der Bäume auf 4000 Jahre.

TIPPS: Die hochalpinen Landschaften der Sierra Nevada lassen sich auf dem High Sierra oder dem John Muir Trail erwandern.

PRAKTISCHE INFORMATIONEN: Anreise über den Highway 180 durch Three Rivers (Sequoia); Shuttlebus von Visalia. Der Park ist ganzjährig geöffnet und verfügt über mehrere Campingplätze. Unterkunft: Montecito Sequoia Lodge, Tel. (559) 565-3341, www.montecitosequoia.com

SERENGETI NP

Serengeti National Park, POBox 3134
23100 Arusha / Tansania
www.tanzaniaparks.com

Der 14763 km² große Nationalpark gehört zum UNESCO-Welterbe. Er liegt im Norden Tansanias an der Grenze zu Kenia und geht dort in das Masai-Mara-Wildreservat über. Im Osten und Süden grenzt er an die Schutzgebiete Ngorongoro und Maswa.

HIGHLIGHTS: Im Serengeti-Nationalpark gibt es die größten Weidetierherden der Welt, darunter mehr als eine Million Gnus und rund 200000 Zebras sowie verschiedenste Arten von Antilopen. Hinzu kommen Löwen, Schakale, Hyänen, Leoparden, Geparden sowie über 500 Vogelarten.

TIPPS: Die spektakuläre Wanderung der Gnus erreicht ihren Höhepunkt im Mai und Juni, man sollte sich jedoch einige Tage Zeit nehmen, da die Routen nie genau vorhersagbar sind.

PRAKTISCHE INFORMATIONEN: Die Anreise erfolgt per Auto auf der B144: Serengeti Serena Safari Lodge im Park, www.serenahotels.com.

SERRA DOS ÓRGÃOS NP

Parque Nacional da Serra dos Órgãos, Av. Rotarianan,
25.960-602 Teresópolis RJ / Brasilien
www.icmbio.gov.br/parnaserradosorgaos

Das Parkgebiet mit einer Fläche von 118 km² liegt etwa 60 km nördlich von Rio de Janeiro. Das felsige Gebirge steigt bis auf eine Meereshöhe von knapp 2300 m an. Seine durch Erosion freigelegten Felsspitzen sehen aus der Ferne wie Orgelpfeifen aus – daher der Name.

HIGHLIGHTS: In den Bäumen des bergigen Parks fühlt sich der Südliche Spinnenaffe wohl, der zu den bedrohten Tierarten zählt. Daneben gibt es weitere Primatenarten und viele Papageien.

TIPPS: Der Park ist ein Paradies für Kletterer und Wanderer. Es gibt im Parkgebiet viele ausgewiesene Wanderwege, z. B. die rund 30 km lange Travessia von Petrópolis nach Teresópolis (vorher Genehmigung bei der Parkverwaltung einholen).

PRAKTISCHE INFORMATIONEN: Anreise von Rio de Janeiro mit dem Auto nach Teresópolis. Unterkunft: Vila Juliano, www.vilajuliano.com/teresopolis/

SHARK BAY MARINE PARK

Department of Parks and Wildlife
17 Dick Perry Avenue, Technology Park, Western Precinct, Kensington, Western Australia 6151 / Australien
www.parks.dpaw.wa.gov.au

Der Shark Bay Marine Park liegt an der Westküste des Kontinents. Seit 1991 ist das rund 4000 km² große Gebiet mit seinen Buchten und (Halb-)Inseln UNESCO-Weltnaturerbe.

HIGHLIGHTS: Die Meeresfauna ist außerordentlich reich – neben Walen können hier u. a. Dugongs, Meeresschildkröten und Rochen beobachtet werden. In der Hamelin Pool Marine Nature Reserve wachsen die seltenen Stromatolithen, die zu den erdgeschichtlich ältesten Organismen gehören.

TIPPS: Der Strand von Monkey Mia ist bekannt für seine Delfine, die sich streicheln und füttern lassen. Einen Besuch lohnt auch das Shark Bay Ocean Park Aquarium.

PRAKTISCHE INFORMATIONEN: Die einzige Ortschaft Denham ist von Perth (800 km) aus per Flugzeug oder über den Indian Ocean Drive erreichbar und bietet die nötige Infrastruktur (www.westernaustralia.com).

SHIRETOKO HALBINSEL

Ministry of the Environment
Godochosha No. 5, Kasumigaseki 1-2-2, Chiyoda-ku, Tokio 100-8975 / Japan
www.env.go.jp

Die Halbinsel Shiretoko liegt an der Nordostspitze der japanischen Insel Hokkaido. Die 711 km² große Landfläche von der Mitte bis zum Kap sowie ein 3 km breiter Küstengewässerstreifen im Ochotskischen Meer gehören zum UNESCO-Welterbe, das mehrere Naturschutzgebiete umfasst.
HIGHLIGHTS: Land und Gewässer sind bedeutende Habitate für Vögel, Seelöwen, Wale, Lachsfische, Sikahirsche und Bären.
TIPPS: Die vulkanische Aktivität des Gebiets äußert sich u. a. in heißen Quellen (Onsen), die für ein Bad genutzt werden können. Beliebt ist z. B. der Iwaobetsu-Onsen auf dem Weg zum Rauu-dake (1660 m).
PRAKTISCHE INFORMATIONEN: Die Anreise erfolgt per Auto auf der Straße 334 bzw. 335 sowie per Boot an der Küste. Unterkunft: Campingplatz Rausu Onsen nahe dem Besucherzentrum Rausu.

SICHUAN SCHUTZGEBIETE FÜR GROSSE PANDAS

Sichuan Provincial People's Government Bureau of Forestry, No.15 Section Renmin Rd. 610000 Chengdu / Volksrepublik China www.sc.gov.cn

Im Südwesten der chinesischen Provinz Sichuan schützen sieben Reservate und neun Landschaftsparks im Qionglai-Gebirge und Jiajin-Gebirgszug den Lebensraum des stark gefährdeten Großen Panda. Rund 30 % seines Bestands leben dort auf insgesamt 9245 km² – aber auch andere gefährdete Tierarten wie Kleine Pandas, Takine, Mönchsgeier, Seraue, Nebelparder, Schneeleoparden.
HIGHLIGHTS: Bei Wolong schützt das rund 2000 km² große Wolong-Naturreservat artenreichen Bergwald, in dem rund 10 % des weltweiten Gesamtbestands der Großen Pandas in freier Wildbahn leben.
TIPPS: Bei Touren sind Große Pandas kaum zu erspähen. Garantiert sehen kann man sie in der Zucht- und Forschungsstation in Chengdu und im Schutz- und Forschungszentrum Bifengxia in Ya'an.
PRAKTISCHE INFORMATIONEN: Die Anreise erfolgt von den Busbahnhöfen in Chengdu aus mit Bussen in die Schutzgebiete, die Pandastation in Chengdu erreicht man mit Stadtbussen. Unterkunft: Buddha Zen Hotel, Chengdu, www.buddhazen-hotel.com

SIERRA DE GREDOS

Casa del Parque El Risquillo, Paraje El Risquillo s/n. 05417 / Spanien
www.patrimonionatural.org

Die Sierra de Gredos ist eine Bergkette im Kastilischen Scheidegebirge in Kastilien und León. Sie gehört größtenteils zum 864 km² großen Regionalpark Sierra de Gredos.
HIGHLIGHTS: Oberhalb von Hoyos del Espino beginnt beim Parkplatz (Plataforma, 1780 m) eine insgesamt sechsstündige Wanderung zum Bergsee Laguna Grande unterhalb des höchsten Gipfels Almanzor (2592 m).
TIPPS: Von Cuevas del Valle (842 m) an der N502 führt eine hervorragend erhaltene Römerstraße aus dem 2. Jahrhundert v. Chr. zum Puerto del Pico (1391 m). Bergauf dauert die Tour rund 2,5 Stunden.
PRAKTISCHE INFORMATIONEN: Der Regionalpark ist frei zugänglich, die Anreise mit dem Auto erfolgt über N110 und N502. Unterkunft: Parador de Gredos, Navarredonda de Gredos, www.paradores.de.

SIMIEN NP

Simien Mountains National Park Office
PO Box 13, Debark, Gondar / Äthiopien
www.simienpark.org

Der 1959 gegründete Nationalpark liegt im Norden Äthiopiens und gehört zum UNESCO-Welterbe. Das 996 km² große Schutzgebiet erstreckt sich im Hochland von Abessinien zwischen 1900 und 4533 Höhenmetern, die am Gipfel des Ras Daschän erreicht werden. Es bietet Lebensraum für endemische, stark gefährdete Tierarten, allen voran Äthiopischer Steinbock, Äthiopischer Wolf und Blutbrustpavian.
HIGHLIGHTS: In Begleitung von Parkführern kann man im Park mehrtägige Wanderungen unternehmen, teilweise auch mit Lasttieren. Für einen Trek mit Besteigung des Ras Daschän muss man ca. neun bis zehn Tage rechnen.
TIPPS: Landschaftlich reizvoll ist das Gebiet rund um Gich Camp, das vom Camp aus in Tagestouren erkundet werden kann.
PRAKTISCHE INFORMATIONEN: Die Anreise erfolgt per Auto auf der A30 nach Debark, dort erhält man bei der Nationalparkverwaltung die erforderliche Genehmigung. Am Parkeingang bei Buyit Rast sind keine Genehmigungen erhältlich. Wanderungen im Park sind nur in Begleitung von offiziellen Führern erlaubt, die ebenfalls im Büro des Nationalparks engagiert werden können. Unterkunft: Simen Park Hotel, Debark, www.simenparkhotel.com

SIMPSON DESERT NP

Queensland Government, Department of National Parks, 60 Mount Nebo Road The Gap Qld 4061 / Australien
www.nprsr.qld.gov.au

Der größte Nationalpark Queenslands (offiziell Munga-Thirri National Park) erstreckt sich über einen rund 10 000 km² großen Teil der Simpsonwüste. Er liegt im Westen des Bundesstaates an den Grenzen zu Northern Territory und South Australia.
HIGHLIGHTS: Wer es heiß mag, kommt hier auf seine Kosten: Im Sommer sind Temperaturen bis über 50 °C keine Seltenheit! Zu erleben ist eine fantastische Wüstenlandschaft mit hohen, rötlichen Sanddünen und Spinifex-Gräsern.
TIPPS: Exkursionen erfordern große Erfahrung. Nur mit geeignetem Auto, keinesfalls zu Fuß! Ein Besucherpfad führt von Birdsville bis Poeppel Corner. Die Wüste im angrenzenden South Australia ist aus Sicherheitsgründen im Sommer gesperrt.
PRAKTISCHE INFORMATIONEN: Nächstgelegene Ortschaft ist Birdsville (1600 km westlich von Brisbane), dort Flugplatz und Hotel (Birdsville Hotel).

SINHARAJA

Forest Department
No. 82, Sampathpaya, Rajamalwatta Road, Battaramulla / Sri Lanka
www.forestdept.gov.lk

Die 112 km² große Sinharaja Forest Reserve im Südwesten Sri Lankas wurde zum Schutz des ursprünglichen tropischen Regenwalds eingerichtet und gehört zum UNESCO-Welterbe. Das Gebiet weist u. a. 192 endemische Gehölze sowie alle 33 endemischen Vogelarten der Insel auf.
HIGHLIGHTS: Hier begegnet man der artenreichen Fauna und Flora des Regenwalds, darunter fleischfressende Kannenpflanzen, Leoparden, Weißbartlanguren, ferner vielen ende-

mischen Säugetieren, Vögeln, Reptilien, Schmetterlingen.
TIPPS: Durch den Wald führen verschiedene Routen: der 9 km lange Wathurawa-Mulawella Trail vom Kudawa Conservation Centre bei Weddagala durch den Regenwald und auf den 758 m hohen Mulawella Peak. Unterwegs sieht man viele Vögel und Schmetterlinge und einen über 500 Jahre alten Nawanda-Baum
PRAKTISCHE INFORMATIONEN: Die Anreise erfolgt von den Touristenzentren im Süden aus per Auto über A17, B363 und B181. Unterkunft: Rainforest Edge, Weddagala, www.rainforestedge.com.

SNOWDONIA NP

National Park Office, Penrhyndeudraeth Gwynedd LL48 6LF / Großbritannien (Wales) www.eryri-npa.gov.uk
Der 2170 km² große Nationalpark (walisisch: Parc Cenedlaethol Eryri) ist zu 70% in Privatbesitz und wird von rund 26 000 Menschen bewohnt.
HIGHLIGHTS: Der 1085 m hohe Yr Wyddfa (Snowdon) ist der höchste Berg in Wales und England, vom Gipfel reicht bei klarem Wetter der Blick bis nach Irland. Ein Aufstieg ist der 6 km lange Rhyd Ddu Path. Er beginnt am Rhyd-Ddu-Parkplatz bei der A4085.
TIPPS: Archäologische Funde zeugen von der 6000-jährigen Siedlungsgeschichte der Region. Eine 6 km lange Rundwanderung führt abseits der A496 von der Straße zur Cors y Gedol Hall und zur eisenzeitlichen Felsenburg Craig Y Ddinas.
PRAKTISCHE INFORMATIONEN: Hauptverkehrswege im Nationalpark sind die A5, A470 und A494. Unterkunft: Tanronnen Inn, www.tanronnen.co.uk.

SOBERANIA NP

Ministerio de Ambiente Panamá Calle Broberg, Panamá C-0843-00793 / Panama www.anam.gob.pa
Der 221 km² große Park liegt in der Mitte Panamas, etwa 25 km von Panama-Stadt entfernt, an der östlichen Seite des Panamakanals. Der Park ist von tropischem Regenwald bedeckt und weist große Artenvielfalt auf.
HIGHLIGHTS: Bei Vogelkundlern ist der Park beliebt, weil man hier eine Vielzahl von tropischen Vogelarten beobachten kann (über 400). An den Flussläufen des Parks lebt das größte Nagetier der Welt, das Cabybara oder Wasserschwein.
TIPPS: Auf der sogenannten Pipeline Road, einem Wanderweg, erblickt man Speerreiher und Sonnenrallen. In Gamboa gibt es eine 1,2 km lange Baumwipfelseilbahn, um den Regenwald von oben zu erkunden.
PRAKTISCHE INFORMATIONEN: Anreise von Panama-Stadt per Auto nach Gamboa, dem Ausgangsort für Regenwaldtouren. Unterkunft: Gamboa Rainforest Resort, www.gamboaresort.com

SOKOTRA-ARCHIPEL

Socotra Governance & Biodiversity Project, UNDP (United Nations Development Programme) / Jemen www.socotraproject.org
Der Archipel von Sokotra (seit 2008 Weltnaturerbe) liegt am östlichen Ausgang des Golfs von Aden im Indischen Ozean etwa 200 km vom Horn von Afrika entfernt und 350 km südlich der Arabischen Halbinsel. Er besteht aus der Hauptinsel (3625 km²) und zwei kleineren Inseln, die etwas weiter westlich liegen. Es herrscht tropisches Wüstenklima.
HIGHLIGHTS: Wegen der geografischen Isolation der Inselgruppe gibt es auf Sokotra viele endemische Pflanzenarten, z. B. den Sokotra-Granatapfel, ein immergrüner Strauch, der bis zu 5 Meter hoch wird. Wahrzeichen der Insel ist der Drachenbaum, von dem es verschiedene Arten gibt.
TIPPS: Es empfiehlt sich, für die Insel eine Rundreise zu buchen, um alle interessanten Orte und Gegenden besichtigen zu können, www.oasereisen.de/tours/
Achtung: Es gibt aktuell eine Reisewarnung vom AA für den Jemen!
PRAKTISCHE INFORMATIONEN: Mit dem Flugzeug von Schardscha (Vereinigte Arabische Emirate) nach Hadibu, dem Hauptort der Insel, Unterkunft: Summerland Hotel, www.summerlandsocotra.com

SOUTH EAST FORESTS NP

Office of Environment and Heritage Sydney CBD, Level 14, 59-61 Goulburn Str. / Australien www.environment.nsw.gov.au
Das 1150 km² große Schutzgebiet liegt im Südosten des Bundesstaates New South Wales, westlich von Eden. Die hiesigen Wälder wurden lange Zeit stark abgeholzt
HIGHLIGHTS: Hochwüchsige alte Wälder – Eukalyptus-, Farn- und Hartlaubgewächse sowie in höheren Lagen Regenwald – machen den besonderen Reiz des Parks aus, in dem zahlreiche bedrohte Tierarten heimisch sind.
TIPPS: Ob zu Fuß, per Fahrrad oder auf dem Rücken von Pferden – die Möglichkeiten, den Park auf eigene Faust zu erkunden, sind vielfältig (z.B Goodenia Rainforest Walking Track). Genießern sei ein Barbecue auf dem Six Mile Creek Campground inmitten von Eukalyptuswald empfohlen.
PRAKTISCHE INFORMATIONEN: Von Sydney per Auto 500 km bis Bega. Im Park mehrere Campingplätze, Lodges (z.B. Creel Lodge) und Cottages (www.nationalparks.nsw.gov.au).

SPITZBERGEN NPS

Miljødirektoratet, Postboks 5672 Sluppen, 7485 Trondheim / Norwegen www.miljødirektoratet.no
Im Spitzbergen-Archipel erstrecken sich die Nationalparks Forlandet, Indre Wijdefjorden, Nordenskiöld, Nordre Isfjorden, Nordvest-Spitsbergen, Sassen-Bünsow-Land und Sør-Spitsbergen über ca. 14 500 km² Land- sowie knapp 20 000 km² Meeresfläche.
HIGHLIGHTS: Auf einer Kreuzschifffahrt lassen sich im Hornsund im Sør-Spitsbergen-Nationalpark am besten Eisbären sichten, www.spitsbergentravel.com.
TIPPS: Touren in Spitzbergens Wildnis bucht man bevorzugt über die Tourist Information in Longyearbyen, www.svalbard.net. Ein Erlebnis sind im Sommer Ski-Expeditionen zum Isfjorden im Nordre-Isfjorden-Nationalpark.
PRAKTISCHE INFORMATIONEN: Die Anreise von Oslo oder Tromsø per Flug-zeug oder Hurtigruten-Schiffen nach Longyearbyen. Unterkunft: Spitsbergen Hotel, Longyearbyen, www.scandichotels.com.

SRI LANKA ZENTRALES HOCHLAND

Forest Department No. 82, Sampathpaya, Rajamalwatta

Road Battaramulla / Sri Lanka
www.forestdept.gov.lk
In Sri Lankas zentralem Hochland gehören der Horton Plains National Park, die Peak Wilderness Protected Area und der Knuckles Conservation Forest als Biodiversitäts-Hotspots zum UNESCO-Welterbe.
HIGHLIGHTS: Im 32 km² großen Nationalpark Horton Plains führt der rund 10 km lange Loop Trail durch Grasland und Nebelwald. In der westlich angrenzenden, 224 km² großen Peak Wilderness Protected Area ist der 2243 m hohe Sri Padaya (Adam's Peak) ein Pilgerziel.
TIPPS: Im 313 km² großen Knuckles Conservation Forest wandert man durch eine artenreiche Flora mit tropischen Trocken-, Regen- und Nebelwäldern sowie Grasland mit bis zu 10 m hohen Gräsern.
PRAKTISCHE INFORMATIONEN: Die Anreise erfolgt per Auto über die B512, B339 und B274. Unterkunft: Heritance Tea Factory, Nuwara Eliya, www.heritancehotels.com.

SUBANTARKTISCHE INSELN

Department of Conservation
PO Box 10420, Wellington 6143 / Neuseeland www.doc.govt.nz
Die Inselgruppen Snares Islands/Tini Heke, Bounty Islands, Antipodes Islands, Auckland Islands/Motu Maha und Campbell Island/ Motu Ihupuku im Südlichen Ozean gehören zu dem 14 000 km² großen UNESCO-Welterbe Neuseelands subantarktische Inseln (NZ-SAI). Extrem abgeschieden gelegen, unterliegen ihre Ökosysteme nicht oder kaum fremden Einflüssen.
HIGHLIGHTS: Auf den Inseln nisten 126 verschiedene Vogelarten, allein auf Snares Island leben zwei Millionen Dunkle Sturmtaucher. Daneben findet sich hier 95% des Weltbestands des Neuseeländischen Seelöwen.
TIPPS: Eine Besonderheit sind die Megaherbs – mehrjährige Wildblumen, die als Anpassung an das raue Klima enorme Blätter sowie sehr große, häufig ungewöhnlich gefärbte Blüten ausgebildet haben.
PRAKTISCHE INFORMATIONEN: Die Anreise erfolgt per Boot von Kreuzfahrtschiffen von Spezialanbietern aus (z.B. www.heritage-expeditions.com), es werden nur wenige Besuchsgenehmigungen erteilt.

SÜDGEORGIEN / SÜDLICHE SANDWICHINSELN

Commissioner S. G. and S. S. I.
Government House, Stanley
Falkland Islands / Großbritannien
www.sgisland.org
Südgeorgien (3592 km²) und die Sandwichinseln (311 km²) liegen als unbewohnte Inseln extrem abseits im südlichen Atlantik. Sie sind britisches Überseeterritorium.
HIGHLIGHTS: Die Landschaft Südgeorgiens ist durch vergletschertes Hochgebirge geprägt. Die südlichen Sandwichinseln stellen einen Inselbogen mit jungen, aktiven Vulkanen dar.
TIPPS: Kolonien mit Zehntausenden Königspinguinen, See-Elefanten und Pelzrobben, nistende Albatrosse, im Hintergrund spektakuläre Hochgebirgslandschaften bieten einen unvergesslichen Anblick.
PRAKTISCHE INFORMATIONEN: Die Inseln sind nur mit Segeljachten oder auf Kreuzfahrtschiffen erreichbar. Südgeorgien wird im Rahmen von Kreuzfahrten zur Antarktischen Halbinsel angelaufen. Die Sandwichinseln stehen äußerst selten auf dem Reiseplan von Kreuzfahrtschiffen (z.B. www.oceanwide-expeditions.com).

ZENTRALSURINAM

Ministerie van Ruimtelijke ordening, Grond en Bosbeheer (RGB)
Cornelis Jongbawstraat # 10-12
Paramaribo / Surinam
www.goc.sr/ministerie-van-rgb.aspx
Das überwiegend mit Regenwald bestandene Schutzgebiet liegt im Zentrum von Surinam, es nimmt mit einer Fläche von 16 000 km² etwa 10 Prozent des Landes ein (seit 2000 UNESCO-Weltnaturerbe). Das Gelände ist teils flach, teils bergig mit bis zu 1230 m hohen Erhebungen.
HIGHLIGHTS: Im Regenwald des Naturschutzgebiets kann man seltene Tierarten wie das Riesengürteltier und das Faultier in freier Wildbahn beobachten.
TIPPS: In der Nähe des Tafelbergs gibt es einige Resorts, die Trekking- und Bootstouren im tropischen Regenwald sowie komfortable Unterkünfte anbieten.
PRAKTISCHE INFORMATIONEN: Anreise mit Kleinflugzeug von Paramaribo zum Tafelberg-Savannen-Resort. Unterkunft: Tafelberg-Öko-Lodge, zu buchen bei www.tropicalgemtours.org/de

TAÏ NP

Office Ivoirien des Parcs et Réserves
Direction de zone sud-ouest
BP 1342 Soubré 06 BP / Côte d'Ivoire / Elfenbeinküste www.oipr.ci
Der 3330 km² große Nationalpark ist ein UNESCO-Biosphärenreservat und gehört zum UNESCO-Welterbe. Er schützt im Südwesten von Côte d'Ivoire tropische Regenwälder mit rund 150 endemischen Pflanzenarten.
HIGHLIGHTS: Im Nationalpark lebt eine Schimpansenpopulation mit mehreren hundert Tieren.
TIPPS: Neben Schimpansen finden auch andere stark gefährdete Tierarten im Taï-Nationalpark Schutz, allen voran Zwergflusspferde, Waldelefanten, verschiedene Meerkatzenarten, Ducker und Bongos.
PRAKTISCHE INFORMATIONEN: Die Anreise erfolgt per Auto und Bus, einen Besuch organisiert man am besten mit einem spezialisierten Reiseveranstalter oder über das zuständige Verwaltungsbüro der Parks und Reservate. Unterkunft: In den Ortschaften in Parknähe, z.B. Soubré.

TANAMI DESERT WILDLIFE SANCTUARY

Parks and Wildlife Commission
Darwin, PO Box 496
Palmerston NT 0831 / Australien
www.nretas.nt.gov.au/
Das 37 529 km² große Tanami Desert Wildlife Sanctuary nimmt einen Teil der Tanamiwüste im Bundesstaat Northern Territory ein. Das Land gehört den lokalen Aborigines.
HIGHLIGHTS: Die flache Wüstensteppe ist durch Dünenfelder, Sandsteinfelsen und Salzpfannen charakterisiert. In ihr sind seltene Säugetiere heimisch, z. B. der Wüsten-Langnasenbeutler. Einfacher sind Känguru oder Dingo zu entdecken.
TIPPS: Die Überreste einer alten Goldmine, The Granites Mine, liegen inmitten der Wüste am Tanami Track.
PRAKTISCHE INFORMATIONEN: Der

Tanami Track von Yuendumu nach Rabbit Flat (310 km) führt im Südwesten durch das Schutzgebiet. Nur für Erfahrene mit geeignetem Fahrzeug (www.mynrma.com.au). Permit erforderlich, Camping verboten, keine Übernachtungsmöglichkeit (erst 450 km nach Rabbit Flat in Halls Creek).

TANGKOKO DUA SAUDARA NP

NSTO, PO Box 1253
Manado 95000, North Sulawesi / Indonesien www.north-sulawesi.com

Das Schutzgebiet liegt am äußersten Nordostzipfel Sulawesis, es umfasst rund 89 km² und erstreckt sich über die beiden aktiven Vulkane Dua Saudara und Tangkoko.

HIGHLIGHTS: Nur auf Sulawesi und den benachbarten Inseln lebt der Bärenkuskus, der zur Familie der Kletterbeutler gehört. Er ist hier wie auch die ebenfalls endemischen schwarzen Makaken (Schopfaffen) gut zu beobachten.

TIPPS: Die Besteigung des Tangkoko (1109 m) ist eine lange, anstrengende Tagestour. Einfacher ist der Loop Trail, der am nördlichen Fuß des Vulkans 5 km durch den Dschungel führt. Ein- bis mehrtägige Safaris bietet z. B. Manado Safari Tours an (www.manadosafaris.com).

PRAKTISCHE INFORMATIONEN: Per Flugzeug bis Manado, von dort per Auto in etwa zwei Stunden nach Batu Putih. Für Streifzüge im Regenwald ist ein Führer empfehlenswert.

TANJUNG PUTING

Jl.Martadinata Raudah 1 no.21
Samarinda, East Kalimantan / Indonesien www.borneotourgigant.com

Das Schutzgebiet erstreckt sich über 4150 km² an der Südküste Borneos. Die Landschaft ist durch Sümpfe und tropische Wälder charakterisiert. 1977 wurde der Park zum UNESCO-Biosphärenreservat erklärt.

HIGHLIGHTS: Der Nationalpark hat sich dem Ökotourismus verschrieben. Er ist für seine Populationen von Orang-Utans und anderen Primaten bekannt. In der Region ist der Lebensraum der Menschenaffen durch Holzeinschlag und Palmölplantagen bedroht.

TIPPS: Im Orang-Utan Rehabilitationszentrum von Tanjung Harapan (Gästehaus und Informationszentrum) lassen sich die Tiere während der Fütterungszeiten bequem beobachten.

PRAKTISCHE INFORMATIONEN: Per Flugzeug von Jakarta nach Pangkalanbuun, Weiterflug nach Kumai, von dort z. B. auf Flussbooten weiter. Flusssafaris mit Orang-Utan-Beobachtungen bietet z. B. wowborneo.com an.

TARKINE WILDERNESS AREA

Discover The Tarkine
30 Marine Terrace, PO Box 338
Burnie 7320 Tasmania / Australien
www.discoverthetarkine.com.au

Im Nordwesten Tasmaniens liegt Tarkine zwischen Westküste, Arthur River, Pieman River und A2/10. Das ungeschützte Wildnisgebiet umfasst Heidegebiete, Buttongrasmoore, Eukalyptuswälder sowie ein riesiges gemäßigtes Regenwaldgebiet (1800 km²), das nur von Kanadas Regenwald an Fläche übertroffen wird.

HIGHLIGHTS: Tarkine bietet Lebensraum für viele gefährdete Pflanzen- und Tierarten, z. B. Beutelteufel, sowie über 100 Vogelarten. Wanderrouten durch die Wildnis beginnen in Arthur River und ab dem South Arthur River Forest Drive.

TIPPS: Von Corinna aus kann man auf dem Pieman River unter Schwarzholzakazien, Huon Pines und Eukalypten bis zu einem Naturstrand an der Küste paddeln.

PRAKTISCHE INFORMATIONEN: Die Anreise erfolgt per Auto über A10 und A2. Unterkunft: Tarkine Wilderness Lodge, Meunna, www.tarkinelodge.com.au.

TASMAN NP

Parks and Wildlife Service
GPO Box 1751 , Hobart 7001
Tasmania / Australien
www.parks.tas.gov.au

Der 107 km² große Nationalpark erstreckt sich im Südosten Tasmaniens über die Küstenlandschaft der Halbinseln Forestier und Tasman sowie einige kleine Inseln. In den angrenzenden Gewässern leben Seebären, See-Elefanten und Seeleoparden, Delfine und Wale, im Park u. a. Beutelteufel, Beutelmarder und Zwergpinguine.

HIGHLIGHTS: Wanderungen entlang der Küste führen zu faszinierenden Felsformationen; die Klippen am Südende des Parks zählen zu den höchsten in Australien. Von der Fortescue Bay führt der Cape Hauy Track in rund 2 Stunden zum spektakulären Cape Hauy.

TIPPS: Über die Blowhole Road (C338) kann man vom Eaglehawk Neck mit dem Auto zu den Felsformationen Tasman Arch und Devils Kitchen sowie zum Tasman Blowhole fahren.

PRAKTISCHE INFORMATIONEN: Die Anreise erfolgt per Auto über die A9. Unterkunft: Port Arthur Villas, Port Arthur, www.portarthurvillas.com.au.

TASSILI N'AJJER NP

Le parc du Tassili n'Ajjer
BP 11, 33100 Djanet / Algerien
www.algeria.com/national-parks/tassili-n-ajjer

Der 72 000 km² große Nationalpark auf dem Hochplateau Tassili n'Ajjer im Südosten Algeriens wurde 1972 gegründet. Er ist einer der größten Nationalparks der Welt, UNESCO-Biosphärenreservat und UNESCO-Welterbe.

HIGHLIGHTS: Im Park sind mehr als 15 000 prähistorische Felsbilder erhalten, die ältesten datieren um 6000 v. Chr. Berühmte Stätten sind Sefar, Tamrit und Timenzouzine.

TIPPS: Das Tassili n'Ajjer bietet eine faszinierende Landschaft mit bizarren Felsformationen und Fels-Wäldern. Eine Besonderheit sind die endemischen Sahara-Zypressen im Tal von Tamrit.

PRAKTISCHE INFORMATIONEN: Die erforderliche Genehmigung für den Park erhält man beim Nationalparkbüro in Djanet sowie über die Tourenveranstalter vor Ort, eine Fotografiererlaubnis kostet extra. Der Besuch im Park ist fast nur im Rahmen von organisierten Touren möglich. Unterkunft: Camps im Park.

TATSHENSHINI-ALSEK PP

Ministry of Environment
PO Box 9047, Victoria, BC V8W 9E2 / Kanada www.gov.bc.ca./env

Der 9580 km² große Provinzpark in Nordwestkanada bildet zusammen mit den Nationalparks Kluane, Glacier Bay und Wrangell-St. Elias sowie einigen Reservaten das größte Naturschutzgebiet der Welt und gehört zum UNESCO-Welterbe.

HIGHLIGHTS: Beim Raften auf den

Flüssen Tatshenshini und Alsek erlebt man eine unberührte Landschaft mit bis zu 4663 m hohen vergletscherten Bergen, tiefen Wäldern, Grizzlys, Gletscherbären, Grauwölfen und weiteren Tierarten.
TIPPS: Der Haines Highway (3) verläuft von Haines Junction ca. 75 km lang am Rand des Tatshenshini-Alsek Provincial Park bis zur US-Grenze. Unterwegs bekommt man einen guten Eindruck von der Landschaft.
PRAKTISCHE INFORMATIONEN: Die Anreise erfolgt per Auto über den Alaska Highway (1) nach Haines Junction. Dort kann man über die Tourist Information Tourveranstalter kontaktieren.
Unterkunft: Camping im Park.

THUNG YAI NARESUAN

Department of National Park, Wildlife and Plant Conservation (DNP)
61 Pholyothin Road, Ladyao, Chatuchak Bangkok 10900 / Thailand
www.dnp.go.th

Das 3690 km² große Wildschutzgebiet erstreckt sich im Westen Thailands an der Grenze zu Myanmar zwischen 180 m und 1811 m Höhe. Zusammen mit dem im Osten angrenzenden Wildschutzgebiet Huai Kha Khaeng gehört es zum UNESCO-Welterbe.
HIGHLIGHTS: Das unberührte Waldgebiet ist Lebensraum für zahlreiche gefährdete und endemische Tierarten, darunter Tiger, Leoparden, Kragenbären, Nebelparder, verschiedene Gibbon- und Makakenarten.
TIPPS: Genehmigungen für einen Besuch des Gebiets erhält man nur über das DNP.
PRAKTISCHE INFORMATIONEN: Die Anfahrt erfolgt mit dem Auto zur Huai Mae Di Ranger Station im Gebiet von Amphoe Ban Rai an der R 3011, weitere Informationen gibt das Büro des Thung Yai Naresuan Huai Kha Khaeng Wildlife Sanctuary in Uthai Thani. Unterkunft: an der Ranger Station, 20 Tage Voranmeldung über das DNP.

TONGARIRO NP

Department on Conservation
18-32 Manners Street, Wellington 6011 / Neuseeland www.doc.govt.nz

Das 796 km² große Schutzgebiet liegt auf der Nordinsel Neuseelands. Die Gebirgslandschaft erstreckt sich um den Mount Ruapehu (2797 m). 1990 wurde der Park als kombiniertes Kultur- und Naturdenkmal in die UNESCO-Welterbeliste aufgenommen.
HIGHLIGHTS: Alte Kultur- und jüngste Erdgeschichte verbinden sich in Neuseelands ältestem Nationalpark: Hier gibt es Kultstätten der Maori, die letzten Vulkanausbrüche gab es erst 2012.
TIPPS: Ein roter Krater, drei Smaragdseen, Fumarolen und heiße Quellen – der spektakuläre Tongariro Alpine Crossing-Weg führt mitten durch aufregende Vulkanlandschaften (von Ketehari Road nach Mangatepepo Road oder umgekehrt 20 km).
PRAKTISCHE INFORMATIONEN: Anfahrt mit Auto von Wellington über SH 1 und SH 4 bis National Park Village (310 km). Unterkunft im Adventure Lodge and Motel.

TORRES DEL PAINE NP

Parque Nacional Torres del Paine
Corporación Nacional Forestal (CONAF)
Provincia de Última Esperanza
Manuel Baquedano 847, Puerto Natales / Chile www.losglaciares.com

Der rund 1800 km² große Nationalpark im Süden des chilenischen Patagonien verdankt seinen Namen den drei Felsnadeln der Torres del Paine. Seen, Lagunen, Fjorde, Gletscher und die schroffen Granitspitzen der südlichen Anden bilden hier eine grandiose Landschaft.
HIGHLIGHTS: Auf Wanderwegen (z. B. Circuito Paine, 7–10 Tage) lassen sich u.a. die Felsspitzen der Cordillera del Paine, die Seen Lago Pehoé und Lago Nordenskjöld, der in den Lago Grey kalbende Grey-Gletscher sowie Lagunen und Bäche erkunden. Dabei kann man u.a. Guanakos, Nandus und Kondore erblicken.
TIPPS: In der Cueva del Milodón (www.cuevadelmilodon.cl) wurden 1895 Reste eines prähistorischen Riesenfaultiers gefunden. Die Höhle kann besichtigt werden, vom Dach der Höhle hat man einen schönen Blick auf den Seno Última Esperanza.
PRAKTISCHE INFORMATIONEN: Per Flugzeug oder Auto bzw. Bus nach Punta Arenas (400 km) oder Puerto Natales (150 km). Am Parkeingang Nähe Lago del Toro CONEF-Büro mit Besucherzentrum. In Puerto Natales liegen Hotels und Agenturen für Trecking- und Klettertouren, im Park Übernachtungsmöglichkeiten in Refugios, Hotels und auf Campingplätzen.

TRIGLAV NP

Triglavski narodni park, Ljubljanska cesta 27, 4260 Bled / Slowenien
www.tnp.si/nationalpark

In den Julischen Alpen rund um den 2864 m hohen Berg Triglav erstreckt sich der gleichnamige Nationalpark (auch UNESCO-Biosphärenreservat) seit 1924 über ein ca. 880 km² großes Gebiet.
HIGHLIGHTS: Das Soča-(Isonzo-)Tal zwischen der Flussquelle bei der Berghütte Koča pri izviru Soče (206) und dem 20 km entfernten Bovec ist ideal zum Wandern, Raften, Kajakfahren.
TIPPS: Höhlen, Thermalquellen und Wasserfälle bieten die wildromantischen Tolminer Klammen. Ausgangspunkt des rund einstündigen Rundwegs ist der Parkplatz Tolminer Klammen bei Tolmin.
PRAKTISCHE INFORMATIONEN: Der Nationalpark ist frei zugänglich. Die Anreise mit dem Auto erfolgt über E61, Schnellstraße 102, Landstraßen 201, 206 und 209. Unterkunft: Apartments im nationalparkeigenen Trenta-Haus, Soča, www.tnp.si/erleben/C151

TSINGY DE BEMARAHA

Parc National, 14 Rue Philibert Tsiranana Mahajanga / Madagaskar
www.parcs-madagascar.com

Das 854 km² große Naturreservat Tsingy de Bemaraha liegt küstennah in West-Madagaskar und gehört zum UNESCO-Welterbe. Mit dem im Süden angrenzenden 723 km² großen Nationalpark Tsingy de Bemaraha bildet es ein gemeinsames Schutzgebiet.
HIGHLIGHTS: Auf mehrstündigen geführten Wanderungen erkundet man die messerscharfen Kalksteinformationen (Tsingys) in der Westhälfte des Schutzgebietes.
TIPPS: Bei Bootsfahrten auf dem Manambolo sieht man die Tsingys von unten.
PRAKTISCHE INFORMATIONEN: Die Anreise zum Naturreservat erfolgt per Auto über die R 8a bis Antsalova, zum Nationalpark über die R8 nach Belo sur Tsiribihina und weiter auf Piste bis Bekopaka (nur April bis November). Wanderungen und Bootsfahrten sind an den Parkeingängen

buchbar. Unterkunft: Olympe du Bemaraha, Bekopaka, www.olympedubemaraha-madagascar.com.

TUBBATAHA REEF NP

Tubbataha Management Office
Manalo Ext., Bgy. Milagrosa
Puerto Princesa City 5300 / Philippinen
www.tubbatahareef.org/home

Der Naturpark umfasst ein Areal von 1300 km² in der philippinischen Sulusee, das sich über drei Atolle und die umgebenden Meeresbereiche erstreckt. Seit 1993 ist das Gebiet UNESCO-Welterbe.

HIGHLIGHTS: Im Meer sind Wale, Delfine, verschiedene Haie sowie Meeresschildkröten zu beobachten.

TIPPS: Das Tauchrevier zählt zu den Top ten weltweit und reizt mit Sichtweiten bis 45 m und spektakulären Steilabbrüchen. Allerdings eignet es sich nur für erfahrene Sporttaucher. Saison ist von März bis Juni.

PRAKTISCHE INFORMATIONEN: Flug nach Puerto Princesa auf Palawan, weiter mit Boot (10 Stunden). Organisierte Reisen u. a. bei www.delphin-tours.eu/site.php

TURNEFFE ISLANDS

MBRS, Coastal Resources Multicomplex Building, Princess Margaret Drive
PO Box 93, Belize City / Belize
www.belize.gov.bz

Die Turneffe Islands sind ein aus 22 Inseln bestehendes Atoll im Karibischen Meer, etwa 50 km vor der Ostküste Belizes. Das Atoll ist 48 km lang und 16 km breit.

HIGHLIGHTS: Die Turneffe Islands sind das größte und am besten entwickelte Atoll in den Küstengewässern vor Belize. Sie weisen eine sehr hohe Biodiversität auf; Hummer und viele Fischarten sind hier heimisch, an den Sandstränden nisten Meeresschildkröten und Spitzkrokodile.

TIPPS: Eine einfache Regel für Sporttaucher in Turneffe: Die Westseite gehört den Anfängern, die Ostseite den Fortgeschrittenen.

PRAKTISCHE INFORMATIONEN: Per Flugzeug von Miami, Cancun, Flores oder San Pedro Sula nach Belize City. Von dort per Boot in 1,5 Stunden zum Atoll. Unterkunft und Tauchausflüge vom Südende des Atolls aus z. B. www.turnefferesort.com.

ULURU – KATA TJUTA NP

Uluru – Kata Tjuta National Park
Lasseter Highway, PO Box 119
Yulara NT 0872 / Australien
www.parksaustralia.gov.au/uluru/

Mitten im australischen Outback ragt der wohl berühmteste Felsmonolith der Welt auf, 348 m hoch und 9 km im Umfang – der Uluru, auch als Ayers Rock bekannt. Zum 1300 km² großen Park (seit 1987 Welterbe) gehören auch die 30 km entfernten 36 Felskuppeln von Kata Tjuta (The Olgas).

HIGHLIGHTS: Die rötlichbraunen Felsen von Uluru und Kata Tjuta lassen sich auf mehreren Pfaden und Aussichtspunkten erkunden, auch im Rahmen geführter Wanderungen. Der Uluru gilt den Aborigines (die das Areal offiziell besitzen) als heilige Stätte; die Besteigung wird von ihnen geduldet, aber nicht gerne.

TIPPS: Wer es ruhiger angehen lassen will, lässt sich auf einem Kamel durch die Outback-Landschaft (mit dem Uluru in Sichtweite) schaukeln (www.ulurucameltours.com.au).

PRAKTISCHE INFORMATIONEN: Anreise per Flugzeug nach Alice Springs (450 km) oder nach Yulara im Park. Mit Auto oder Bus über Stuart Highway und Lasseter Highway zum Park. Mit dem Yulara Visitor Centre, dem Uluru Kata Tjuta Cultural Centre (Aborigines-Kultur) und dem Ayers Rock Resort verfügt der Park über eine perfekte Infrastruktur für die rund 250 000 Besucher pro Jahr.

VANOISE NP

Parc national de la Vanoise
135 rue du docteur Julliand
73007 Chambery / Frankreich
www.vanoise-parcnational.fr

Der 1963 gegründete Nationalpark im Département Savoie umfasst eine 535 km² große Kernzone und eine 1465 km² große äußere Zone. Im Osten grenzt er an den italienischen Nationalpark Gran Paradiso.

HIGHLIGHTS: Die rund 100 km lange einwöchige Tour des Glaciers de la Vanoise führt um das 35 km² große Gletscherplateau im Kern des Vanoisemassivs. Start- und Endpunkt ist Termignon.

TIPPS: Informationen und Führungen bietet neben den Tourist-/Park-Infos in den Parkgemeinden in Chambéry die Maison des parcs et de la montagne samt sehenswertem Museum, maisondesparcs.chambery.fr.

PRAKTISCHE INFORMATIONEN: Der Nationalpark ist frei zugänglich, die Anreise mit dem Auto erfolgt über A43 und A430. Unterkunft: Eine Liste der Berghütten samt Reservierung findet man auf www.refuges-vanoise.com.

VATNAJÖKULL NP

Nationalparkverwaltung Vatnajökull
Klapparstígur 25-27, 101 Reykjavík / Island www.vjp.is

Der 14 200 km² große Nationalpark umfasst den Gletscher Vatnajökull sowie die angrenzenden Gebiete, darunter Skaftafell im Südwesten und Jökulsárgljúfur im Norden.

HIGHLIGHTS: Am Südrand des Vatnajökull fahren auf dem riesigen Gletschersee Jökulsárlón Boote bis zum Gletscherrand; Buchung über Must Visit Iceland ehf, www.icelagoon.com.

TIPPS: Von Ásbyrgi führt eine zweitägige, 32 km lange Wanderung durch die Jökulsárgljúfur-Schlucht zum gigantischen Wasserfall Dettifoss durch eine einmalige Naturlandschaft. Führungen und Transport bietet u.a. Fjallasýn, www.fjallasyn.is

PRAKTISCHE INFORMATIONEN: Der Zugang zum Park erfolgt u. a. über die Besucherzentren Skaftafell, Höfn, Ásbyrgi und Snæfellsstofa, Zubringer ab Ringstraße 1. Unterkunft: Camping bei den Nationalparkzentren Skaftafell und Ásbyrgi.

VICTORIA FALLS NP

Zambia Tourism Board
Livingstone Tourist Centre, Box 603432 / Sambia / Simbabwe
www.zambiatourism.com/destinations/waterfalls/victoria-falls

Zwei Nationalparks auf der sambischen und der simbabwischen Seite säumen die Victoria-Fälle, wo sich über eine 1,7 km lange Abbruchkante die Wassermassen des Sambesi etwa 110 m hinab in die Tiefe stürzen.

HIGHLIGHTS: Die besten Blicke auf den gigantischen Wasservorhang hat man von der Knife Edge Bridge oder vom Boiling Pot in der Batoka Gorge aus.

TIPPS: Auf dem Rücken eines Elefanten lässt sich die Tierwelt des Mosi-Oa-Tunya-

Nationalparks erkunden (Gazellen, Zebras, Nashörner etc.). Wagemutige können Rafting-Touren unternehmen oder sich beim Bungee Jumping von der historischen Victoria-Falls-Brücke hinabstürzen. Infos unter www.safpar.net.

PRAKTISCHE INFORMATIONEN: Von Lusaka aus täglich Flüge, Busse und Zugverbindungen nach Livingstone. Rund um die Victoria Falls und Livingstone zahlreiche Hotels und Lodges, z.B. Stanley Safari Lodge.

VIRUNGA NP

Virunga National Park Tourism Office
Boulevard Kanya Mulanga
Goma / Demokratische Republik Kongo
www.visitvirunga.org

Der 7835 km² große Nationalpark im Nordosten der Demokratischen Republik Kongo gehört zum UNESCO-Welterbe. 1925 gegründet, ist er der älteste Nationalpark Afrikas. Mit den angrenzenden Nationalparks Volcanoes in Ruanda sowie Rwenzori Mountains und Mgahinga Gorilla in Uganda bildet er ein zusammenhängendes Schutzgebiet. Aufgrund seiner Lage zwischen ca. 800 und 5109 m im Ruwenzori-Gebirge ist er Afrikas vielfältigster Nationalpark mit Regen- und Galeriewäldern, Lavafeldern und aktiven Vulkanen, Erosionstälern und vergletscherten Gipfeln.

HIGHLIGHTS: Im Virunga leben Berggorillas, Flachlandgorillas und Schimpansen – weltweit eine einmalige Kombination in einem Schutzgebiet. Die Treks zu den Berggorillas an den Hängen des schlafenden Vulkans Mikeno (4380 m) im Südsektor beginnen bei der Rangerstation in Bukima.

TIPPS: Besonders viele Wildtiere, darunter Elefanten, Flusspferde, Büffel, Antilopen- und zahlreiche Vogelarten sieht man entlang der Flussläufe von Semliki und Ishara.

PRAKTISCHE INFORMATIONEN: Die Anreise erfolgt mit Taxis vom Flughafen in Kigali (Ruanda) zum Grenzübergang Gisenyi. Der Transport im Park und die Treks werden über die Parkverwaltung in Goma gebucht. Unterkunft: Mikeno Lodge, Bukima Tented Camp oder Nyiragongo Volcano-Summit Shelters in bzw. am Rand des Parks, www.visitvirunga.org

EL VIZCAÍNO UND LAGUNA SAN IGNACIO

SEMARNAT, Periférico 5000
Col. Insurgentes Cuicuilco
Delegación Coyoacán,
C.P. 04530, México, D.F / Mexiko
www.inecc.gob.mx

El Vizcaíno ist ein 24 931 km² großes Biosphärenreservat in der Mitte der Halbinsel Niederkalifornien. Es schließt an der pazifischen Küste zwei Schutzgebiete für Wale ein, darunter die 1427 km² große Lagune von San Ignacio (beide seit 1993 UNESCO-Weltnaturerbe).

HIGHLIGHTS: Die Lagunen bieten Schutz für Grauwale und Blauwale, Seehunde und Nördliche See-Elefanten, außerdem vier bedrohte Arten von Meeresschildkröten.

TIPPS: Am Südende der Lagune liegt Campo Cortez, dort Unterkunft in kleinen Hütten, Verpflegung in der Haupthütte (www.bajaecotours.com).

PRAKTISCHE INFORMATIONEN: Highway Nr. 1 durchquert das Gebiet, vom Ort San Ignacio ca. 60 km auf lokaler Straße zur Lagune. In San Ignacio und östlich der Lagune je eine Flugpiste.

WATTENMEER NPS

Internationales Wattenmeersekretariat
Virchowstr. 1, 26382 Wilhelmshaven / Deutschland
www.waddensea-secretariat.org

Das 11 500 km² große Wattenmeer ist UNESCO-Welterbe und wird durch die Nationalparks Schleswig-Holsteinisches, Hamburgisches und Niedersächsisches Wattenmeer in Deutschland, den NP Vadehavet in Dänemark, das Naturmonument Waddenzee und die Nationalparks Schiermonniikoog und Dünen von Texel in den Niederlanden geschützt.

HIGHLIGHTS: Seehundbabys und junge Kegelrobben sind in Friedrichskoog (www.seehundstation-friedrichskoog.de) und Norden-Norddeich (www.seehundstation-norddeich.de) zu sehen.

TIPPS: Informativ und unterhaltsam ist die Erlebnisausstellung Multimar-Wattforum mit Aquarien im Nationalparkzentrum in Tönning, Dithmarscher Str. 6a.

PRAKTISCHE INFORMATIONEN: Der Nationalpark ist überall zugänglich, Besucherzentren gibt es in Wilhelmshaven, Südstrand 110 b, und Cuxhaven, Hans-Claußen-Str. 19. Unterkunft: Leuchtturm Neuwerk, Insel Neuwerk, www.leuchtturmneuwerk.de

WAY KAMBAS NP

Balai Taman Nasional Way Kambas
Jl.Raya Labuhan Ratu Lama
Labuhan Ratu, Sukadana , Lampung
Timur 34196 / Indonesien
www.indonesia.travel/en

Der kleinste Naturpark Sumatras umfasst 1300 km². Er liegt am Südende der Insel und erstreckt sich über Mangroven- und Sumpfwälder.

HIGHLIGHTS: Der Park ist vor allem für eine kleine Population des sehr seltenen Sumatra-Nashorns bekannt (Sumatran Rhino Sanctuary; www.savetherhino.org/). Außerdem leben hier Elefanten, Tiger, Tapire und der Malaienbär.

TIPPS: Der Park lässt sich am bequemsten auf dem Rücken von Elefanten durchstreifen. Affen und exotische Vögel sind viel zu beobachten, für Tiger braucht man Glück.

PRAKTISCHE INFORMATIONEN: Anreise meist von Jakarta oder Bandar Lampung aus, wo sich Touren in den Park buchen lassen. Individuelle Anreise mit Bus oder Taxi. Für Touren im Park sind Führer empfehlenswert.

WESTGHATS NP

Silent Valley National Park
Palakkad, Kerala, Mukkali 678582 /
Indien www.silentvalley.gov.in

Die Westghats sind ein Gebirge im Südwesten Indiens, auf dessen Areal sich mehrere Nationalparks befinden. In Teilen der Gebirgsregion gibt es noch Regenwald, der sich durch eine hohe Artenvielfalt auszeichnet. 2012 wurde das Gebiet zum UNESCO-Weltnaturerbe erklärt.

HIGHLIGHTS: Nur hier im südwestlichen Indien kann man die seltenen Bartaffen beobachten, im Park gibt es noch eine kleine Population.

TIPPS: Eine weitere bedrohte Tierart sind die Gaure, die im gesamten Westghats-Gebirge vorkommen. Gaure sind die größten lebenden Vertreter der Rinder, sie sind das ganze Jahr über im Park unterwegs.

PRAKTISCHE INFORMATIONEN: Anreise mit dem Flugzeug von Mumbai nach

Coimbatore, von dort mit dem Auto nach Palakkad und Mukkali. Unterkunft: Boon Inn, www.booninn.com

WESTLAND NP

Department on Conservation
18-32 Manners Street, Wellington 6011 / Neuseeland www.doc.govt.nz

Das 1275 km² große Schutzgebiet reicht von der Westküste der Südinsel Neuseelands bis hinauf zu den vergletscherten Gipfeln der Southern Alps. Seit 1990 ist es UNESCO-Weltnaturerbe, es gehört außerdem zur neuseeländischen Te Wahipounamu World Heritage Area.

HIGHLIGHTS: Die Gletschertäler des Fox- und Franz-Josef-Gletschers sind von den gleichnamigen Ortschaften aus gut zugänglich. Die Gletscher fließen bis auf wenige hundert Meter Meereshöhe hinab.

TIPPS: Der Park bietet zahlreiche Möglichkeiten für Wandertouren, z. B. auf den Gipfel des Alex Knob (1303 m, 8 Stunden, grandiose Aussicht auf den Franz-Josef-Gletscher).

PRAKTISCHE INFORMATIONEN: Informationszentrum des Parks am State Highway 6 am Südrand von Franz Josef Village. 5 km nördlich am Franz-Josef-Highway Übernachtungsmöglichkeit auf der Otto/McDonalds Camping Area.

WINDJANA GORGE NP

Department of Parks and Wildlife
111 Herbert Street, PO Box 65
Broome 6725, Western Australia / Australien www.parks.dpaw.wa.gov.au/park/windjana-gorge

Der kleine Windjana Gorge National Park befindet sich in der heißen Region Kimberley ganz im Norden des australischen Bundesstaates Western Australia.

HIGHLIGHTS: Die namensgebende Windjana Gorge zieht sich auf einer Länge von 3,5 km durch die Napier Range. Im Lennard River sind u.a. Süßwasserkrokodile sowie Echsen, Schlangen, Flughunde, Kakadus, Eisvögel heimisch.

TIPPS: Auf dem entlang der Schlucht verlaufenden Gorge Walk (3,5 km) lässt sich die Schlucht in voller Länge erkunden.

PRAKTISCHE INFORMATIONEN: Per Kleinflugzeug zum Park. Mit dem Auto auf dem Great Northern Highway (Nr. 1) über Fitzroy Crossing und die Fairfield-Leopold Downs Road, von Westen über Derby und die Gibb River Road zum Park. Straßen unasphaltiert, in der Regenzeit (Dezember bis April) Park deshalb geschlossen. Übernachtung auf dem Windjana Gorge Campground.

WRANGEL-INSEL

Leonid Leonidovich Bove (Direktor)
686870 Magadanskaya Oblast Chukotskaya A.O., Shmidtovsky raion, s. Ushakovskoye / Russland
www.chukotka.org

Die russische Insel liegt etwa 150 km vom ostsibirischen Festland entfernt im Arktischen Ozean. Sie ist etwa 150 km lang und 80 km breit (Fläche etwa 8000 km²); sie wurde 2004 zum Weltnaturerbe erklärt. Das Landschaftsbild wird von der arktischen Tundra beherrscht.

HIGHLIGHTS: Die Insel ist einer der größten Eisbären-Kindergärten der Welt. Bis zu 400 Eisbärenmütter kommen hier im Winter an Land, um ihren Nachwuchs aufzuziehen.

TIPPS: Wenn man eine Erlaubnis der russischen Regierung hat, kann man mit einem Ranger eine Trekkingtour zu ausgesuchten Gegenden der Insel unternehmen.

PRAKTISCHE INFORMATIONEN: Die Insel ist unbewohnt. Zeitweise halten sich lediglich einige Forscher und Ranger dort auf. Mittlerweile ist es möglich, mit einigen Kreuzfahrtschiffen der Insel einen kurzen Besuch abzustatten (z. B. www.hl-kreuzfahrten.de).

WRANGELL-ST.-ELIAS NP

Mile 106.8 Richardson Highway
Copper Center, Alaska 99573 / USA
www.nps.gov/wrst/index.htm

Wildnis, Weite und weiße Bergkuppen prägen den mit mehr als 53 370 km² Fläche größten US-amerikanischen Nationalpark, der vom Ozean bis hin zum Gipfel des Mount St. Elias fast 5500 Höhenmeter umfasst. Für alle Liebhaber unberührter Natur ein wahres Traumziel, das UNESCO-Weltnaturerbe ist.

HIGHLIGHTS: Eine geführte Gletscherwanderung gehört zu den Höhepunkten der Region, besonders mit einem Abstecher in lichtblau schimmernde Eishöhlen. Ebenfalls unterirdisch liegt die zu besichtigende, stillgelegte Kupfermine Kennicott. Über der Erde ist die alpine Landschaft von Gletscherflüssen durchzogen und bietet Wasservogelarten, Elchen, Karibus und Bären eine Heimat.

TIPPS: Der Edgerton Highway liefert erste spektakuläre Ausblicke, besonders mit Stopps am Liberty Falls Trail und im historischen Städtchen Chitina. Bei längeren Aufenthalten locken Wanderungen oder ein Trip mit dem Lufttaxi ins Innere des Parks.

PRAKTISCHE INFORMATIONEN: Anreise: mit dem Auto über den Alaska Highway 4 oder über die McCarthy Road zur Chitina Ranger Station. Der Park ist ganzjährig geöffnet. Zwei Visitor Centers laden ein: in Copper Center und am Ende der McCarthy Road. Unterkunft: Kennicott Glacier Lodge, www.kennicottlodge.com

WULINGYUAN

People's Government of Wulingyuan District, Wulingyuan Scenic Resort Administrative Department, 744000 Zhangjiajie City, Hunan / Volksrepublik China
www.enghunan.gov.cn

Der 264 km² große Landschaftspark Wulingyuan in der chinesischen Provinz Hunan umfasst den Nationalen Waldpark Zhangjiajie sowie die Naturschutzgebiete Suoxiyu und Tianzishan. Der »Wald der 3000 Gipfel und 800 Gewässer« gehört zum UNESCO-Welterbe und fasziniert mit mehr als 3000 Sandsteinpfeilern und -nadeln, die teils über 200 m hoch sind, Schluchten, Höhlen und Flüssen.

HIGHLIGHTS: Besuchermagnete sind das 1048 m hohe Plateau Huangshi Zhai, auf das eine Bergbahn fährt, die 40 m lange »Erste Brücke unter dem Himmel«, die einen 357 m tiefen Abgrund überspannt, die 11 km lange »Tropfsteinhöhle des gelben Drachen«, Huanglong Dong, und die Gipfelspitzen Yupi Feng auf dem Tianzi.

TIPPS: Zum Raften eignet sich im Naturpark Suoxiyu der »Goldpeitschenbach« Jinbian Xi, der knapp 6 km lang zwischen steilen, bizarr geformten Felsen dahinrauscht.

PRAKTISCHE INFORMATIONEN: Die Anreise erfolgt von Zhangjiajie aus per Auto zum Parkeingang im Dorf Zhangjiajie Cun, im Park fahren kostenlose Busse. Unterkunft: Sunshine Hotel & Resort Zhangjiajie, www.sunshinehotelzjj.com

YAKUSHIMA ZEDERNWALD

Ministry of the Environment
Godochosha No. 5, Kasumigaseki 1-2-2,
Chiyoda-ku, Tokio 100-8975 / Japan
www.env.go.jp

Die 505 km² große Insel Yakushima liegt in Südjapan im Ostchinesischen Meer. Sie hat ein ausgeprägtes Relief mit fast 2000 m hohen Bergen und eine extrem artenreiche Flora. Knapp die Hälfte der Fläche umfasst der Yakushima-Nationalpark, in dessen Zentrum 108 km² Zedernwald zum UNESCO-Welterbe gehören.

HIGHLIGHTS: Der Zedernwald ist auch das Reich der Rhododendren, Moose, Flechten und Farne. Ein beeindruckender Weg führt durch die Shiratani-Schlucht, erreichbar auf der Straße 594 vom Hafen Miyanoura aus, zur mindestens 2100 Jahre alten Zeder Jōmon Sugi.

TIPPS: Von Anbo aus führt die Straße 592 zum Yakusugi-Naturpark. Dort führen die leichtesten Wanderungen zu 1000-jährigen Baumriesen.

PRAKTISCHE INFORMATIONEN: Die Anreise zu den Wanderwegen erfolgt per Auto oder Bus. Unterkunft: Wa no Cottage Sen-no-ie, Miyanoura.

YASUNI NP

Reserva de la Biosfera Yasuni
Dirección Nacional Forestal
Ministério del Ambiente, Calle Madrid y
Andalucía, Quito / Ecuador
www.ambiente.gob.ec

Der Nationalpark (Biosphärenreservat seit 1989) mit einer Fläche von 9820 km² liegt im Nordosten Ecuadors im Einzugsgebiet des Amazonas zwischen den Flüssen Napo und Curaray. Regenwald ist flächendeckend.

HIGHLIGHTS: Der Park hat eine hohe Biodiversität, bekannt ist er vor allem für seine Riesen- und Würgeschlangen (Boas und Pythons). Mit etwas Glück sieht man bei einer Bootstour eine große Anakonda.

TIPPS: Perspektiven vom Wasser aus bieten eine Bootsafari mit Piranha-Angeln auf dem Garzocochasee oder eine Flusskreuzfahrt auf der »Anakonda« (Übernachtung an Bord) auf dem Río Napo (www.anakondaamazoncruises.com).

PRAKTISCHE INFORMATIONEN: Per Flugzeug von Quito nach Coca, weiter mit Motorkanu nach La Selva. Unterkunft: La Selva Lodge, Buchung bei www.gulliver.com.de

YELLOWSTONE NP

Yellowstone National Park, Wyoming
82190-0168 / USA
www.nps.gov/yell/index.htm

Der Yellowstone-Nationalpark ist ein Park der Superlative. Hier findet sich nicht nur der größte versteinerte Wald der Erde, sondern mit dem 342 km² großen, in 2375 m Höhe gelegenen Yellowstone Lake der größte Hochgebirgssee Nordamerikas. In der Tiefe hingegen brodelt der größte Vulkan auf dem amerikanischen Kontinent. Yellowstone ist zudem der älteste Nationalpark der Welt, wurde er doch schon 1872 gegründet.

HIGHLIGHTS: Im Geyser Country des Südwestens zaubern Geysire, heiße Quellen und Schlammtöpfe surrealistische Farben auf den Grund. Der fast 400 m tiefe Grand Canyon Of The Yellowstone im Westen mit seinen Wasserfällen und den großen Bison-Herden bietet eine Zeitreise in das Amerika vor der Veränderung durch europäische Eroberer. Wapiti-Herden streifen durch das Mammoth Country des Nordwestens, wo Kalksinterterrassen bei Mammoth Hot Springs bizarre Formen bilden. Der Nordosten mit seiner hügeligen Landschaft und den Hirschen, Luchsen, Berglöwen und vielen weiteren Wildtieren ist die von Touristen am wenigsten besuchte Parkzone. Seit 1978 gehört der Nationalpark mit seinen vergleichsweise nur 8939 km² Fläche zum Weltnaturerbe der UNESCO.
Die Zuverlässigkeit, mit der Old Faithful, der »alte Getreue«, seine Wassersäule in den Himmel schickt, hat ihn zu einem der berühmtesten Geysire der Welt gemacht. Wenn dann im Sonnenschein noch ein Regenbogen in der Gischt erscheint, spürt so mancher Zuschauer des kleinen Spektakels ein Glücksgefühl, als wäre er einem alten Bekannten begegnet, der noch immer so aussieht, wie man ihn in Erinnerung hatte. Viel unzuverlässiger ist der zweimündige Steamboat Geyser, der derzeit größte aktive Geysir der Welt. Nur wenige sind dabei, wenn er eine bis zu 90 m hohe Wasserfontäne ausstößt, handelt es sich doch um ein drei bis höchstens 40 Minuten dauerndes Schauspiel, das nur alle paar Jahre stattfindet. Mit sehr viel Glück treffen Besucher auf einen der scheuen Grauwölfe, die erst die berühmte »Wolfsfrau« Renée Askins Jahrzehnte nach ihrem Aussterben im Yellowstone-Park wieder ansiedelte.

TIPPS: Wunderschön anzusehen sind die Wasserfälle des hiesigen Grand Canyon. Vom Artist Point aus lässt sich bewundern, wie die über 90 m tief fallenden Lower Falls in sanftem Bogen in den Canyon gleiten. Wer näher heranmöchte, wählt den Uncle Tom's Trail.

PRAKTISCHE INFORMATIONEN: Anreise: Mit dem Auto durch Gardiner (Norden), West Yellowstone (Westen), Cody (Osten) oder durch Jackson und den Grand-Teton-Nationalpark (Süden). Der Park ist ganzjährig geöffnet. Es gibt zwölf Campingplätze, zahlreiche Lodges und Miethütten. Man kann sich in acht Visitor Centers informieren. Im Albright Visitor Center in Mammoth Hot Springs wird die menschliche Besiedelungsgeschichte des Gebiets aufgearbeitet.
Unterkunft: Cascade Lodge,
Tel. (307) 344-7311
www.yellowstonenationalparklodges.com

YOSEMITE NP

Public Information Office
Yosemite, California 95389 / USA
www.nps.gov/yose/index.htm

Die durch Gletscher geformten Granitfelsen ragen majestätisch über dem Yosemite-Tal auf. Das seit 1984 zum UNESCO-Weltnaturerbe gehörende Gebiet erstreckt sich über mehr als 3000 km² und umfasst zu mehr als 90 Prozent eine besonders ursprüngliche Wildnis. Der Park liegt in einer Höhe von 600 bis mehr als 4000 m und stellt einen der größten und am wenigsten fragmentierten Lebensräume der Sierra Nevada dar. Berühmt sind seine riesigen Mammutbäume, die in drei Hainen anzutreffen sind.

HIGHLIGHTS: Freunde rauschender Gewässer kommen in diesem Park mehrfach auf ihre Kosten. Etwas abseits der Besucherscharen lohnt ein Abstecher zum Vernal Fall, der zwar niedriger als die 739 m hohen Yosemite Falls ist, aber dafür einen ungestörteren Blick auf die ins Tal stürzenden Wassermassen erlaubt. Der Aufstieg ist allerdings anstrengend und dauert etwa zwei Stunden. Die Yosemite Falls hingegen sind ohne Fußmarsch zu erreichen, hier können auch Rollstuhlfahrer die ohrenbetäubende und atemberaubende Naturgewalt hautnah miterleben. Zur Erholung bieten sich die Toulumne Meadows an, malerische subalpine Wiesen zwischen den Granitfelsen – ein Ort der Stille. Der Yosemite-Nationalpark bietet unterschiedlichsten Tierarten einen Lebensraum. Im östlichen Teil des Parks lebt das Dickhornschaf, welches in der Vergangenheit mehrfach vom Aussterben bedroht war. Richtet der Wanderer den Blick gen Himmel, entdeckt er eventuell einen seltenen Steinadler. Auch der Wanderfalke lebt in der Region, eine Spezies, die dank größter Anstrengungen des Park Services nicht länger bedroht ist. Die Wiederansiedlung des seltenen Kalifornischen Bartkauzes ist ebenfalls gelungen. Er gehört zu den gefährdetsten Vögeln der Region.

TIPPS: Wem der Sinn nach Erhabenheit steht, der begibt sich noch vor Sonnenaufgang zum über 2000 m hoch gelegenen Glacier Point. Wenn der glühend rote Feuerball langsam seinen Tagesmarsch beginnt, legt sich zunächst ein Schatten über das Tal, geworfen vom Half Dome, dem halbkugelförmigen Berg und Wahrzeichen des Parks. Gegenüber steigen die Nebel der Yosemite Falls auf, die zu den bekanntesten Wasserfällen der Welt zählen. Fast alle Besucher halten den Half Dome auf einem Foto fest, doch nur wenige setzen einen Fuß hinauf. Seine Besteigung lässt die eigenen Grenzen austesten, die Tour ist nichts für Gelegenheitswanderer. Kletterer brauchen eine Erlaubnis.

PRAKTISCHE INFORMATIONEN: Anreise: mit dem Auto über den Highway 120 durch Manteca, den Highway 41 durch Fresno oder den Highway 140 durch Merced oder mit dem Shuttlebus. Der Park ist ganzjährig geöffnet, wobei nicht alle Wege im Winter gangbar sind. Es gibt zahlreiche Campingplätze, Pensionen und Hotels im Park. Von den vier Visitor Centers ist das größte das Valley Visitor Center. Unterkunft: Yosemite Big Creek Inn, www.yosemiteinn.com

ZION CANYON NP

Springdale, Utah 84767-1099 / USA
www.nps.gov/zion/index.htm

Der Nationalpark entstand 1919 aus dem schon 1909 gegründeten Mukuntuweap National Monument und wurde im Verlauf des Jahrhunderts noch um mehrere Canyons erweitert. Mittlerweile umfasst er ein Areal von 579 km², unter anderem auch den im Nordosten gelegenen Kolob Canyon. Nicht nur die bizarren Felsformationen mit ihren Form- und Farbspielen beeindrucken. Menschliche Spuren reichen im Zion-Nationalpark bis zu 9000 Jahre zurück. Forscher fanden Überreste der ersten Jäger- und Sammler-Kulturen, der späteren Anasazi, auch Korbmacher genannt, die im 12. Jahrhundert aufgrund andauernder Dürreperioden weiterwanderten. Ab Mitte des 19. Jahrhunderts wurde die Gegend jedoch von Mormonen erschlossen. Sie gaben der Gegend ihren heutigen Namen Zion.

HIGHLIGHTS: Zwischen Himmel und dem tief im Zion Canyon dahinfließendem, Virgin River findet sich eine Besonderheit: die hängenden Gärten. Wo in schattigen Lagen Sickerwasser aus den Felswänden tröpfelt, siedeln sich Pflanzen an, die keinen Boden brauchen. Wer die weinenden Steine, die Weeping Rocks, trösten möchte oder filigrane Moosmuster liebt, sollte einen Abstecher zu den Hanging Gardens einplanen. Ein natürlicher Steinbogen im Kolob Canyon, der gleichnamige Kolob Arch, gehört mit fast 90 m zu den längsten seiner Art und konkurriert so mit dem Landscape Arch im Arches-Nationalpark.

TIPPS: Zu Fuß im Fluss watend, können Besucher die Narrows erkunden, enge Schluchten am Virgin River, von steilen Felswänden gesäumt. Wer es weniger nass mag, dem sei der Observation Point empfohlen. Oben werden die Bezwinger des Weges mit Blicken auf den tief liegenden Fluss und die von ihm freigelegten, bis zu 800 m hohen roten, orangen und gelben Sandsteinwände belohnt.

PRAKTISCHE INFORMATIONEN: Anreise: Mit dem Auto über die Interstate 15 durch Cedar City (Norden) oder über die State Route 9 (Süden) durch Mt. Carmet Junction oder Hurricane. Der Park ist ganzjährig geöffnet. Es gibt drei Campingplätze über das Parkgelände verteilt. Zwei Besucherzentren bieten umfassende Informationen: das Zion Canyon Visitor Center und das Kolob Canyons Visitor Center. Unterkunft: Zion Lodge, Springdale, 84767, www.zionlodge.com

BILDNACHWEIS/IMPRESSUM

A = Alamy C = Corbis G = Getty Images L = Laif M = Mauritius Images

Cover Motiv: Fritz Roy, Los Glaciares NP, Argentinien
Cover vorn:C/Jeff Vanuga; S. 002-003 Look/age fotostock; S. 004-005 LookThomas Grundner; S. 006-007 C/DLILLC; S. 008-009 G/Mark Carwardine; S. 010-011 M/Bernd Zoller; S. 012-013 M/Alamy; S. 013 M/Alamy; S. 013 C/Patrick Dieudonne; S. 014-015 G/Hans Strand; S. 015 C/Jasper Doest; S. 015 C/Jasper Doest; S. 015 C/Steven Kazlowski; S. 015 C/Otto Plantema; S. 016 A/Oyvind Martinsen; S. 016 A/Oyvind Martinsen; S. 016 G/Christina Krutz; S. 016 A/Oyvind Martinsen; S. 017 G/Bjørn Hovland Børve; S. 017 G/B.Aa. Sætrenes; S. 018 G/Hans Strand; S. 018 G/Hans Strand; S. 018 G/Hans Strand; S. 018 G/Sven Zacek; S. 019 Look/Sabine Lubenow; S. 020 C/Winfried Wisniewski; S. 020 C/Johan van der Wielen; S. 020 C/Peter Essick; S. 020 G/Peter Essick; S. 021 M/Bernd Zoller; S. 021 M/ Bernd Zoller; S. 021 M/Bernd Zoller; S. 022 C/Niall Benvie; S. 022 C/Niall Benvie; S. 022 G/Sven Zacek; S. 023 M/NPL - Wild Wonders of Europe; S. 023 C/Niall Benvie; S. 024 M/Robert Harding; S. 024 G/Scott Robertson; S. 025 C/Superstock; S. 026-027 C/Ocean; S. 027 G/Ben Cranke; S. 028 M/Alamy; S. 028 G/Gareth Mccormack; S. 028 Look/Photononstop; S. 029 M/Iris Kürschner; S. 029 M/Alamy; S. 030 A/Frank Bach; S. 030 M/ANP Photo; S. 031 Look/Konrad Wothe; S. 031 G/Ronald Wittek; S. 031 Look/Sabine Lubenow; S. 032 G/Norbert Rosing; S. 032 C/Francesc Muntada; S. 032 C/Konrad Wothe; S. 032 G/Frank Rothe; S. 033 Look/Thomas Stankiewicz; S. 033 G/F Pritz; S. 034-035 M/Alamy; S. 035 M/Michael Dietrich; S. 035 M/Alamy; S. 035 M/Alamy; S. 035 M/Alamy; S. 035 A/moodboard; S. 035 G/Martin Moos; S. 035 G/John Cancalosi; S. 036-037 G/sisifo73photography by Marco Romani; S. 037 Look/age fotostock; S. 037 C/Silvia Reiche; S. 037 C/Silvia Reiche; S. 037 C/Silvia Reiche; S. 037 C/Silvia Reiche; S. 037 C/Silvia Reiche; S. 037 C/Silvia Reiche; S. 038 C/Raymond Gehman; S. 038 C/Adrian Arbib; S. 038 C/Raymond Gehman; S. 039 C/Raymond Gehman; S. 039 C/Adrian Arbib; S. 039 C/Adri Hoogendijk; S. 039 C/Raymond Gehman; S. 040-041 C/Mauricio Abreu; S. 041 G/Sylvain Cordier; S. 041 G/BenC; S. 041 G/David Santiago Garcia; S. 041 G/Guillermo Casas Baruque; S. 042 G/Kristian Bell; S. 042 M/Alamy; S. 042 Look/Tobias Richter; S. 043 M/Alamy; S. 043 G/Miguel Sanz; S. 044-045 C/Ramon Navarro; S. 045 C/Ramon Navarro; S. 045 G/Martin Zalba; S. 045 G/Richard Kemp; S. 045 C/Ramon Navarro; S. 045 C/Ramon Navarro; S. 045 M/Alamy; S. 045 C/Ramon Navarro; S. 045 C/Ramon Navarro; S. 046 G/Stefano Rossi; S. 047 C/Paolo Da Pozzo; S. 047 C/Luciano Gaudenzio; S. 047 C/SOPA Collection; S. 047 C/Martin Ruegner; S. 047 G/Anita Stizzoli; S. 047 G/Patrick Frischknecht; S. 048 G/aaa; S. 048 M/Photoshot; S. 049 A/Gualtiero Boffi; S. 050 C/Alfons Hauke; S. 050 G/Christopher Groenhout; S. 050 G/Mitja Kobal; S. 051 M/Rainer Mirau; S. 051 G/Jost Gantar; S. 052-053 C/Jose Fuste Raga; S. 054-055 A/Stelian Porojnicu; S. 055 G/Martin Zwick; S. 055 M/Alamy; S. 055 G/Martin Zwick; S. 055 M/Alamy; S. 055 G/Martin Zwick; S. 055 M/Alamy; S. 056 A/Stelian Porojnicu; S. 057 G/Yevgen Timashov; S. 057 C/Yevgen Timashov; S. 057 C/Grzegorz Lesniewski; S. 057 C/Staffan Widstrand; S. 057 A/Ioan Panaite; S. 057 A/Stelian Porojnicu; S. 058-059 C/Ocean; S. 060-061 G/Franck Guiziou; S. 060-061 L/Michael Martin; S. 061 C/Sebastien Cailleux; S. 062 G/Borat Furlan; S. 062 G/Borat Furlan; S. 062 C/George Steinmetz; S. 063 G/Luis Javier Sandoval; S. 063 C/George Steinmetz; S. 064 M/Alamy; S. 065 C/Piotr Naskrecki; S. 065 C/David A. Northcott; S. 065 G/Michael K. Nichols; S. 065 C/Cyril Ruoso; S. 066 A/Greenshoots Communications; S. 066 G/Tim Laman; S. 066 G/Tim Laman; S. 067 G/Tim Laman; S. 067 G/Tim Laman; S. 067 G/Ian Nichols; S. 067 G/Tim Laman; S. 068 A/Gallo Images; S. 068 G/Michael Nichols; S. 069 M/Gerard Lacz; S. 070 G/Cyril Ruoso; S. 071 C/David A. Northcott; S. 071 G/Art Wolfe; S. 071 C/John Giustina; S. 072 G/Martyn Colbeck; S. 072 C/Anup Shah; S. 072 G/189232; S. 072 G/19695; S. 073 G/Ian Nichols; S. 074 G/Randy Olson; S. 075 C/Frans Lanting; S. 076 C/Last Refuge; S. 076-077 C/Carsten Peter; S. 077 G/Rebecca Yale; S. 078 Look/age fotostock; S. 079 Look/age fotostock; S. 079 C/Gerry Ellis; S. 079 C/Thomas Marent; S. 079 C/Eddi Boehnke; S. 079 G/Nigel Pavitt; S. 079 A/Arco Images GmbH; S. 080 G/Harry Hook; S. 081 M/Stefan Auth; S. 081 C/Anup Shah; S. 081 C/Gavin Hellier; S. 081 C/Anup Shah; S. 081 C/Mary Ann McDonald; S. 081 C/Anup Shah; S. 082 C/Theo Allofs; S. 082 C/DLILLC; S. 082 C/DLILLC; S. 082 C/Mary Ann McDonald; S. 083 G/Nigel Pavitt; S. 084 G/Nigel Pavitt; S. 084 C/Nigel Pavitt; S. 085 C/Ingo Arndt; S. 086 C/Martin Harvey; S. 086 A/Martin Harvey; S. 087 M/Alamy; S. 087 M/Alamy; S. 087 G/Robin Moore; S. 087 M/Alamy; S. 087 G/Adam Jones; S. 087 G/Luis Davilla; S. 087 C/Paul Souders; S. 087 C/Jim Zuckerman; S. 088-089 C/Frans Lanting; S. 089 A/Danita Delimont; S. 090-091 C/Kevin Schafer; S. 092-093 C/Frans Lanting; S. 093 G/Nicholas Parfitt; S. 094-095 C/DLILLC; S. 095 C/Kazuyoshi Nomachi; S. 096 C/Gerry Ellis; S. 096 C/Kazuyoshi Nomachi; S. 097 C/George Steinmetz; S. 098-099 G/Steve Corner; S. 099 L/Le Figaro Magazine; S. 100 C/Ijaz Bhatti; S. 100 G/Wim van den Heever; S. 100 C/Ocean; S. 101 G/Dave Hamman; S. 101 G/Richard du Toit; S. 102 C/Martin Harvey; S. 103 C/Georg Steinmetz; S. 103 C/Richard Du Toit; S. 103 C/Richard Du Toit; S. 103 C/Martin Harvey; S. 103 C/Georg Steinmetz; S. 104 G/David Tipling; S. 104 G/Pol Rebaque; S. 105 C/Jim Brandenburg; S. 106-107 G/Sergey Gorshkov; S. 107 G/John Beatty; S. 108-109 G/HPH Publishing; S. 109 G/Michael Lewis; S. 110 G/Lanz von Horsten; S. 110 G/Ariadne Van Zandbergen; S. 110 G/Michael & Patricia Fogden; S. 110 M/Alamy; S. 111 G/Ariadne Van Zandbergen; S. 111 C/Theo Allofs; S. 111 C/Piotr Naskrecki; S. 111 G/Tim Jackson; S. 112-113 G/George Brits; S. 113 G/Hugh Mackintosh; S. 114-115 C/Richard Du Toit; S. 115 G/Dori Moreno; S. 115 G/Heinrich van den Berg; S. 115 G/Christian Heinrich; S. 115 M/Andrew Forsyth; S. 116 G/Shaen Adey; S. 117 G/George Brits; S. 117 G/Martin Harvey; S. 117 C/Tim Hauf; S. 117 G/Peter Chadwick; S. 117 G/Juergen Ritterbach; S. 118 G/Kevin Schafer; S. 118 G/Patricio Robles Gil; S. 118 G/Thomas Marent; S. 118 C/Thomas Marent; S. 119 C/Thomas Marent; S. 120 C/Thorsten Negro; S. 120 C/Thomas Marent; S. 120 C/Nick Garbutt; S. 120 C/Thomas Marent; S. 121 A/Dieter Wertz; S. 122 Premium/Transdia; S. 122 G/Fotosearch; S. 122 L/Massimo Ripani; S. 122 G/Chad Ehlers; S. 123 C/Martin Moxter; S. 124-125 G/James Warwick; S. 126-127 Look/Minden Pictures; S. 127 C/Gabrielle & Michel Therin-Weise; S. 128 C/Serguei Fomine; S. 129 Look/Minden Pictures; S. 129 C/Sergey Gorshkov; S. 129 C/Yann Arthus-Bertrand; S. 129 C/Randy Olson; S. 129 C/Martin Rietze; S. 130-131 C/Neil Lucas; S. 131 Look/age fotostock; S. 132 G/Richard I'Anson; S. 132 C/Dietmar Nill; S. 132 M/Cultura; S. 133 G/Jaturong Kengwinit; S. 133 G/De Agostini Picture Library; S. 134 M/Alamy; S. 134 C/Christian Hütter; S. 134 C/Christian Hütter; S. 134 C/Christian Hütter; S. 135 G/Steven Ruiter; S. 136-137 G/Ann & Steve Toon; S. 137 G/Dr. Anirban Sinha; S. 137 Look/age fotostock; S. 138-139 C/Anup Shah; S. 139 G/Anup Shah; S. 140 C/Anup Shah; S. 140 M/ Olaf Krüger; S. 141 C/Frans Lanting; S. 141 G/Jayaprakash; S. 141 C/Anup Shah; S. 141 G/All images displayed in this are protected under the Interna; S. 142-143 C/Wolfgang Kaehler; S. 143 C/Paul A. Souders; S. 144-145 G/Best View Stock; S. 145 G/Jon Hicks; S. 146 M/Alamy; S. 146 M/Alamy; S. 146 M/Alamy; S. 146 M/Westend61; S. 147 G/Nigel Pavitt; S. 147 G/Nigel Pavitt; S. 148-149 C/George Steinmetz; S. 149 G/Bruno Morandi; S. 150 G/rusm; S. 150 Look/age fotostock; S. 150 G/David H. Collier; S. 151 C/Bruno Morandi; S. 151 G/Adam Jones; S. 152-153 Look/Minden Pictures; S. 153 Look/age fotostock; S. 154 G/Micha Pawlitzki; S. 154 G/Tim Laman; S. 154 C/Jeremy Woodhouse; S. 155 C/Mitsuaki Iwago; S. 155 M/Diversion; S. 156 C/Hiroya Minakuchi; S. 156 C/B.Schmid; S. 156 C/Hiroya Minakuchi; S. 157 C/amanaimages; S. 157 G/Shayne Hill Xtreme Visuals; S. 158 G/Art Wolfe; S. 158 M/Alamy; S. 158 G/Gary Lewis; S. 159 M/Photoshot Creative; S. 159 G/kanate chainapong ,Thailand; S. 160 C/Mark Moffett; S. 160 C/Chien C. Lee; S. 161 C/Fadil; S. 162 G/Robbie Shone; S. 163 C/Thomas Marent; S. 163 C/Chien C. Lee; S. 163 G/Ch'ien Lee; S. 163 G/Martin Cohen; S. 163 G/Ch'ien Lee; S. 163 C/Ch'ien Lee; S. 164-165 G/Gerry Ellis; S. 165 G/W K Fletcher; S. 165 C/Chien C. Lee; S. 165 C/Thomas Marent; S. 165 G/Jeff BrownPhoto Images; S. 165 G/W K Fletcher; S. 165 G/Martin Cohen; S. 165 C/Ch'ien Lee; S. 166 C; S. 167 A/Richard Garvey-Williams; S. 167 G/Tim Laman; S. 167 G/Thomas Marent; S. 167 A/H Lansdown; S. 167 C/Michael & Patricia Fogden; S. 167 G/Michael & Patricia Fogden; S. 168 M/Alamy; S. 169 C/Norbert Wu; S. 169 A/Stephen Frink Collection; S. 169 G/Georgette Douwma; S. 169 C/Norbert Wu; S. 169 A/Sharkawi Che Din; S. 170-171 C/Anup Shah; S. 171 C/Anup Shah; S. 172 M/Alamy; S. 172 M/Minden Pictures; S. 173 C/Cyril Ruoso; S. 173 C/Cyril Ruoso; S. 174-175 G/Theo Allofs; S. 175 G/Cyril Ruoso; S. 176 C/Tui de Roy; S. 176 C/Theo Allofs; S. 176 C/Stuart Westmorland; S. 176 C/Tui de Roy; S. 177 G/Richard Merritt FRPS; S. 177 C/Fred Bavendam; S. 177 G/Paul Kennedy; S. 177 G/Paul Kennedy; S. 178 C/Nigel Pavitt; S. 178 G/Anup Shah; S. 179 G/Klaus Nigge; S. 180 G/Borut Furlan; S. 181 C/Dave Fleetham; S. 181 G/Jeff Hunter; S. 181 G/Jeff Hunter; S. 181 G/Jeff Hunter; S. 182-183 C/Giles Bracher; S. 184-185 M/Alamy; S. 185 G/Auscape; S. 186 C/George Steinmetz; S. 186-187 G/Rodger Klein; S. 187 C/Fred Bavendam; S. 188 G/Peter Walton; S. 188 C/Konrad Wothe; S. 188 G/Andrew Watson; S. 189 C/Konrad Wothe; S. 189 M/Alamy; S. 189 C/Konrad Wothe; S. 189 G/Ignacio Palacios; S. 189 C/Thomas Marent; S. 189 C/Thomas Marent; S. 189 C/Konrad Wothe; S. 189 Look/Konrad Wothe; S. 190 G/Richard I'Anson; S. 190 C/Steve Parish; S. 191 G/Chris Mellor; S. 191 C/Steve Parish; S. 191 C/Jason Edwards; S. 191 C/W. Perry Conway; S. 191 C/Wayne Lawler; S. 191 C/Mick Roessler; S. 191 C/Jean-Paul Ferrero; S. 191 G/Auscape; S. 192-193 C/Theo Allofs; S. 192-193 G/Panoramic Images; S. 193 C/moodboard plus; S. 194 C/Jochen Schlenker; S. 194 C/Jason Edwards; S. 194 C/Thomas Marent; S. 194 C/Theo Allofs; S. 195 G/Slow Images; S. 196-197 C/Giles Bracher; S. 197 M/Michael Weber; S. 198 C/Nick Rains; S. 198 G/Peter Walton Photography; S. 198 G/Peter Walton Photography; S. 198 C/Radius Images; S. 199 C/Steve Parish; S. 199 C/Jochen Schlenker; S. 200 M/Alamy; S. 200 M/Alamy; S. 200 C/Nick Rains; S. 200 C/Theo Allofs; S. 201 C/Theo Allofs; S. 202 M/Alamy; S. 202 C/Theo Allofs; S. 202 G/Doug Perrine; S. 202 G/Franco Banfi; S. 203 G/Sara Winter; S. 204 G/Auscape; S. 204 Look/Guenther Bayerl; S. 204 G/Peter Walton Photography; S. 205 C/Steve Parish; S. 205 Look/Guenther Bayerl; S. 206 C/D. Parer & E. Parer-Cook; S. 206 C/D. Parer & E. Parer-Cook; S. 206 M/ib; S. 206 G/Panoramic Images; S. 207 C/Yann Arthus-Bertrand; S. 208 M/Mint Images Ltd.; S. 208 C/Image Plan; S. 208 C/Konrad Wothe; S. 209 M/Alamy; S. 209 C/Tui De Roy; S. 210-211 G/Colin Monteath; S. 211 Premium/Imagestate; S. 212 G/Byron Tanaphol Prukston; S. 212 C/Steven Vidler; S. 213 G/Holger Leue; S. 213 C/Ben Pipe; S. 213 Look/Don Fuchs; S. 214 G/Julie Fletcher; S. 214 G/Julie Fletcher; S. 214 Look/age fotostock; S. 214 M/Gerhard Zwerger-Schoner; S. 215 M/Gerhard Zwerger-Schoner; S. 215 Look/age fotostock; S. 216-217 G/Julie Fletcher; S. 217 C/Colin Monteath; S. 217 C/Colin Monteath; S. 218-219 C/Colin Monteath; S. 219 G/Christopher Chan; S. 220 C/Colin Monteath; S. 220 C/Colin Monteath; S. 221 C/Colin Monteath; S. 221 C/Colin Monteath; S. 221 C/Alexander Schnurer; S. 222-223 C/Yva Momatiuk & John Eastcott; S. 222 Look/The Travel Library; S. 223 Look/age fotostock; S. 224-225 C/Colin Monteath; S. 226 G/Tui De Roy; S. 226 C/Tui De Roy; S. 227 C/Tui De Roy; S. 227 C/Tui De Roy; S. 227 Look/age fotostock; S. 228 G/Torsten Velden; S. 229 G/Reinhard Dirscherl; S. 229 C/Stephen Frink; S. 229 C/Reinhard Dirscherl; S. 229 C/Stuart Westmorland; S. 229 G/Reinhard Dirscherl; S. 229 C/Norbert Wu; S. 230 C/Gerry Ellis; S. 230 C/Konrad Wothe; S. 231 C/Michael Kern; S. 231 C/Thomas Marent; S. 231 C/Gerry Ellis; S. 231 C/Patricio Robles Gil; S. 231 C/Tim Laman; S. 231 C/Marc Dozier; S. 231 C/David Tipling; S. 232 C/Chris Newbert; S. 232 C/Norbert Wu; S. 232 C/Hal Beral; S. 232 G/Norbert Wu; S. 233 C/Chris Newbert; S. 234 C/Jeff Foott; S. 234 M/Alamy; S. 235 M/Alamy; S. 235 C/Stephen Belcher; S. 236-237 C/Michele Falzone; S. 238 G/Paul Nicklen; S. 238 G/Jerry Kobalenko; S. 238 G/Franco Banfi; S. 239 G/Daniel Cox; S. 239 G/Daryl Benson; S. 240-241 C/Peter Mather; S. 241 C/Peter Mather; S. 241 C/Peter Mather; S. 242 G/Robert Postma; S. 242 C/Ron Erwin; S. 242 C/Ocean; S. 242 C/Theo Allofs; S. 243 Look/Design Pics; S. 244-245 C/Clarke Wiebe; S. 245 C/Clarke Wiebe; S. 245 C/Paul Horsley; S. 246 C/Yves Marcoux; S. 247 C/Don Johnston; S. 247 C/Darwin Wiggett; S. 248-249 C/Sam Chrysanthou; S. 249 C/Thomas Kitchin & Victoria Hurst; S. 250-251 C/Jason Puddifoot; S. 251 C/Michael Wheatley; S. 251 G/David Nunuk; S. 252-253 C/Sumio Harada; S. 253 C/Karen Crowe; S. 254 C/Ron Watts; S. 254 C/Richard Wear; S. 254 C/Raymond Gehman; S. 255 C/Ian McAllister; S. 255 C/Ocean; S. 256-257 C/Jochen Schlenker; S. 257 C/Carson Ganci; S. 258 C/Destinations; S. 258 C/Destinations; S. 259 C/Wayne Simpson; S. 259 C/Sodapix; S. 259 C/Wayne Simpson; S. 260 C/Robert Postma; S. 260 C/Robert Postma; S. 260 C/Robert Postma; S. 260 G/Roberta Olenick; S. 261 G/Philippe Henry; S. 262 G/Panoramic Images; S. 262 G/Panoramic Images; S. 263 G/Eastcott Momatiuk; S. 264 G/Steven Kazlowski; S. 264 G/Christina Krutz; S. 264 C/Steven Kazlowski; S. 264 C/Patrick Endres; S. 265 C/Paul Souders; S. 266 C/Ron Erwin; S. 266-267 C/Paul Souders; S. 267 G/Gerald & Buff Corsi; S. 267 G./Gerald & Buff Corsi; S. 267 C/Don Paulson; S. 267 G/Ernest Manewal; S. 267 G/Gerald & Buff Corsi; S. 267 G/Gerald & Buff Corsi; S. 268-269 G/Art Wolfe; S. 269 C/Matthias Breiter; S. 270 G/Cornelia & Ramon Doerr; S. 270 C/Cornelia & Ramon Doerr; S. 271 C/Steven Kazlowski; S. 272-273 M/Alamy; S. 273 G/davidnguyenphotos; S. 274-275 G/Panoramic Images; S. 275 G/Rich Reid; S. 276-277 C/Momatiuk - Eastcott; S. 277 C/Momatiuk - Eastcott; S. 278-279 Huber/ Suanne Kremer; S. 280 C/James Randklev; S. 280 C/Jim Brandenburg; S. 280 G/landESCAPEphotography - Jeff Lewis; S. 281 C/Momatiuk - Eastcott; S. 281 G/Jeffrey Pang; S. 282-283 C/Jeff Vanuga; S. 283 G/Jeffrey Murray; S. 284-285 A/Tom Till; S. 286-287 C; S. 287 A/Mark Lisk; S. 288-289 M/Alamy; S. 289 C/Rachid Dahnoun; S. 290 C/Lee Frost; S. 290 C/Momatiuk - Eastcott; S. 291 C/DLILLC; S. 291 G/Sean Bagshaw; S. 292-293 G/Jeffrey Murray; S. 293 Premium/Sisk; S. 294-295 G/Morey Milbradt; S. 294-295 Premium/Shaw; S. 296-297 C/Tim Fitzharris; S. 297 C/Macduff Everton; S. 298 G/Rob Nunnington; S. 298 C/Alan Copson; S. 299 C/Frank Burek; S. 299 C/David McLain; S. 300-301 G/Panoramic Images; S. 301 C/Natural Selection Robert Cable; S. 302 C/Ira Block; S. 303 G/Farrell Grehan; S. 303 G/Farrell Grehan; S. 303 C/Raymond Gehman; S. 303 G/Raymond Gehman; S. 303 G/Raymond Gehman; S. 304 G/Panoramic Images; S. 305 M/Alamy; S. 305 M/Alamy; S. 305 C/Raymond Gehman; S. 305 G/Panoramic Images; S. 305 G/Carl D. Walsh; S. 305 C/Visuals Unlimited; S. 306 C/George Steinmetz; S. 307 C/Patricio Robles Gil; S. 307 C/Patricio Robles Gil; S. 307 C/Patricio Robles Gil; S. 307 C/John Cancalosi; S. 307 C/Minden Pictures; S. 307 C/Hal Beral; S. 308 G/Patricio Robles Gil; S. 309 C/George H. H. Huey; S. 309 C/Todd Winner; S. 309 G/David Patrick Valera; S. 309 C/George Steinmetz; S. 309 C/Hiroya Minakuchi; S. 310 C/Jeffrey L. Rotman; S. 310 C/Jeffrey L. Rotman; S. 310 A/Mark Conlin; S. 310 Huber/Giovanni; S. 311 A/imagebroker; S. 312 C/Konrad Wothe; S. 313 C/Michael & Patricia Fogden; S. 313 WILDLIFE/M.Carwardine; S. 313 C/Norbert Wu; S. 313 C/Frans Lanting; S. 313 C/Michael & Patricia Fogden; S. 313 C/Michael & Patricia Fogden; S. 314 G/Jordi Cami; S. 314 G/Michael Marquand; S. 315 C/Pietro Canali; S. 315 C/Tim Fitzharris; S. 315 C/George Grall; S. 315 C/Tim Fitzharris; S. 315 C/Minden Pictures; S. 315 C/George Grall; S. 315 C/Thomas Marent; S. 316 G/Konrad Wothe; S. 317 C/John Cancalosi; S. 317 C/Gary Braasch; S. 317 C/Konrad Wothe; S. 317 C/Thomas Marent; S. 317 C/Roy Toft; S. 317 C/Joe McDonald; S. 318-319 G/Mark Conlin; S. 319 G/Franco Banfi; S. 319 C/Jeffrey Rotman; S. 320 A/Danita Delimont; S. 320 G/Thomas Chamberlin; S. 320 G/Roy Toft; S. 320 G/Alfredo Maiquez; S. 321 C/James Christensen; S. 322 M/Alamy; S. 322 M/Alamy; S. 322 A/Kevin Schafer; S. 323 M/Alamy; S. 323 M/Alamy; S. 324-325 G; S. 326 G/Thomas Marent; S. 327 C/SuperStock; S. 327 C/Thomas Marent; S. 327 C/Thomas Marent; S. 327 C/Thomas Marent; S. 327 C/Thomas Marent; S. 327 C/Thomas Marent; S. 328-329 G/Borut Furlan; S. 329 G/Borut Furlan; S. 330 C/Pete Oxford; S. 331 C/Glenn Bartley; S. 331 C/Pete Oxford; S. 331 C/Lars-Olof Johansson; S. 331 A/Bill Gozansky; S. 331 C/Pete Oxford; S. 331 A/Krystyna Szulecka Photography; S. 332 G/David Fleetham; S. 332-333 C/Tui de Roy; S. 333 C/Tui de Roy; S. 333 G/David Fleetham; S. 333 C/Kevin Schafer; S. 333 C/Rob Howard; S. 333 C/Mattias Klum; S. 333 C/Mauricio Handler; S. 333 C/DLILLC; S. 334-335 C/Pete Oxford; S. 335 M/Alamy; S. 335 C/Thomas Marent; S. 336-337 M/Alamy; S. 337 M/Alamy; S. 338-339 G/Pete Oxford; S. 339 C/Pete Oxford; S. 339 G/Gregory MD.; S. 340-341 C/Theo Allofs; S. 341 C/Theo Allofs; S. 341 C/Theo Allofs; S. 341 G/Nikki Bidgood; S. 341 C/Peter Adams; S. 342 A/Peter M. Wilson; S. 343 C/Thomas Marent; S. 343 A/Kevin Schafer; S. 343 C/Mark Moffett; S. 343 C/Jane Sweeney; S. 343 C/Kevin Schafer; S. 343 A/Lee Dalton; S. 344-345 G/Alberto Pomares; S. 346 C/Pete Oxford; S. 346 C/Thierry Montford; S. 346 C/SA Team; S. 346 C/Pete Oxford; S. 347 C/Jim Zuckerman; S. 348 M/Harald von Radebrecht; S. 349 Look/Minden Pictures; S. 349 C/Kevin Schafer; S. 349 C/Murray Cooper; S. 349 C/Kevin Schafer; S. 349 M/Alamy; S. 349 M/Alamy; S. 350-351 G/Roberto Peradotto; S. 351 C/Luciano Candisani; S. 352 G/Theo Allofs; S. 353 G/Theo Allofs; S. 353 C/Gavriel Jecan; S. 353 C/Staffan Widstrand; S. 353 C/Theo Allofs; S. 353 C/Kevin Schafer; S. 353 C/Kevin Schafer; S. 354-355 C/Alex Robinson; S. 355 C/Tui De Roy; S. 355 C/Luciano Candisani; S. 356-357 C/Luciano Candisani; S. 357 M/Minden Pictures; S. 358-359 M/Minden Pictures; S. 359 C/Frans Lanting; S. 359 G/Michele Falzone; S. 359 C/Frans Lanting; S. 359 G/Ralf Hettler; S. 360-361 C/Momatiuk - Eastcott; S. 361 G/Ignacio Palacios; S. 362 C/Colin Monteath; S. 362-363 C/Jonathan Griffith; S. 363 C/Colin Monteath; S. 364-365 C/Maria Stenzel; S. 365 C/Darrell Gulin.

Königinstr. 11
80539 München
Tel. +49 89 45 80 20-0
Fax +49 89 45 80 20-21
www.kunth-verlag.de
info@kunth-verlag.de

Printed in Slovakia

Alle Fakten wurden nach bestem Wissen und Gewissen mit der größtmöglichen Sorgfalt recherchiert. Redaktion und Verlag können jedoch für die absolute Richtigkeit und Vollständigkeit der Angaben keine Gewähr leisten. Der Verlag ist für alle Hinweise und Verbesserungsvorschläge jederzeit dankbar.
Texte: Robert Fischer, Barbara Rusch, Eckard Schuster, Jakob Strobel y Serra